后开发区时代开发区的空间生产：
以苏州高新区狮山路区域为例

郑可佳　著

中国建筑工业出版社

图书在版编目（CIP）数据

后开发区时代开发区的空间生产：以苏州高新区狮山路区域为
例／郑可佳著. — 北京：中国建筑工业出版社，2014.9
ISBN 978-7-112-17130-9

Ⅰ.①后⋯　Ⅱ.①郑⋯　Ⅲ.①经济开发区-城市规划-
空间规划-研究-苏州市　Ⅳ.①TU984.253.3

中国版本图书馆CIP数据核字（2014）第174678号

"开发区"这一中国特有现象，已经迈入新的阶段。对其发展规律的探求业已蓬勃展开，但是对于其空间发展的研究还尚未形成体系。本书借鉴列斐伏尔空间生产理论，以小区域地理单元为研究样本，建构适于"后开发区时代"城市空间生产的框架体系，将特定发展阶段特定区域生产力特征、政策规划、建成环境与日常生活相联系，揭示了城市空间由"开发区"逐渐向"新城区"演变的种种特征及其实质。本书适合城市规划、城市设计、建筑设计及相关专业技术工作者、研究人员阅读研究。

责任编辑：焦　扬
责任设计：张　虹
责任校对：张　颖　党　蕾

后开发区时代开发区的空间生产：
以苏州高新区狮山路区域为例
郑可佳　著

*

中国建筑工业出版社出版、发行（北京西郊百万庄）
各地新华书店、建筑书店经销
北京嘉泰利德公司制版
北京云浩印刷有限责任公司印刷

*

开本：850×1168毫米　1/16　印张：16½　字数：385千字
2015年1月第一版　2015年1月第一次印刷
定价：59.00元
ISBN 978-7-112-17130-9
（25922）

目　　录

0　绪论

0.1　研究主题——开发区现象

　　"开发区"是一个非常有"中国特色"的现象——是我国在计划经济向市场经济体制转轨过程中，为扩大改革开放，促进经济快速发展以及应对世界范围新技术革命而采取的重要战略举措。在经过20多年的开发建设之后，开发区作为中国对外开放的窗口和经济改革的试验场，已经成为全国和区域经济振兴的重要支柱。据统计，截至2010年底，全国90个国家级开发区实现地区生产总值（GDP）26849亿元，财政收入5627亿元，税收收入4650亿元，实际利用外资金额306亿美元，依次分别占全国的6.7%、6.77%、6.01%和28.94%，分别比上年同期增长25.7%、37.6%、29.4%和19.6%，增幅分别大于全国同期（10.3%、21.3%、22.6%和17.4%）15.4个百分点、16.3个百分点、6.8个百分点和2.2个百分点；工业总产值77542亿元，进出口总额4966亿美元，同比分别增长25.8%和32.6%，同比增幅小于全国同期（30.4%、34.7%）4.6个百分点和2.1个百分点。[①]国家级开发区对整个国家国民经济总量的贡献是有目共睹的，其产业结构发展也领先于其他经济区域，但开发区发展的过程中也伴生了一系列的问题，在新的发展形势下开发区的走向及如何重新定位等问题已引起各界的广泛关注。本研究就是力图透过"苏州高新区狮山路"这一微观地理单元来理解、论述我国开发区建设的现象、机制及其深远影响。

0.2　研究背景

0.2.1　开发区生命周期

　　辩证唯物主义认为：世界是物质的，物质是运动的，万事万物都是随着时间的推移而不断变化的，都存在诞生、发展（存在）、消亡（再生）的周期性和阶段性特征。开发区也是一个随时间发展而不断演化的客观存在，其演化过程同样表现出明显的周期性和阶段性特点。开发区作为一种特殊的制度安排，其生命周期经历了从初始的制度构建到制度变动、制度重构的蛹化过程。

　　开发区初期依靠政策优惠和政策落差所产生的制度创新收益推动地区经济发展，之后随着开发区制度的普遍化和时间累积，这种政策落差效应逐渐平缓，开发区的制度创新因素逐渐内化为区内企业集群的发展能力，即由集群而产生的企业间的学习能力、技术创新

---

① 数据来源于中国开发区网，http://www.cadz.org.cn/Content.jsp?ItemID=1570&ContentID=99808

能力、市场创新能力，成为社会经济发展制度安排中内生的、稳定的自我发展能力，这是凤凰涅槃的艰辛历程。开发区尽管从名称或者形式上逐渐趋于淡化，但是开发区并没有因此而衰落。开发区的生命是一个经济组织演化的过程，是不断自我更新和成长的过程，也是在全球经济分工、地区经济竞争中逐步演化而成的，不同地区的开发区会演变出不同的结果。制度、政策是开发区生命周期的推动力量，它们的变化最终引领开发区的发展与演变。

0.2.1.1 制度演进

洪燕曾从制度演进的视角来探讨开发区生命周期发展模式。开发区作为一种特殊的制度安排，其生命周期经历了从初始的制度构建到制度变动、重构的蛹化过程。洪燕从制度的视角将开发区生命周期划分为强制度优势阶段、弱制度化阶段和后制度化阶段三个阶段：①在开发区发展的第一阶段，是通过政策落差推进区域经济发展，促进某些区域企业聚集、产业群落产生。政策落差在短时间内所创造的经济增长在广泛范围内产生了强烈冲击和示范效应。开发区的各项制度在空间上扩散，这种扩散既有自上而下的政府推动，也有自下而上对制度创新的需求，各地方政府间对制度创新收益的竞争，各利益主体围绕着开发区所产生的利益而进行博弈，这种博弈也必然引起开发区制度的调整。随着经济体制改革的深入，政策落差所产生的示范效应和聚集效应逐渐扩散开来，从局部到全国，开发区逐步进入了"弱制度化阶段"。②开发区生命周期的第二阶段是"弱制度化阶段"，外在区域空间上的制度差异和政策落差伴随着整个经济体制改革深化和市场发展逐渐平淡，但是开发区的制度创新并没有停顿，区域间依然存在着一定的制度差异，或者说制度壁垒。由于初期积累自我发展能力的差异，开发区发展路径分化，部分开发区获得一定的产业发展基础，自我增强的特征显著，部分开发区并没有从制度创新中获得自我发展的能力。这种差异可以主要从进入各开发区的企业数量来判断，在一定时间内（如一个财政年度内），当开发区内入驻企业远远大于迁出企业，证明该开发区的聚集能力增强，反之当开发区内的企业陆续不断地迁到其他区域，说明该开发区的区域竞争能力下降，因此在"弱制度化阶段"从企业的迁入和迁出能够直观地反映出开发区发展能力的差异。③开发区生命周期的第三阶段是"后制度化阶段"，即纯粹由技术进步和市场需求等引起的产业升级所带动的区域经济发展，原先的通过人为的特殊政策赋予区域空间落差的制度因素逐渐弥散开去，成为社会普遍采用的政策。但是，开发区制度创新所形成的对社会经济发展的推动力量并不会因为特殊制度安排的弥散而消失，开发区生命周期中的制度创新因素逐渐内化为区内企业的集群自我发展能力。在开发区生命周期的后制度化阶段，新产业空间向新的城市空间转换。[1]

0.2.1.2 政策推动

郑国认为，开发区政策与政策环境演化是推动开发区生命周期的重要力量。因此，他根据开发区政策措施的发展演化过程将我国开发区的生命周期发展划分为三个阶段：①第一阶段是 1984～1991 年，这是开发区的政策设立期。这一阶段我国第一批开发区相继建立，各种优惠政策措施和管理模式也随着开发区的建立而建立。但这一阶段由于受制于当时以计划经济体制为主的国内环境和相对不利的国际环境，中国开发区犹如"鹰在笼中飞"，政策优势没有充分发挥出来，开发区整体发展比较艰难，处于探索、彷徨时期。②第二阶段是 1992 ～ 2001 年，这是开发区政策优势强化期。1992 年邓小平同志南行以后，党中央和国务院把建立社会主义市场经济体制作为改革的目标。自此，束缚的铁笼被彻底打开，开发区的数量迅速增加，开发区的政策优势充分发挥出来。这一阶段是中国开发区发展最快的时期，而且中国开发区与中国的改革、开放和发展相互呼应，互相促进，因而也是开发区战略地位最重要的时期。③第三阶段是 2001 ～ 2009 年，这是开发区政策优势的弱化期。这一阶段，开发区数量大幅度减少，开发区的设置被冻结，促进开发区开放和发展的优惠政策逐渐弱化，开发区精简、高效的管理体制面临着巨大的压力。中国开发区的发展也就进入了一个新的转型期。进入生命周期第三阶段之后，从整体上看，开发区的生命周期也即将终结，中国正在进入"后开发区"时代。[2]

0.2.1.3 经历阶段

何静、农贵新也提出了开发区是有其生命周期的论断，认为一般开发区的发展要经历这样几个阶段：①启动阶段。开发区立项，审批，组建开发区管理机构，招聘工作人员，制定开发区规划，建设基础设施，开启招商引资等。这个阶段的重点工作是制定规划和招商引资。②发展阶段。开发区大量招商引资，集聚效应开始显现，产业呈现规模。这个阶段的主要任务是完善硬件环境和营造创业环境，构建产学研互动的区域创新网络。③成熟阶段。随着入驻企业数量增多，规模增大，新生企业层出不穷，区域创新网络具有很强的活性，企业产品在市场中拥有很大份额和难以替代的竞争优势，开发区各参与主体已成为全球经济循环的一个节点。该阶段的主要任务是促进区域内企业融入全球市场，克服因集聚所带来的交通、住房、环境、商务成本等方面的压力。④城市化阶段。随着开发区扩散效应增强，土地整理开发完毕，周边地区企业迅速崛起，政策效应弱化，开发区从纯粹经济功能区演变为居住工作区，成为城市的重要组成部分，开发区走向终结。[3]

无论从政策推动，还是制度演进的角度来阐释开发区生命周期的发展，或者直接归纳开发区的生命周期阶段，都不难发现中国开发区已经走过创立创建期、发展成熟期，正在面临开发区生命周期的转折，或者走向衰亡，或者走向新的发展周期。"后制度化阶段"与"后开发区时代"均表达了一个"后"时代的到来——开发区诞生之初的种种条件、环境、政策、制度发生根本性变化之后，变革开发区发展思路、模式的时代已经到来。

0.2.2 后开发区时代

晏冠亮提出了"后开发区时代"的定义："后开发区时代"是指开发区形成内源型经济生长机制，走新型工业化、新型城市化道路，迈向世界一流科学园区的起飞阶段。他认为相对于开发区的发展过程而言，是开发区发展的高级阶段；相对于开发区的功能而言，是开发区功能的升级和提高。后开发区阶段不是开发区的矛盾凸现期，不是走向消亡的过程，而是开发区的机遇期，内生出自己的机制、资本、技术、人才的关键时期，演化成建设和谐社会、推行科学发展观的重要载体。[4]

同时，晏冠亮也归纳总结了后开发区时代的特点。①产业生态环境是后开发区阶段的重点元素。后开发区阶段已没有明显的政策优势，企业所得税优惠政策、财政返还政策、外商投资企业免关税和增值税政策等逐步取消和淡化，优惠成普惠。只有创造良好的投资环境才能吸引到高质量的投资者，才能向更高水平发展。其中政府态度、产业氛围、要素供给、开发区服务、创新环境、社会与自然环境成为投资环境的基本要素。②新型工业化、新型城市化是后开发区阶段的主导发展模式。苏州工业园区，上海漕河泾、虹桥、闵行开发区是这种发展模式的代表，从开发转变到转型，从做大增量转变到优化存量，从速度转变到效益。外延式发展模式已难以支撑开发区的可持续增长，这是因为开发区土地、空间有限，能源、水资源紧缺，环境容量有限。开发区发展的初中期，走注入式发展道路见效快，能够迅速集聚资源，形成经济气候，为承接国际上大量生产型资源的转移，大规模利用外资，探索小政府大社会管理方式，建立亲商亲民服务理念做出了历史性贡献，但这种模式受制于资源环境和核心技术。新型工业化、新型城市化包括经济发展、社会发展和生态发展的统一，速度、质量和结构的统一，经济与生态、资源、社会的统一，城乡、二三产业、宜业宜居的统一。具体要求是，在主攻工业化、城市化的条件下，坚持可持续发展，建设生态城市，提高经济增长对生态环境的友好程度，增强经济增长中自主创新能力。③以功能区带动行政区发展是后开发区阶段开发区的社会责任。开发区作为经济功能区，符合规模经济效应规律和不平衡发展规律，符合对外开放政策和国际惯例的需要。以产业互动为基础的区域经济一体化，取代了以行政区划为界的区域竞争。以经济功能区的思路配置资源、调整结构、疏散功能、聚合要素、拓宽市场，是后开发区阶段发展的一个重要特色。后开发区阶段要强化在不并入行政区前提下，以功能区带动周边行政区发展的社会责任，实现区域协调发展。开发区通过联合开发或合作开发方式，建立学习型纽带，与周边行政区在招商、园区管理、产业规划方面进行联动，促进其加快发展。④改革创新是后开发区阶段的精髓和灵魂。开发区有两大功能：经济发展和改革创新。在后开发区时代，改革成为头等任务。开发区的改革是从管委会体制和小政府大社会运行机制开始的，代表了经济全球化形势下，政府管理模式发展的大趋势。后开发区时代的改革不是单兵独进，某个领域率先，而是综合配套改革。国家级开发区应成为国家城乡统筹、"两型社会"建设的综合配套改革试验区，在更高程度上发挥改革开放的引领作用。[4]

郑国根据周元和王维才提出的开发区生命周期四阶段（要素驱动、产业主导、创新突破和财富凝聚），结合我国开发区发展的实际状况和发展环境，将后开发区时代我国的开发区分为问题区域、新的产业空间与新城区、创新空间三种类型。①问题区域。目前尚处于要素聚集阶段的开发区，由于优惠政策的弱化和消失而失去了向产业主导阶段转换的最重要条件，因此未来发展前景不容乐观。这些开发区目前也是集中体现我国开发区土地问题、生态环境问题、社会问题的区域，因此属于典型的发展前景差且矛盾突出的"问题区域"。对于这一类开发区，未来的发展包括两个方面：一是进行资源整合，破除"条条"或"块块"的制约，将部分属于问题区域的开发区并入邻近的一些发展态势好的开发区；二是针对确实无发展前景的开发区，则应通过取消或缩减用地来限制其问题的进一步扩大和恶化，这类开发区的生命周期也就行将终结。②新的产业空间与新城区。我国大多数国家级开发区目前都处于产业主导阶段，这些开发区具有"新"的产业类型和"新"的产业组织模式，但是受到政策、资本、智力支持等因素的制约，新的产业空间之"新"也将是暂时的，将随着时间的推移而成为一个普通的产业空间。我国开发区的快速发展和我国城市化的快速推进基本上是同时进行的，开发区向综合性新城或城市新区转型已经成为具有中国特色的城市发展模式。因此，对于这一类开发区，其生命周期正由开发区的生命周期转换为新城市（区）的生命周期，新的产业空间只是城市（区）生命周期的初始阶段，未来的政策导向也应由开发区政策转变为新城（区）政策。③创新空间。有少数发展基础和发展条件都非常优越的开发区，随着其自我发展能力的继续增强和区域创新文化逐步形成，将逐步步入创新突破阶段，成为我国开发区成功发展的典范。开发区的生命周期也将处于一个新的起点，进入一个新的轮回。对于这类开发区，未来的政策导向应是继续营造区域创新文化，鼓励创新，增强自我创新能力，以促进其在更高层次上参与全球产业循环，争取最终进入到财富凝聚阶段。

尽管目前对于后开发区时代的研究侧重各有不同，我们从上述对后开发区时代的定义、特征归纳以及类型划分中可以发现研究学者的共识——在后开发区时代，走向新型工业化、新型城市化道路，成为新的产业空间与新城区是开发区发展的重要转变方向。尽管晏冠亮认为后开发区时代不是开发区走向消亡的过程，而郑国认为"问题区域"是后开发区时代开发区存在的一种类型，并且这一类型会逐渐走向衰亡；但是二者都认同新的产业空间与新城区是开发区发展的重要转变方向，晏冠亮认为走新型工业化、新型城市化道路是后开发区时代开发区发展的必由之路，而郑国也认为，在后开发区时代的三种开发区发展类型中，新的产业空间与新城区是最为主流的类型。

进入后开发区时代，新产业空间与新城区是其中非常重要的一种转向，这种转向是开发区功能的升级与提高。郑国对于新的产业区与新城区转向进行了进一步的细化与分析。一方面，在后开发区时代我国发展较好的开发区与传统的工业区相比具有"新"的产业类型和"新"的产业组织模式，因此会成为城市新的产业空间。但是，由于这些开发区绝大多数是依靠优惠政策在较短时期内通过招商引资发展起来的，产业集群并未形成，也缺乏大学和科研机构的有效支撑，不具备实现全面创新的基本条件，很难进入到创新突破阶段。因此，新的产业空间之"新"也将是暂时的，将随着时间的推移而成为一个普通的产业空间。另一方面，我国开发区的快速发展和我国城市化的快速推进基本上是同时进行的，由于开发区基础设施水平高，同时大多数开发区位于城市空间扩展的主导方向上，因此开发区也成为我国城市化和城市空间拓展的优先区域。所以，在后开发区时代开发区中大量生产要素和人口的聚集也必然导致开发区向综合性新城或城市新区转向。这已经成为具有中国特色的城市发展模式。①对于这一类开发区，其生命周期正由开发区的生命周期转换为新城市（区）的生命周期。因此，在后开发区时代，新的产业空间只是城市（区）生命周期的初始阶段，新城区的转变方向应该成为最终的发展方向。

0.2.3 新城区转向

既然开发区向新城区转向成为后开发区时代的主要发展方向，那么这一转向的基本特

① 德国最著名的中国研究专家之一陶布曼（W.Taubmann，1993）将20世纪80年代以来以经济特区和各类开发区为主要形式的城市建设看作是继封建王朝时期、殖民地时期、社会主义时期（1949～1980年）之后的又一个中国城市发展时期。

征又是怎样的呢？王宏伟、葛丹东分别对此进行了分析与研究。开发区向新城区转化的特征可以被归纳为单一向多元转化，简单向复杂转化。①经济增长模式由单一性向多元性转化。许多开发区的发展目标和初衷是为了集聚先进的生产要素，培育新的经济增长点。但是，随着后开发区时代的到来，开发区向新城区转向，开发区最终不断拓展多重产业的开发。②城市区域功能由简单向复杂转化。即其单一型经济功能结构逐步被多元型城市功能结构所替代。伴随着大量城市综合要素和产业经济活动随着开发区的演化和递进在区内并存聚集，开发区已从单一的产业功能向科、工、贸、商、住、行、娱多功能复合发展，开发区开始呈现综合功能和多元内容的新城发展趋势。③城市空间结构及形态模式由简单向复合转变。功能决定空间，功能结构的转换必然需要其空间结构及形态模式的变异与发展，源于开发区模式的单一性生产空间形态已逐步被新城模式的复合型城市空间形态所替代。因此，在后开发区时代开发区在向新城区转向的过程中逐步积累城市的复杂性与多样性。

但是，关于开发区在后开发区时代如何向新城区转向，如何积累城市的复杂性与多样性，目前已有的研究并未过多涉及。这种情形与开发区迈入后开发区时代不久有关；也与不同开发区进入后开发区时代的参差不齐有关——有些开发区成熟发展得较早，已经进入了后开发区时代，有些开发区则发展较晚，尚未进入后开发区时代；还与开发区进入后开发区时代之后并非整体向新城区转向有关——往往开发最成熟的局部区域率先向新城区转化。这些因素都导致对后开发区时代新城区转向具体研究的缺失。

然而，我国的开发区必然要迈入后开发区时代，开发区向新城区的转向又是其中最重要的模式，探索在此过程中的机制、动因、表现与实践应是研究的方向。本书的研究正是基于这样的背景展开的。

0.3 相关研究概况

研究后开发区时代的开发区，首先应梳理各种现有关于开发区的各种视角研究。

0.3.1 西方社会科学中论及开发区的理论回顾

开发区历史悠久（1574年意大利热那亚湾建立第一个自由港可以被视为城市开发区的鼻祖），有关开发区的研究相当丰沛。国外开发区实践大致经历了以"自由港"或"自由贸易区"为主要特色的第一阶段（1574年至二战前），以"出口加工区"为主要类型的第二阶段（二战结束至20世纪70年代），以及开发区类型化、综合化、高科技化的第三阶段（20世纪70年代末至今）。伴随开发区发展进程的推进，有关研究内容和主题也相应地在发生变化。归纳起来，这些研究绝大多数集中于开发区经济、贸易功能的分析或具体的开发区规划、开发案例的解析上。这些国外研究成果，对于我国开发区实践的初期阶段产生了重要的影响，其理论体系、规律与结论在相当程度上成了我国早期开发区实践和开发区研究参考借鉴的依据。

科技园区最早在1951年诞生于美国加利福尼亚州，其巨大的成功吸引了世界上许多国家兴建科技园区（我国称为高新技术产业开发区）。国外对科技园区的研究主要从20世纪 70～80 年代开始，早期主要集中在对硅谷、128 公路等美国科技园区的研究上。而后随着世界科技园区建设高潮的到来，特别是进入 20 世纪 90 年代以后，对科技园区的研究日益增多。从对一国科技园区的研究发展到多国科技园区的比较，从对科技园区技术创新的研究发展到对影响其发展的制度、文化、环境的研究，从对产学合作的研究扩展到产学官商多方位合作的研究，从对技术创新线形结构研究发展到对社会、企业网络结构的研究，从对创新企业为主的研究发展到对孵化组织、中介机构的研究。对科技园区进行研究的学者主要有五类：一是经济管理方面的专家学者，二是城市与区域规划方面的专家学者，三是社会学方面的专家学者，四是公司企业中的高层管理人员，五是参与产学创新的专家管理者。

安纳利·萨克森宁（Annalee Saxenian），对造成美国硅谷和 128 公路地区高新技术产业发展差异的社会经济文化因素作了深刻的比较分析，得出了硅谷特殊的制度安排、社会环境和文化氛围有利于高新技术产业发展的结论。[5] 萨克森宁指出，在生产组织方式上，硅谷有一个以地方网络为基础的工业体系，它能够促进各个专业制造商集体学习和灵活地调整他们的技术。该地区密集的社会网络和开放流动的人才市场也促进了探索和创业的精神。网络系统中，企业内部职能部门的界限被打破并相互融合，公司和各机构之间的界限也变得非常模糊。128 公路地区则是以少数几家一体化的公司为主导的，其工业体系建立在各自独立的公司基础上，公司把各种生产活动内部化。保密、忠于公司的习惯支配了公司与顾客、供应商、同行的关系。公司管理的层级制使权力集中，信息往往上下流动。职能部门之间、公司之间、公司和机构之间界限分明。而在文化特点上，128 公路地区的新英格兰传统使这里等级森严、僵化、保守，硅谷则没有旧的框框束缚，人们不拘小节，蔑视繁文缛节，造就了一批勇于进取和敢于冒险的人，人们之间建立起了种种非正式的交流途径和方式，这种随意的文化环境使他们得以共享理念并迅速行动。

1994 年，加利福尼亚大学伯克利分校的卡斯特（Manuel Castells）、伦敦大学的霍尔（Peter Hall）在对世界科技园区进行了全面的调研后认为，世界科技工业园区是"21 世纪的产业综合体"。他们认为，"总的来说，乃是一种有规划的发展。一些纯粹是私人性的房地产投资，虽然数量很多，却是最不使人感兴趣的。然而，相当大一部分园区的发展是由公私合作或合伙搞起来的。国家的中央政府或地方政府，往往与大学联合，与占有当地地域的私人公司一起促成这样的发展。这些高技术中心，尤其那些更多引起人们关注的园区，则一直不断地发展，从而超出了仅仅是出租一片片地皮的范围。它们不断地制造着我们这个经济时代的原料与知识和信息，就如同工业时代的煤矿和钢铁厂一般，它们是促进高技术产业发展的综合体"。[6]

亨利·欧文等学者用"栖息地"这个生物学的架构来透视硅谷现象：把硅谷看作是利于高技术创业型公司成长发展的"栖息地"。指出了硅谷"栖息地"的十大特点：①良好的游戏规则；②知识密集；③流动的高质量劳动力；④以结果为导向的精英体制；⑤鼓励冒险、宽容失败的氛围；⑥开放的商业环境；⑦大学、研究机构与产业界的互动；⑧企业、政府与非营利机构间密切合作，为达成共同目标而努力；⑨高质量的物质文化生活；⑩专业化的商业服务机构。

0.3.2 国内对于开发区的研究

0.3.2.1 开发区总体研究

中国开发区的发展虽然是借鉴国外出口加工区、科技园区的经验，但是二十余年的发展历程已经为中国开发区深深地铭刻了中国印记。国内学者对于中国开发区的研究相对而言更加富有针对性，更加注重"中国特色"的思考。对开发区的研究来自不同学科，诸如管理学、经济学、地理学、城市规划、社会学等等，并且在近些年的研究中呈现出多学科交叉研究的趋势。总体而言，对中国开发区的关注主要集中在：开发区产业发展研究、开发区与城市发展关系研究、开发区与区域发展研究、开发区空间与土地问题研究、开发区评价和发展方向研究、开发区管理体制的研究等等。[7]

张艳对国内学术界关于开发区的研究现状进行了系统的梳理，认为从学科分布上看，地理学、城市规划等学科对于开发区的研究主要关注开发区开发机制、开发战略、区位布局、空间规划、空间规模、土地利用等方面；经济学、管理学则重点关注开发区产业发展战略、管理体制、法律体系等等。中国开发区发展的不同时段，对其研究的关注点也各有侧重，1990 年之前中国城市开发区的起步探索阶段，关于开发区研究的重点主要是通过对国外城市开发区发展经验的介绍，结合当时我国经济社会的实际情况，围绕开发区的体制政策和发展方向展开。20 世纪 90 年代前半期是中国城市开发区的兴盛阶段，研究重点主要集中于开发区的经济发展问题，以及针对"开发区热"的反思性文章。1997 年亚洲金融危机之后开发区的政策优势明显弱化，开发区研究的论域逐渐扩展，研究内容也更加深入。[8]张艳又将第三阶段对开发区的研究分为关于开发区总体发展的研究以及关于开发区发展所涉各专业领域的研究。关于开发区总体发展的研究可以参见表 0-1。

开发区总体发展的研究综述 　　　　　　　　　　　　　　表 0-1

研究对象	论点	代表人物	主要观点
以广义开发区 为研究对象	周期论	郑静	认为开发区具有自身的生命周期规律，应遵循不同阶段的特征
	新区论	邢春生	认为开发区发展到一定的阶段之后应该向城市新区转型
以某一特定 功能开发区 为研究对象	经济技术 开发区	皮黔生、王恺	通过对经济技术开发区土地开发模式、投资环境建设、体制创新、产业发展等多领域的考察，提出了开发区的"孤岛"判断
	高新区	魏心镇、王缉慈、 张庭伟、顾朝林、 赵令勋	通过对国外相关类似区域的介绍总结了高新区区位布局的一些原则，包括：临近智力密集区，具备开发性技术条件、人才、信息网络，基础设施完善，适宜的生产和生活环境，创新的城市氛围等等，并以此作为衡量开发区空间分布合理性的标准
以开发区与 开发区或其 他区域之间 的相互关系 为研究对象	不同类型开发 区的相互关系	陈益升	分析了国家经济技术开发和高新区的共性和异性
	开发区之间的 区域协调	冯小星、赵民	以苏锡常的开发区作为研究对象，运用经济学原理分析了三地开发区的同位竞争与地方政府之间的博弈行为，并提出应加强区域宏观调控，建立区域协调机制，促进开发区的共同持续高效运营
	开发区与城市 的关系	王慧	从进化的观点将开发区的发展阶段划分为成型期、成长期、成熟期和后成熟期，并分析了不同阶段的发展特征及其与城市的动态关系

来源：张艳 . 我国国家级开发区的实践及转型——政策视角的研究 [D]. 上海：同济大学建筑与城市规划学院，2008

除了对开发区总体发展研究之外，张艳还总结了开发区发展所涉各专业领域的研究，包括开发区产业发展研究、开发区空间拓展研究、开发区社会发展研究，以及开发区管理体制研究（表0-2）。

开发区专业领域发展的研究综述　　　　　　　　　　　表0-2

专业领域	相关观点	代表人物
产业发展	大力发展高新技术产业	郭俊华、费洪平、王辑慈、盖文启、周维颖、闫二旺、王兴平、胡新智、齐德义、秦远建、江晶
	培育特色产业	
	加强开发区产业与当地经济的紧密结合	
	从经济科技发展的大趋势中，寻找新的产业发展方向	
空间拓展	开发区对城市空间结构的影响	王慧、张弘、张晓平、刘卫东、张晓甲、杨东峰
	开发区土地使用效率	何书金、王兴平、崔功豪、吴燕、陈秉钊、黄大全
	开发区规划管理	王霞、王学锋
社会发展	开发区客观上已成为当代中国卓有成效而又极富特色的城市化模式之一，随着开发区规模的日趋扩展，越来越多的社会问题暴露出来	张弘、王慧
管理体制	开发区特殊的管理体制是保障开发区快速发展的重要机制，在开发区发展中取得了显著绩效	鲍克、皮黔生、王恺、张克俊、林拓、郭会文

来源：张艳. 我国国家级开发区的实践及转型——政策视角的研究[D]. 上海：同济大学建筑与城市规划学院，2008

0.3.2.2　开发区的空间研究

根据张艳对开发区研究现状的分析，开发区空间研究的分析属于专业领域研究中的一个分项。结合郑国对于开发区空间与土地问题的研究[7]，国内对于开发区空间的研究主要集中在以下四个方面。

1. 开发区对城市空间结构的影响

开发区建设发展过程所伴随的空间开发、经济要素重组、人口聚集流动，土地利用变化、新旧城区及中心与边缘区的相互作用等，对所在城市和地区经济、社会、实体空间的演化具有强烈的催化、带动效应，从而引发或加速整个城市—都市区层面的空间重构（王慧，2003）。张弘（2001）和张晓平、刘卫东（2003）结合对开发区的实地调研，总结了我国开发区与城市空间结构演进的几种形态，张晓甲、刘卫东指出开发区与城市空间结构的演进主要是由跨国公司主导的外部作用力、城市与乡村的扩散力和开发区的积聚力共同作用的结果，并由此提出了促进开发区与城市空间结构合理演进的政府宏观调控政策着力点。杨东峰（2006）以天津经济技术开发区为研究对象，认为开发区以经济增长和土地开发为核心的开发建设循环过程塑造出了一种外向、高效的现代化物质景观，并基于"深层结构偏移—开发建设循环—空间表达异化"内在逻辑的强大作用，形成了一种独具特色的"嵌入繁殖、二元分立、肌理粗化"的物质空间表达模式。

2. 开发区区位研究

研究和认识开发区的区位，对于合理选择和配置开发区的资源，提高资源的组合效益具有重要意义。魏心镇和王缉慈（1993）、李小建（1997）、顾朝林（1998）、郑京淑（2000）、陈益升（2002）等众多学者从不同视角对中国开发区的区位布局进行了研究。总体而言，开发区的区位因子包括：劳动力、基础设施、产业基础、环境、资本和市场等。但相对而言，经济技术开发区的区位选择更侧重于交通状况、产业基础和市场空间；而高新技术产业开发区的区位选择更侧重于智力资源、环境质量、信息资源、产业基础和创业氛围等条件。

由于区位具有空间层次的差别，不同空间尺度上，区位要素作用的强度会有所不同。因此，地理学者对于开发区区位的研究也是分层次的。何兴刚（1993）、陈建明（1998）、王霞（1998）和王兴平（2003）等分别从宏观、中观、微观三个层面对开发区的区位进行了研究。

3. 开发区土地利用

大部分开发区的土地使用存在着明显的低效现象。何书金等（2000、2001）运用参差原理，计算分析出国家级开发区闲置土地的数量、分布与利用潜力，并阐述了我国开发区闲置土地的形成机制，据此将开发区闲置土地划分为规划控制型、区位不理想型、经济实力欠佳型、开发效益较低型和技术支撑不够型等五种类型。王兴平、崔功豪（2003）通过比较分析认为我国开发区的地均效益较低，主要原因是开发区空间扩张中存在非产业因素的促动，形成了土地利用中独特的以土地闲置为特征的"光圈"效应和"蜂窝"效应，并提出了评价开发区土地利用效益的指标体系与方法。吴燕、陈秉钊（2004）分析了高新区空间效益低下的现状，指出应根据不同的高科技产业结构特点制定一系列的高新区开发规模标准的建议。黄大全（2005）等以北京经济技术开发区为例，采用统计分析和比较的方法，从分行业、类型和规模的角度研究工业项目的用地效率，对工业用地项目的投资强度、产出强度、绿地率、容积率、建筑系数提出控制标准。

4. 开发区规划管理

城市规划在空间拓展中扮演着重要的调控作用，开发区既是城市的一个组成部分，同时又具有相对于其他城市地域而言的特殊性。不过，针对开发区发展现实的规划理论研究十分薄弱，开发区规划一直缺少系统的理论指导。王霞（1997）认为开发区是城市一种特殊次结构形态，在开发区规划时，不仅要把它视为城市的特殊分区，还应把它视为连续整体有机空间。王学锋（2003）认为开发区是城市系统的有机组成部分，开发区的规划管理应当实行统一管理；同时，开发区有其自身特点和特殊要求，规划必须重视并满足这些特点和需求；鉴于开发区规划普遍缺乏必要的深入研究和技术手段，缺少对土地效益、用地结构、开发时序的研究和调控，规划的重点应该转向那些市场力不能很好地发挥作用的空间资源的配置，强调土地利用的效益指向。

0.3.2.3 后开发区时代新城区转向的研究

最初在开发区总体研究中，郑静（1999、2000）参考日本经济学家藤森英南对于出口加工区的认识，总结及预见我国城市开发区的四个阶段：①早期（1984～1990年）阶段：开发区数量少，集中在沿海城市与开放城市；②成熟（1990～1994年）：各地开发区遍地开花，开发区用地规模过大；③分异（1994～1997年）：开发区效益差别显著，数量趋于稳定；④后开发区阶段（1997年以后）：开发区数量开始减少，用地规模得到控制。这一研究是开发区周期论的代表，从而引发了后开发区阶段的概念，为后开发区时代的研究奠定了基础。

晏冠亮认为，2004 年 12 月国务院召开全国国家级经济技术开发区 20 周年工作会议以后，"后开发区时代"这一概念方才引起了学界和开发区业内的广泛关注和讨论。对于后开发区时代的系统论述直至 2008 年才公开发表。此后，不同的学者从不同的侧面研究了后开发区时代的开发区发展。郑国（2008）讨论了开发区生命周期与后开发区时代的关系，认为随着开发区政策措施的不断弱化和开发区政策赖以存在环境的变化，中国开发区政策体系正在解体。从整体上看，中国开发区的生命周期即将终结，"后开发区时代"即将来临。在"后开发区时代"，中国开发区将分化为问题区域、新产业空间与新城区、创新空间三种类型，适应不同类型需要的新政策体系也将逐步形成。晏冠亮（2008）明确地提出了后开发区时代的定义与特征，在后开发区时代重点要解决的问题是如何形成在全球处于领先地位的产业领域，建立一套适合园区自身发展的模式。中国开发区为改革开放做出了历史性的贡献，在进入后开发区时代这一高级发展阶段之后，开始向多功能综合性产业区或者世界一流的科学园区转型，走新型工业化、新型城市化道路，成为中国开发区的必然选择。董娟（2008）探讨了在"后开发区时代"政府主导下的管委会治理模式。何静、农贵新则从异地共建入手，指出由政府或企业主导共建的跨国界、跨行政区域的各类开发区，符合经济发展的基本规律，是后开发区时代加快产业转移、化解风险的重要举措，也是区域共赢的需要。葛丹东等人从实践的角度，研究了后开发区时代新城型开发区模式，认为开发区的发展进程进入了后开发区时代，其典型特征是大量城市综合要素和生产经济活动在区内并存聚集，开发区呈现综合功能和多元内容的新城发展趋势。葛丹东以杭州市经济技术开发区为例，从模式优化的准则与理念，空间结构及形态发展模式优化的论证与定位，用地单元组织三方面诠释后开发区时代新城型开发区空间结构及形态发展模式优化。

关于后开发区时代新城区发展的研究并不多见，上文中提及，郑国对其进行了理论研究，而葛丹东等人对其进行了实践的探索。实际上开发区研究中关于新城，以及开发区与城市关系的研究为后开发区时代新城区研究奠定了基础。在开发区总体研究中，邢春生（2005）认为新区是后开发区时代的产物，新区源于并包含着开发区，保持和扩展着开发区的品质，为开发区扩充新的品质和新的职能，开发区最终将实现从功能经济区向充满创新活力的新城市转变。王峰玉等（2006）认为开发区应定位为一个以发展工业为主的具有相对综合功能的新型城区，使外向型和内向型的产业相结合，逐步与周边地区融合、一体化地发展，并发挥开发区在推进城市化方面的作用。王慧（2003）从进化的观点将开发区的发展阶段划分为成型期、成长期、成熟期和后成熟期，并分析了不同阶段的发展特征及其与城市的动态关系：①成型期的开发区增长主要方式是注入式增长，表现出强烈的极化效应，对其母城更多的是依赖和索取；②成长期的开发区将从工业园区向科、工、贸、商、住多功能复合发展方向转化，逐步进化成初具规模的新城区，对母城开始产生较明显的辐射带动作用；③成熟期阶段的开发区人口密度、设施水平、功能种类等日益趋于一般意义上的城市化地区，对母城实施全面反哺，展开两者之间的互动和深层次的功能整合；④进入后成熟期的开发区作为特区的属性将日益淡化，与非开发区之间有形和无形的界限将日益模糊和消失，各开发区之间"一体化"、"网络化"的趋势越来越强烈。

总体而言，关于后开发区时代以及在后开发区时代开发区向新城区转向的研究还处于起步与积累阶段，但是随着开发区逐渐进入后开发区时代，相关研究将系统而全面地展开。

0.3.3 现有研究的不足

已有的研究从不同的方面展示、解释了开发区空间的现实状况以及后开发区时代开发区向新城区转化阶段的空间状况，并针对其中存在的问题提出了相应的解决思路和对策。但关于开发区空间特别是后开发区时代开发区空间的发生、发展是动态过程，发展的动因与具体实践的认知仍不够系统和清晰，这也在很大程度上制约了关于后开发区时代开发区空间未来发展的深入探讨。具体而言，有以下三个方面。

0.3.3.1 偏重宏观，忽视微观

现有研究往往从开发区空间区位、开发区对于城市空间结构的影响等宏观方面对后开发区时代的空间进行研究。但是对于开发区空间的微观层面，如开发区中开放空间、建筑群体形态等等方面缺乏系统且清晰的研究。

0.3.3.2 偏重单一学科研究，缺乏交叉学科融合

现有的后开发区时代的空间研究更多的是从某一学科的角度来研究的，比如从经济学的角度研究财政金融政策，研究开发区产业结构；从城市规划角度研究开发区总体规划、土地利用；而涉足两个学科的研究就较为少见，涉及更多学科的研究更加凤毛麟角了。同时融合不同学科的视角与研究方法将成为今后研究的一个方向。

0.3.3.3 偏重普遍性研究，缺乏差异个性研究

开发区空间广泛分布在基础条件迥异的区域环境之中，在经过多年的发展实践之后，已经形成了不同的地域差异和个性特征。但是目前研究更多是基于中国开发区20多年发展实践及发展现状的全貌研究，研究者们大多依据全国层面的统计资料进行统计分析，对于数据背后的意义关注不够，缺少更进一步的案例研究作为其结论的支撑。这直接导致缺少对于中国开发区发展实践的整体认知，难免会导致开发区空间相关研究的局限性。

0.4 研究范畴

0.4.1 研究范畴的选取

0.4.1.1 小区域研究及其渊源

社会文化地理学中的小区域研究（Study of Small Distinct Areas）是指描述、分析和理解每个小区域自然和人文共同作用下的区域特征。最早提出小区域研究的社会文化地理学者是李特尔（Carl Ritter），他在《地学》中指出："如果要想避免一般化这个危险，人们必须有补救方法。我能提出的最好忠告是，在一个仔细挑选的小区域内，近距离地观察地理条件和社会事实之间的关系，然后再对它们进行分析。"追随李特尔小区域研究主

张在法国发生了一系列集体学术实践，以至于小区域研究成为法国人文地理学派的鲜明特色之一，维达尔·白兰士（Paul Vidal de la Blache）成为该学派的代表人物。我们对法国地理学派的小区域研究案例主要来自商务印书馆出版的《人生地理学》、《近代地理学创建人》，以及《人文地理学问题》（德芒戎，1980）。这三本书涉及了白兰士的《法国东部地区》，德芒戎的《皮卡迪平原》、《利木赞》，以及其他法国人文地理学派所作的研究，如《下布列塔尼》、《莫尔旺》、《贝里》、《普瓦图平原》等小区域研究。

0.4.1.2　小区域研究的必要性

小区域研究是极为必要的：由于精力的限制，人们只能近距离地弄清小区域的"地理条件和社会事实"。小区域与大区域的差别并非只是尺度上的，二者的差异还存在着性质上的不同。这就意味着即使研究条件允许我们研究与小区域相对的大区域，我们仍要坚持对小区域的研究。那种将小区域作为一个"被剖析的麻雀"，将在小区域中发现的人文现象的空间特点和空间规律放大到大区域中的研究思维逻辑也是错误的。因此大区域研究与小区域研究不可相互替代，重视空间尺度的差异才能用正确的空间尺度观察问题，才能正确理解空间尺度间的因果关系。

小区域与大区域之间的差异不会抹杀了小区域与大区域间的关联，对小区域的研究有利于对大区域的理解，有利于对小区域、大区域之间或组合或系统的联系进行更好的理解。这也就是进行小区域研究的又一必然原因。

0.4.1.3　小区域研究的内容

区域地理学派代表人物哈特向（R．Hartshorne）认为，任何一个"区域"都是独有的，他强调研究这种包含自然和人文要素的区域综合体。小区域研究中同样包含着自然和人文的要素，这与当代地理学中对于地方以及地方性的研究是类似的——是研究世界这个大区域下的大区域组分中独有的区域。小区域的研究不仅仅指某个特定的区域，而且指一定的空间范围。可以说"小区域"已经成为一种范式（paradigm），它具有了大卫·哈维（David Harvey）所说的范式特点：包括了世界的一个特殊图像，以及知觉经验的一种特定阐述。[9]这种范式成为地理学的分析视角，同时也成为其他学科经常借用的分析范式。

0.4.1.4　小区域研究的最小尺度

除了社会文化地理学之外，城市规划学、建筑学以及景观学的研究均纷纷介入小区域的研究之中，并且对于小区域研究中的最小尺度进行了探讨——分析的最小区域单元应为多大？小区域研究作为一个范式成为一个分析工具，小区域研究所分析的对象是区域中社会文化现象的空间特点和空间过程。理论上社会文化地理学要以社会文化活动的基本空间单元为最小区域。社会学、人类学将这样的区域称为社区（Community）。社区与其他尺度大一些的区域单元的重要区别是，这里的社会文化活动是在面对面的环境中进行的。在这样的区域单元中，其社会文化结构中至少具有家庭、社区组织这两种类型。如果社会文化地理学所研究的区域比这个区域单元更小，就无从谈及社会的建构，以及文化的共享。因此，社会文化地理学中小区域研究的最小尺度是社区，并且这种最小尺度的应用还可以推广到城市规划、建筑、景观等等学科的研究之中。

0.4.2 本书的研究范畴

0.4.2.1 小区域研究范畴作为补充与切入

从前文中可以看出，对于中国开发区，特别是后开发区时代开发区的研究还更多地停留在经济、政治层面，而缺乏对空间的研究。在仅有的对于空间的研究中，却又集中在宏观的、抽象层面。对于中国开发区城市空间生动的、生活的观察与研究还未曾有学者进行过系统的研究。这种研究应该始于小区域的范畴，包含着自然与人文要素的小区域不仅成为独立的可研究单元，成为洞悉开发区城市空间的切入点，同时一系列小区域的研究将成为揭示其所组成的大区域或者其所在大区域系统的空间发展的途径。

0.4.2.2 苏州高新区狮山路区域作为研究区域

1. 苏州独特的"地方性"与经济实力

选择苏州高新区狮山路区域作为研究区域，首先是因为该区域位于古城苏州市域。苏州是一个兼有历史沧桑与现代文明的城市，优美与富庶从古至今一直伴随着苏州。苏州市位于江苏省东南部，东临上海，南接浙江，西拥太湖，北依长江，水网密布，土地肥沃，物产丰富（图0-1）。苏州是中国著名的历史文化名城，这里素来以山水秀丽、园林典雅而闻名天下。苏州古城风貌独特，她的粉墙黛瓦、小桥流水人家；她精巧、明快的装饰艺术；她幽雅的小街小巷和古朴的庭院绿地，构成了苏州特有的艺术风格。苏州古城之内没有咄咄逼人的大高楼，没有标新立异、怪模怪样的"假鬼子"。建筑是亲切的，尺度是宜人的，几片屋顶，几重窗棂，黑瓦檐，白墙头，门廊下的挂落，院子里的竹树、蒲草……都向世人显露着苏州特有的韵味，这是苏州保护传统风貌的成功所在。虽历经千年发展，特别在经济迅猛增长的21世纪，苏州就是苏州，苏州还是苏州，当然，已不是老态龙钟的老苏州，是有苏州传统特色又呈现现代气息，走向现代化的苏州。这就是苏州鲜明的"地方性"，继承自己的历史文化传统，创建有特色的、新的、中国式的城市"地方性"。

同时苏州是经国务院批准的较大的市，江苏省省辖市，行政级别为地级市，是江苏省的工商业和物流城市，也是重要的文化、艺术、教育和交通中心。全市人均GDP、二产增加值、人均进出口总额、外贸依存度、城镇人均可支配收入、城区暂住人口比重和移动电话普及率等多项社会经济指标位列江苏省各中心城市之首。改革开放后，苏州的经济更是焕发了生机。在20世纪80年代乡镇企业大发展时期，苏州成为"苏南模式"的重要代表。

图0-1 苏州市区位及综合概况图

20世纪90年代，中国对外开放的重心逐渐向北推移，苏州凭借其紧邻上海的区位优势，以大规模引进外资为契机，进入全方位发展开放经济的历史时期。一方面实现了产业结构的调整，另一方面经济总量飞速发展。这意味着城市的扩张将成为城市一段时期的客观需求。同时，苏州经济的外向度也逐年攀升。苏州借助浦东开发开放，以开发区建设为载体，大力发展外向型经济。1990年苏州市进出口依存度仅7.69%（其中出口依存度为6.35%），国内市场是苏州市商品主要渠道。1995年进出口依存度达到42.1%（其中出口依存度为21.4%），2001年进出口依存度达到111.16%（其中出口依存度达到57.9%）。1990～2001年间，外贸依存度提高了103.47个百分点，这意味着城市的开放度需求提高。2008年全市实现地区生产总值6701.3亿元，是新中国成立初的437倍，经济总量翻了八番多，年均增长11.5%。2008年全市GDP相当于1949～1997年历年GDP的总和，苏州日均创造GDP相当于新中国成立初期一年生产总值的4倍。自2002年以来，全市地区生产总值连续突破2000亿元、3000亿元、4000亿元、5000亿元、6000亿元大关。人均GDP从1952年的126元，发展到超过1万美元，按照国际购买力评价计算，已达到上中等收入国家和地区的水平。城市经济快速发展，使苏州在长江三角洲都市连绵带中的地位由传统经济时代的三级城市，跃居区域中实力强劲的二级城市，区域城市综合竞争实力冲破行政级别的限制，经济实力超过了南京、杭州，经济综合实力跃升全国第五。强劲的经济实力一方面来自开发区的迅猛发展带动城市整体经济发展，另一方面则是城市整体经济实力的加强进而帮助其中的开发区吸引技术与资本，从而形成良性循环。

苏州独具特色的"地方性"成为与全球化相对应的研究背景，其强劲的经济实力则成为开发区发展的坚实后盾，这两个鲜明的特征为本书的研究铺陈了独特背景。

2. 苏州高新区的发生与发展

截至2009年，苏州市共有国家级、省级开发区17个，它们以不到全市7.2%的土地面积，创造了苏州1/2的地方一般预算收入，2/3的地区生产总值，5/6的实际利用外资，对苏州经济社会发展贡献巨大。在这17个开发区中，苏州高新区与苏州工业园区是其中的两个佼佼者，并且与苏州古城共同形成了"一体两翼"的城市空间格局。二者相比较，苏州工业园区的设立更具有特殊性，是中国和新加坡两国政府间合作的最大项目，直接受到两国最高领导层的关心和支持，而苏州高新区作为国家级高新技术开发区，则更具有举一反三研究的普遍性。因此，本书选择苏州高新区作为研究的外围区域（图0-2）。

苏州高新区于1992年11月18日设立，是中国第一批为了吸引APEC国家外资投资的工业园区，它成为与技术相关的服务输出与产品出口的基地。从开始开发至今，苏州高新区已走过二十多年荏苒时光，今天的苏州高新区已经成为一座位于苏州古城西侧，集现代化园林化生活新城区、开放型经济聚集区和高新技术产业开发区三大功能为一体的苏州新城。在此期间，苏州高新区的经济实力不断增强。苏州高新区成立之初，当年国内生产总值仅0.26亿元，工业销售收入0.5亿元，财政收入750万元，工业基础和经济基础都比较薄弱。经过二十多年快速发展，区域产业结构持续优化，质量效益不断提高，经济规模总量和综合实力都发生了根本性的变化，实现了速度与结构、效益、质量健康协调发展，已成为苏州经济发展重要一翼和最具活力的增长点之一。在此期间，苏州高新区开放型经

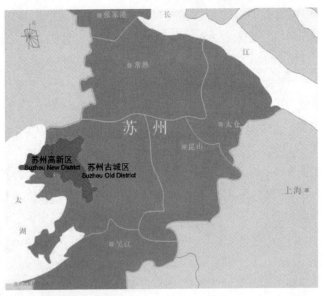

图0-2　苏州高新区区位

济蓬勃发展，立足开放带动战略，坚持以技术领先作为项目选择的重点，积极引进国外的资金和先进技术，以发展高新技术产业为目标，构筑产业发展新高地，吸引了一批国际著名跨国公司，引进了十多家国际著名跨国公司的研发中心，迅速形成了主导产业群。区内90%以上的项目集中在电子信息、精密机械、生物医药和新材料等新兴产业方面，其中电子信息产业总投资超过40亿美元，其产值占区域工业总产值的70%左右，并已初步形成了门类比较齐全的产业链，涵盖了IT产业的绝大部分领域，已成为全国重要的电子基础材料、电脑及周边产品的生产基地，绝大多数产品与不断更新的国际先进技术保持着同步发展。在此期间，苏州高新区科技创新持续推进。通过不断强化技术创新功能，使区域自主创新能力快速提高，创新载体功能不断加强。1994年以来，先后建立了苏州高新技术创业服务中心、国际企业孵化器、留学人员创业园、环保产业园、苏高新软件园、新药创制中心、毕业企业发展基地、民营科技园、苏高新创业园等科技创新发展基地，这些特色鲜明的创新载体加快向专业化、系列化方向发展，成为"333"科技成果转化基地。形成了包括国家及省级火炬项目、重大攻关项目和重点推广项目在内的电子、信息、生物工程、环保及新材料等一大批高科技项目，多次被科技部评为全国先进高新区。在此期间，苏州高新区已初具现代化新城规模。在基础设施功能建设方面，形成了"六纵六横"的区域交通干道，重点规划建设了一大批变电站、污水处理厂、自来水厂、热电厂、高热值液化气厂、邮电通信中心等基础配套设施，水、电、气、污水处理等基础设施达到了中等发达国家水平，建成区污水处理率达到100%；建成20多个开放式城市公园和800多万平方米的公共绿地，全区绿化率达到40%，各项环保指标均达到国家级标准；建立了金融、证券、会计、律师、公证、税务、人力、技术等中介机构和市场要素体系。新建一批包括外国语学校、省级重点中学、职业培训中心在内的现代化教育文化配套设施，建成了一大批全国示范和省市优

图 0-3　狮山路区域范围

秀住宅区以及商贸、文化、娱乐等生活设施，形成了高品质生活保障体系。[10]

由此可见，苏州高新区从诞生至今，规模急剧扩张，效益迅猛发展，开发区政策环境变化，历经了开发区的"制度化阶段"、"弱制度化阶段"、"后制度化阶段"，逐渐从单纯的产业开发区向复杂的城市新区演变,在其"生命周期"的发展中，已经走向新一轮的发展，悄然成为城市化的一个独具特色的典型。

3. 狮山路区域作为完整意义的研究小区域

本书的具体研究范围是苏州高新区狮山路区域，区域范围以城市干道狮山路为中心，西起长江路、珠江路，东临古运河，北面金山路，南界玉山路、竹园路，面积大约为4.10km² (图 0-3)。

从苏州高新区发展及规划的历程中可以看出，狮山路地区是高新区开发最早的区域之一。在苏州高新区开发伊始，狮山路区域就是仅仅 6.8km² 的高新区开发区域中的重要组成部分——区域面积占当时高新区总开发面积的 60% 以上。狮山大桥连接了京杭大运河东西两岸，将古城的结构性干道十梓街—道前街—三香路向西延伸，开创了高新区的门户要冲。独特的地理位置使得狮山路地区在整个高新区的发展中举足轻重。苏州高新区管委会大楼率先在此比邻狮山路与大运河安营扎寨，18 层高的椭圆柱体也成为对高新区的一种宣传与标识。中国人民银行、中国工商银行、中国银行、中国农业银行也纷纷在高新区成立伊始就将其高新区的分支机构设立在狮山路两侧。春兰、明基等国内外著名企业也将研发乃至生产基地在高新区建设之初就在此区域设立。可以说，狮山路地区的开发与发展不仅是整个高新区发展的一个缩影，而且还以一种示范的姿态引领了高新区城市空间的发展。以狮山路地区为切入点，更可以以小见大，分析高新区城市空间的发展。

狮山路区域也是苏州高新区最早向新城区转向的区域。苏州高新区成为独立的行政

辖区始于 1992 年，并且被列为国家级高新技术产业区。从这时开始，金狮大厦（建成于
1993 年）、保险大厦（建成于 1994 年）等重要建筑就开始兴建，这种建设一直延续到现在。
就是说，在狮山路区域留下了自开发区成立以来不同时间的建成环境样本。这些样本或是
相互并置，或是相互叠加，或是此消彼长，从而使狮山路地区的城市空间成为研究高新区
城市空间的历时性载体。狮山路区域的发展贯穿了苏州高新区的整个生命周期。在开发区
开发的第一阶段，狮山路区域不仅仅是新兴技术产业区，也是综合功能区。在苏州高新区
发展的第二阶段，整个开发区的性质演变为"苏州新城区、国家高新技术产业开发区、经
济开发区融为一体的具有城市功能的新市区"，狮山路区域的产业功能就逐渐弱化，而其
综合服务的功能得到了加强。在苏州高新区发展的第三个阶段，整个高新区的定位又发生
了巨大的变化，成为"依托苏州西部区域的区位、资源和产业优势，建设融现代文化和传
统文化于一体的，科技、文化、生态、高效的现代化新城区"，此时的苏州高新区已经走
向其生命周期的崭新阶段，早期的发展已经告一段落。在此阶段，狮山路区域则被定位为
"苏州主城中心区，具有魅力的新区服务中心和宜人的居住片区"，狮山路区域俨然以一副
城市中心商贸区的姿态出现在世人面前。无论在苏州高新区开发的哪一个阶段，狮山路区
域都相应地伴随其变化而以新的定位、新的姿态来调整自身的发展。因此，狮山路区域是
苏州高新区向城市空间发展的代表与典型，选择该区域作为研究区域，可以更好地折射出
更大区域的发展与变迁。

在狮山路区域，由于发展定位的不断调整与变化，无论其土地利用还是建成环境都
十分复杂。用地类型繁多，涵盖了居住、公共设施、工业、道路广场、市政公用设施、绿
地及水域 7 大类用地。其中，主要的用地类型又集中在居住、公共设施、工业 3 类。进一
步细分，可分为 15 小类。由于用地类型不同，建筑年代各异，建筑的形态也是千差万别。
地块中的建筑高度从两百多米到十几米参差不齐，源于开发年代、建筑性质、风格趋向等
多种原因，从低层建筑到高层摩天楼，每一个高度级别都有相应的代表建筑物。与建筑多
样性相对应的是城市空间的多样性——涵盖了大小、开放程度、界面处理和服务性质不同
的软硬空间。同时，由于二十多年的渐进开发建设，城市空间的多样性及层次性并非在系
统的、动态的城市设计指导下形成，它们的形成带有更多的自发性，这无疑增添了城市建
成环境的复杂性，而这种复杂性更能够全面地揭示、反映出整个高新区的城市空间特质，
更具有研究的代表性。

前文在对小区域研究范畴的探讨中提及：小区域研究的最小尺度是社会文化地理学
中社会文化活动的基本空间单元，这种单元在社会学、人类学被称为社区（community）。
狮山路区域显然已经超过了小区域研究的最小尺度，在狮山路区域之中，有超过 3 个社区
存在，并且这些社区与其他商贸、服务，乃至生产区域紧密地结合在一起。因此，狮山路
是完整意义上的研究小区域。狮山路区域被苏州高新区规划分局委托设计单位进行新的发
展阶段的城市设计，这种设计立项从另一个侧面反映出狮山路区域作为独立研究区域的可
行性。可以说，狮山路区域是独立的，完整的，复杂的，有生命的，代表着高新区发展变
迁的，目标成为新兴城市核心区域的研究小区域。

选择狮山路这样一个小区域作为研究对象，可以集中有限的精力，深入地挖掘来自政

治、经济、规划、建成环境、生活空间的方方面面，并将其一同纳入研究体系之中。选择狮山路区域作为研究范畴，可以反观苏州高新区的空间发展，反观苏州城市发展过程中的空间变迁，成为联系大、小区域研究的一座桥梁。

0.5 概念与方法

0.5.1 相关概念

0.5.1.1 开发区

开发区是指以城市为依托，实行特殊的经济政策与管理体制的特定地区。具体而言，它具有以下三个方面的特征：①以城市为依托，具有自己的"母城"；②实行特殊的经济政策与管理体制；③具有明确的地域范围。[7] 中国的开发区是在世界经济全球化和新技术革命的背景下，在中国转型和对外开放过程中，借鉴国外出口加工区、高科技园区和国内经济特区经验的基础上逐步形成的。

中国的开发区从类型上看，主要包括国家级经济技术开发区、国家级高新技术产业开发区、保税区、出口加工区、边境经济合作区、省级开发区。在这些开发区之中，国家级经济技术开发区、国家级高新技术产业开发区是中国开发区的主体，对中国的改革、开放和发展做出了巨大的贡献，对中国城市化与中国城市空间产生了深远的影响。因此，这两类开发区是本书中所提及"开发区"概念的特定所指。

这两类开发区虽然在总体目标、优惠政策、区位因子和管理部门上有种种差异，但在中国改革、开放和发展过程中，它们交相辉映，走上了相同的道路。①都强调对外开放，积极引进外资和扩大出口；②都强调自主创新，积极营造区域创新环境，发展高新技术产业；③事实上都成为所在城市扩大经济总量，加快经济发展速度和提升经济发展质量的关键区域，成为所在城市改革开放与发展的前沿，强劲的经济增长点，外向型经济的主阵地以及创新体系的核心区；④都成为当代中国极富特色的城市化载体，对所在城市的空间产生了深远的影响。因此，本书中将这两类开发区统称为开发区，将其作为一个整体进行研究。

0.5.1.2 空间的生产

空间生产理论是由列斐伏尔在核心著作《空间的生产》(The Production of Space)一书中提出的。在书中，列斐伏尔将空间的精神、物质以及社会等领域重新联系起来，构成他所谓的"统一理论"。他所提的领域是"被分散理解的"。但是，理论的关键是他假定"理想的"（精神的）空间是与"真实"空间相分离的，并且"这两种空间，都相互支持，互为前提"。换言之，任何对城市或都市的理解必须意识到另外一方存在的重要性。因此，任何对空间的理解需要根植于在一个整体的阐释框架中将空间的精神、物质与社会属性紧密相连。

空间生产理论的核心是提出了"（社会）空间是（社会的）产物"这样一个具有革命意义的论断，这一论断既指出了"空间"的社会属性，又揭示了"生产"的过程性。因此，空间生产理论可以促使我们思考和探索空间及空间生产的社会因素，同时重视过程，重视历史，将"时空向度"相连接，从而建构"社会—历史—空间"的三元辩证法，并且以此为基础来考察曾经或现今或未来的社会空间。空间生产理论另外一个革命性创新是提出了空间的三重性，每一重构成空间的类型都是相互支持的。这三重空间分别为：构想空间（Conceived Space）、认知空间（Perceived Space），以及生活空间（Lived Space），三者共同建构了对空间的阐释框架，将空间研究中宏观、中观、微观三个层面的割裂予以弥合，开创了全面空间研究的先河。

0.5.1.3 城市空间生产

空间生产理论是在列斐伏尔对城市一成不变的关注下诞生的。因此具有不可辩驳的城市属性，无论城市作为研究的背景，研究的工具，或是研究的对象，空间的生产都与城市密不可分。所以不妨用城市为空间的生产做出一个限定，以空间生产的理论为框架来研究城市空间。因此，本次研究中提出的城市空间生产的概念就是利用空间生产理论的核心与框架来研究城市空间问题，并且建立相应的理论架构。因为城市空间被包含在（社会）空间之中，因此城市空间生产的核心就可以依据空间生产的理论归纳为"城市空间是社会生产的产物"。城市空间的三重性就是城市构想空间（空间表征）、城市感知空间（空间实践）与城市生活空间（再现空间）。

城市构想空间（空间表征）被定义为"城市中科学家、规划师、都市学者，技术官员以及社会工程师的空间"。因此，空间表征是一种概念化的空间，它运用符号、代码、术语和知识使空间实践得以理解和解说。城市构想空间是被包括规划师、建筑师、技术官员等在内的社会精英阶层构想成为都市的规划设计与建筑设计。这个层面的城市空间生产一方面体现了城市空间的社会生产——体现了生产关系，乃至上层建筑的意志，是社会关系的具体化表达；另一方面，城市空间表征直接指导、限定了城市空间实践，其主体成为城市物质空间的策划者、管理者，甚至破坏者、颠覆者。

城市感知空间（空间实践），就是城市中"可读的、可视的"能够被感官所感知理解的空间体系。它包括空间的具体物质表达，包括建筑、构筑物等在构想空间文脉中的设计成果。开发区空间中建成环境就是这种感知空间的产物，这是一种物质结果，一种实际的物质结果，是城市可构想的观念，是通过行为和那些用概念来引导物质结果的行为者创造的"真实"。

城市生活空间（再现空间）是日常生活的空间。这种空间是通过对感知空间的交互作用和解读所创造的。因此它不是一个单纯意义上的空间，而是由个体为他们自己形成的空间，并且和他们想交往人们的空间相一致。开发区空间中的城市生活空间是活生生人的生活。它源于对感知空间、构想空间二元论的肯定性解构和启发性重构。

0.5.2 研究方法

0.5.2.1 数据采集

列斐伏尔曾经说过，"对城市现象的分析要求使用各种方法论的工具：形式、功能、结构、层次、维度、文本、文脉、领域，以及整体、写作、阅读、体系，被表达与表达者，语言和外部语言，机构等等。"[11] 将列斐伏尔所提及的所有方法都在本书中加以应用是一件困难的事情，本次研究将从中选取一部分作为数据采集的方法。如何选择以能够满足本次研究多重尺度的要求为标准。

1）观察与现场资料

"你能够通过观察来了解城市。"这是艾伦·雅各布斯（Allan Jacobs）在《观察城市》一书中的开场白。因此观察与现场资料是本次研究数据采集方法的基础。

对于狮山路这个 $4.1km^2$ 的区域，多种不同的方法被使用来近距离观察和文献记录。这些记录描摹了研究区域的空间状况，形成了一种对于建成环境以及生活空间的重要记录。对于现场交通流量等数据的测算则是目测与官方数据库提供的信息相结合的结果。

除了现场采集，图片和摄像记录也被应用。共有超过 5000 张图片和 12 小时的摄像来记录空间状况。这里包括重点建筑与景观，也包括研究区域中的历史文脉照片。这些照片和摄像构成了研究的主要数据档案。

2）当代文献收集

当代文献是指最新的文献资料，这部分文献数据包括当地报纸、建筑杂志、房地产市场资料和 IT 产业资料以及高新区及高新区规划局网站的即时信息。

3）档案资料

城市总在不断变化的条件和过程中形成，特别是在外界的技术力量给城市带来转变的情况下。新的政治制度改变了都市阶层。新的人口带来了不同的生活方式与文化观念。新的经济阶层带来了新的财产拥有方式与新的住宅发展模式。新的技术带来新的建造方式与新的空间需求。在这些情况中，新的空间形式取代了业已存在的思想与形式。为了更好地理解新的经济、社会、政治、文化和技术是如何影响新的空间形式，大量的档案资源，包括历史地图、规划资料、历史图片与描述是必不可少的。此外还包括相关统计年鉴和普查数据。这些资料有助于我们将现今的苏州高新区狮山路区域置身于历史的范畴之中。

4）访谈

为了本次研究，笔者与政府相关部门的工作人员进行了较为深入的访谈，以了解城市空间表征中政府参与者的作用和影响，并获得城市空间表征的相关信息。笔者也与街头行人在问卷调研的过程中进行了简单的访谈，以了解他们对于空间环境的主观认知。

0.5.2.2　事件—过程

借鉴"事件—过程"的社会学研究方法，本书对特定时空范畴中具体狮山路区域的实践主体、对象、实际环境、参与实践主要社会行动者以及整个过程进行分析，运用创新概念和理论进行应用实效的探索。

0.6　研究框架与内容

从现有对开发区空间的研究状况中可以看出，如何把握研究尺度是主要的问题。一些研究试图围绕着整个宏观的、全球的过程展开，一些研究试图在具体的、微观的实际案例中进行。但是，正如格雷厄姆（Stephen Graham）和马尔温（Simon Marvin）所认为的那样，"当今的都市生活就是永不停息、一直运动的各种不同尺度间的相互作用，从个体到全球"。开发区的研究也应该同时在不同尺度的范畴内进行分析——虽然这往往容易带来对过程以及空间结果的混淆与干扰。因此，建立一个明晰的研究框架，既涵盖开发区空间的微观方面，又包括开发区空间的宏观层面，成为本次研究的基本要求之一。

列斐伏尔在描述对空间的研究状况时，曾经指出，"统治地位的倾向肢解了空间并把它们切成碎片。它只是列出了一些事情，诸如不同的目标、空间容量等等。专门化使得空间割裂，并使之缩水，设置了心理障碍和社会实际壁垒。因此，建筑师往往关注作为私有财产的建筑空间，经济学家则关注经济空间的占据，地理学家则考虑'太阳下的场所'，诸如此类"[11]。这种状况在目前对开发区空间的研究中也同样存在，各类学科的细密划分割裂了对开发区空间的研究。因此，弥合分学科研究开发区空间的隔阂，是对本书研究框架的又一要求。

列斐伏尔空间生产的理论为这样一个研究框架的建立提供了可能。

0.6.1 研究框架的建构

在《空间的生产》一书中，列斐伏尔写道："多样的概念模式体系能够被用来阐释复杂的空间。"他继续写道："作为正式的研究工具，这种概念有着精确的目标——用来消除矛盾，用来证明一致性，用来减少谬误。这是纯粹或抽象知识的固有属性。"[11] 如果开发区城市空间被视为一种复杂空间，一种在地方性、全球化、社会结构等多重因素作用下的实质结果，那么城市空间生产理论中提供的城市构想空间、城市感知空间以及城市生活空间三元论就会为理解城市空间提供一个有力的分析工具。

作为理论框架，城市空间生产三元论有两个重要的特征。其一，它是以对空间的分析为基础的，针对整个不同目标、过程和参与者来组织框架，而不是基于分析的特定目标和特定规模。其二，它将空间视为由构想空间、认知空间和生活空间相互作用、同时发生而构成的，因此它"拒绝把实践、表征和再现看作是不同的世界，拒绝任何一个领域享有特权可以凌驾于其他领域之上……"[12]

使用城市空间生产作为研究框架可以达成以下几个目标。①研究框架将城市空间视作一种特殊的社会生产。它非量化的特征使得城市空间可以被置身于更大的框架之中。这使得城市空间与在它的历史范畴之外的空间联系了起来。②它能够将不同尺度的视角相联系。从阿帕杜莱(Arjun Appadurai)生活空间中的全球、地方联系，到卡斯特的流空间主流逻辑。③它从城市构想空间、城市认知空间和城市生活空间三方面全方位地、充分地理解本次研究区域。因此，在本次研究中将使用城市空间生产作为整体的研究框架。

0.6.2 本书的研究框架

本书的研究框架是基于列斐伏尔空间生产理论的，共分为三部分：绪论，主体第 1～5 章，结语第 6 章（图 0-4）。

绪论中阐明了研究的背景与现状，研究的范畴，研究的概念与方法，研究的框架与内容。尤其对"后开发区时代"这一概念进行了界定，并指出在后开发区时代，向新城区的转型是其演变的主要趋势。

1～5 章是主体部分，用空间生产的理论框架对"苏州高新区狮山路区域"向新城区

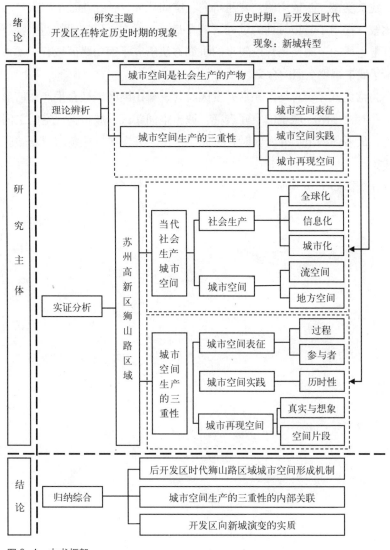

图0-4　本书框架

转型的过程进行了实证研究。

　　第1章对城市空间和空间生产的相关理论进行了回顾并以城市空间生产的理论作为全书整体架构，指出城市空间是社会生产的产物，城市空间表征、城市空间实践、城市再现空间是城市空间三重性。第2～5章则以"苏州高新区狮山路区域"这一小区域地理单元为研究样本，来对当今我国后开发区时代城市空间生产的现象机制进行系统解析。第2章论述了当今社会生产特征是全球化、信息化与城市化，由此造就了当今城市空间的两大特征——流空间和地方空间。狮山路区域则是这一范式的表现形式之一。第3章论述了狮山路区域的城市空间表征，从不同层次的城市规划、城市设计、建筑设计揭示了该区域城市空间表征的过程，从专业设计师、政府、经济组织以及市民四组群体分析了该区域城市空间表征的参与者。第4章论述了狮山路区域的城市空间实践，描述了该区域的城镇平面、土地利用、建筑类型、开放空间、交通研究、空间认知，并且通过不同历史时期的城市空间实践的比较，揭示了其历时性的过程。第 5 章提出城市再现空间的两个特征——真实与想象，在日常生活的范畴使用片段叙事的研究方法研究了狮山路区域若干城市再现空间的片段，揭示了城市再现空间的含义。

第 6 章为结论部分，总结了在后开发区时代，狮山路区域社会生产如何形成了当今的城市空间；并对狮山路区域城市空间表征、城市空间实践、城市再现空间之间的相互作用进行了分析。最后归纳出后开发区时代空间生产由"开发区"逐渐向"新城区"演变的种种特征及其实质。

本书研究框图如图 0-4 所示。

1 城市空间生产理论框架

1.1 空间理论的渊源

空间，是一种无限的、三维的延展，事物在空间中发生并有着自己相对的位置和方向。从古至今，在各门类科学中，空间总是占据着重要的一席之地。在数学中，空间被认为拥有若干维度以及与之相应的若干结构；物理学中的空间通常被认为处于线形三维之中，而现代物理学家总是将空间与时间一起视作连续无限的四维时空；地理学利用空间体认来理解事物在特定场所存在的因由；哲学意义上而言，尽管哲学家们关于空间的实体性，关于空间与实体之间的关系，以及空间属于何种概念框架纷争不休，但是，空间概念是理解宇

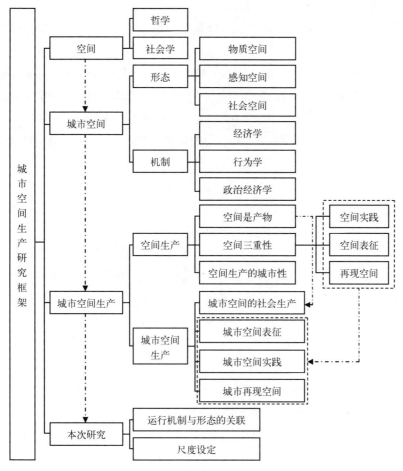

图1-1　第1章框架

宙的最重要、最基本的概念却是不争的共识。

1.1.1　哲学层面

哲学是一门关于认知的科学，哲学中对于空间的认识也历经了由感性到理性，由简单到复杂的过程。

西方哲学对空间的关注可以追溯到古希腊时期，古希腊时期形成的空间观念至今影响着现代哲学中的相应概念。著名的希腊哲学家亚里士多德把时间和空间（地点）作为自己10 个范畴中的 2 个。[13] 在亚里士多德眼中，空间是事物存在和运动的方式，但是同时它又可以与事物及运动分离而独立存在，它是无限的、永恒的，不依赖于人们意识而存在的。古希腊哲学用 3 个术语来表达空间经验：topos、kenon 与 diastema，分别用来表示处所经验、虚空经验和广延经验。虽然这 3 个术语并不是现代意义空间（space）的词源①，但是却成为后世研究空间问题的 3 条线索。新柏拉图主义为这三种空间经验做出了如下的解释：①指事物的存在——它在什么地方，不在什么地方的物体是不存在的，这就是所谓处所经验；②"空"的状态，例如，会散人都走光之后，房子"空"了，椅子没人坐时是"空"着的，这就是所谓虚空经验；③任何物体都存在大小、形状之别，有长宽、高低不同，这就是所谓广延经验。

时至今日，实体论、属性论和关系论仍是人们看待空间的 3 个不同的角度。在此基础上，空间的内涵持续不断地发生了变化。原有 3 条术语都发生了意义转变，被给予了新的解释。柯小刚认为："原子主义者的 kenon（虚空），本来指间隙，后来演变成绝对的容器虚空；diastema 则被广延化，这两点的结合其实是从古希腊直到近代的空间概念的主要来源。"[14] 另一重要概念 topos——处所，则在近代空间思想中逐渐被弱化，这一情况在海德格尔关于空间"在场"的思考中得到回归。总的来说．古希腊的这三种空间经验：虚空经验、广延经验与处所经验，反映了空间观念的三个观察角度。

到了近代，容器虚空（kenon）和广延性相结合，演变为关于空间的一个基本争论——空间物质性的争论。古罗马哲学家卢克莱修认为空间是一种容器，而且是无限的，空间与它所容纳的事物之间不是糖与盒子的关系，而是鱼和海洋的关系，就是说内容与容器之间是一个有机整体，不能分离。[15] 笛卡儿则更为激进地认为物质即空间，因为物质的本质就是能够在长宽高三个维度上进行延展；与这种空间物质论或空间容器论相对立，莱布尼茨认为空间不是一种物质，而只是事物之间的关系，一种"共同存在的秩序"（order of coexistences），没有事物的存在就没有空间。与这种争论平行的就是第二个论题——空间的相对性问题。非物质论者莱布尼茨所持的就是空间相对论，他认为东与西、南和北都是可以改变的，空间本身并不是一种绝对的现实，所以空间总是需要人们的某种想象。而物质论者笛卡儿、牛顿、康德则持绝对主义的立场，认为空间自有不依人的意志而存在的特征，空间是连续的、定量的，不可穿透。[16]

---

① space 这个英文词语直接来源于拉丁语的 spatium，它在拉丁语里的最初含义是间歇、距离，所以比较接近希腊文的 diastema（间隙、空隙）的含义。

在近代空间观之后，康德用一种全新的眼光来看待空间问题。他理解空间时间是唯一使我们能够认识对象的"形式"，它们将感官的多种印象组织成"空间—时间"世界的准则，它们是"构造"现象世界不可缺少的条件和前提。如果说空间时间的概念是经验的主观条件，是经验得以实现的前提，那么外在事物正是由于时间和空间而得以存在。这也意味着，外在事物与时、空是密不可分的统一体，因此也可以有理由认为，时间和空间是客观物质世界本身固有的特性和性质，正是这种特性使得物质世界得以存在。空间作为认识主体的外感官，时间作为认识主体的内感观，时空成为我们认识世界时无法摘去的"有色眼镜"。因此，在康德看来，空间就是一种思维的特性，是认知世界的工具。空间既不是物质也不是事物之间的关系，是一种内部结构，是一种先验的知识的工具。那么，从空间属性论的层面，康德开启了将空间归纳为一种思维属性的开端。

康德之后，海德格尔为空间带来了新的理解，推动了哲学领域中对空间的进一步认识。从其"场所"思想出发，海德格尔引领我们从现代物理学的空间概念回溯，重新理解古希腊的处所（topos），理解其在现代物理学中早已被淹没的原初处所经验的词语之意义。与康德所述的思维能力或是人类感知和认识世界的工具不同，海德格尔认为空间不能独立于个体的存在而存在。在海德格尔看来，本真性的空间既不是那种被科学对象化的物理虚空，也不是康德式的体验空间，对空间性的思索应关联到作为整体生存的存在境域。[17] 在《存在与时间》中，海德格尔进一步提出，当空间性成为我们在面对世界万物时的主要问题时，空间认知是不能够脱离事物本身来实现的，必须通过事物之间的联系来判断。因而，海德格尔接着谈到空间的性质是由空间所在的场所而非空间自身获得的。海德格尔在对空间的叙述中，缺失了主体自身身体的论述，引发了梅洛·庞蒂对他的不同意见，后者强调主体和身体知觉对空间感知的重要性。[18]

被认为是后结构主义和后现代主义代表的当代最重要的几位思想家，在海德格尔的空间理论基础上继续前行。德里达以其"分延"（difference）思想"延异"了海德格尔的"之间"思想，"替补"了海德格尔场所思想的位置。福柯在讨论空间问题时，强调的是空间与权力的直接联系，空间是被完全纳入权力的谱系之中。德勒兹作为空间思想家，所提倡的"流动空间"颠覆了传统几何空间。他认为，传统几何空间是那种已经由"国家科学"对之进行了权力分域的"条纹空间"，是等级化的，而与之相对的是非等级化的平滑空间。德勒兹空间哲学的工作就是要对"条纹空间"进行解域，以便赢回游牧民的"平滑空间"。这两种空间的对立和斗争的背后是其"根茎"思想的体现，反对传统的根或树模式，推崇强调流动和联系的"根茎"式的空间。

海德格尔与德里达、福柯和德勒兹，回溯到古希腊所处经验，同时沿着空间概念关系论的线索不断向前发展。

自1970年以来，空间开始逐步渗入社会理论领域。社会理论家对曾经在空间、时间概念上的一度失语予以了反思，并且从不同的视角探讨社会背景下的空间理论。齐美尔首先推动了社会的空间化研究，他的论文《空间社会学》（1903）是探讨社会学领域空间议题的最早文献。亨利·列斐伏尔是最早系统阐述空间概念的社会学者，他用空间阐释了新马克思主义，以哲学为起点，发展出一种辩证的空间思考。这些学者的空间理论颇为庞杂，涉及哲学、社会学等多个方面，其空间论述更多地是以当代社会为背景，因而将其提炼至下一章节，从社会学的层面对空间进行进一步的阐释。

1.1.2 社会学层面

1.1.2.1 社会学的含义与起源

社会学是一门试图用科学的思维逻辑来讨论人类社会和社会生活的科学。[①]与心理学比较，社会学不关注心理过程，而关注客观的、可测量的社会现象；与政治学比较，社会学不单纯关注国家和政体，而是把两者都当作人类的组织活动，关注组织所具有的共同属性；与经济学比较，社会学不关注所谓的经济现象，譬如价格、竞争、垄断，但却关注经济现象的社会基础及其相互关系；与人类学比较，社会学不关注所谓地方性的文化、象征和意义，而关注具有普遍意义、可解释的文化现象。[19]社会学是伴随着近代西方社会的急剧变迁而产生的。18世纪法国资产阶级大革命和19世纪中叶的第一次工业革命为社会学的产生提供了思想、物质基础与物质准备。[20]

社会学脱胎于哲学，社会学的奠基人孔德使之成为一门经世之学。1830年，孔德出版的《实证哲学教程》成为社会学脱胎于哲学的标志。孔德之后，涂尔干真正地使社会学彻底从哲学的范畴中脱胎换骨。涂尔干的重要贡献在于他让社会学去研究具体的社会现象。涂尔干于1895年发表的《社会学方法论》堪称是社会学的独立宣言，从此，社会学有了自己的方法论，进而从哲学和社会哲学中彻底地分离出来。

1.1.2.2 从历史缺失到空间转向

但是，社会学对空间问题的关注并不是始于创建伊始。在相当长的一段时间中，空间研究在社会学中都处在缺失状态。传统社会学在知识上构建了一个属于自己的专门研究领域：社会。尽管按照常规定义，社会是一定时间和一定空间里人类生活的共同体。但似乎约定俗成的是，空间和时间并不被列入社会的范畴中。英国著名社会学家约翰·厄里（John Urry）对此是这样描述的："从某些方面来看，20世纪社会理论的历史也就是时间和空间观念奇怪的缺失的历史。"[21]但是，实际上空间的缺席似乎比时间更为明显。

社会学家把空间作为单独的研究对象始于20世纪70年代末，实际上其知识上的准备在几乎一个世纪以前即社会学的初创时期就已开始。社会学的先驱之一齐美尔是第一位专门对空间投注社会学想象力的学者，当人们普遍把空间视为一种自然物的时候，他坚持空间的社会属性高于自然属性，空间甚至可以归结为人的心理效应，从而对空间进行社会研究提高到认识论的高度。社会理论的空间转向并不意味着空间这一要素从未出现在社会理论之中.经典社会理论大师涂尔干、马克思或多或少地关注了空间这一重要领域。芝加哥学派对此亦有所阐述。[16]

社会学的空间转化在更深层面上的原因有三个。①马克思主义和空间的结合，产生的"后历史主义"改变了历史决定论以时间为焦点的状况，空间被赋予社会意义，使社会学转向历史、社会和地理的三者平衡。②学科整合改变了长期以来学科分工导致的理论狭隘

---

① 该定义由严复于1895年3月在《原强》一文中提出。

性，改变了社会理论学者将空间研究归结为地理学研究范畴的倾向，促进了学科之间的交流与互动，地理学与社会学相互接近、相互渗透，成就了社会理论空间转向的科学背景。③二战之后，西方社会经济高度发展，社会也发生了急剧变革。西方进入了学界所称的"后现代"或"高度现代"阶段，先进的远程通信和交通技术使世界各地的物理间隔变得不像以前那样重要，在社会实践层面出现了一些显著的变化。这使得改造空间的技术不仅仅局限于科学技术，还涉及了社会互动的技术和权力支配的技术。这些技术借助空间格局的演变进行了最直观的展示，使得空间体验发生了转型。因此社会学的空间转化是社会现实体验改变导致的知识转变的结果。

法国社会学家亨利·列斐伏尔是系统研究空间社会学的第一人，在其名作《空间的生产》(1974)里形成了空间社会学的理论框架和概念体系。自此，空间纳入社会学研究体系，开创了社会学的崭新篇章。

1.1.2.3 从现代性到后现代性

自1970年以来，空间开始进入社会理论的论域之后，社会理论家在反思以往理论的基础上辨识出空间的失语限制了理论的解释力。他们从不同的路径进入到空间社会理论演进之中。从这些研究路径可以归纳出两大线索：其一是从列斐伏尔开始的在现代性框架下的研究，代表人物包括布迪厄(Bourdieu)、吉登斯、塞尔杜等人；其二是从后现代语境出发的社会空间研究，代表人物包括哈维、福柯、索加(Edward Soja)等人。

列斐伏尔是最早系统阐述空间概念的学者，《空间的生产》是其空间社会理论的宣言。在书中，列斐伏尔提出"(社会)空间是(社会的)产物"[22]，并阐述了著名的由空间实践(Spatial Practice)、空间表征(Presentation of Space)和再现空间(Presentational Space)构成的三位一体概念组合，成为进行空间分析至关重要的理论工具。同时在书中他所提出的社会空间、绝对空间、相对空间、矛盾性空间、差异性空间等概念成为后续研究的出发点。

布迪厄的第一部著作《阿尔及利亚社会学》出版于1958年，这段在阿尔及利亚的研究经历构成了他日后思想发展的原动力。布迪厄在研究中发现阿尔及利亚人的家庭具有独特的空间性，人们被家庭空间的组织所限定，这种限定建立了社会秩序，并形成了阶层、性别和分工。[23]此后布迪厄对于空间的研究不断发展，并最终形成"社会空间"的概念。这一概念与支撑其理论体系的核心概念——惯习、场域和资本——紧密结合在一起。[23]某种意义上，布迪厄的贡献在于厘清了地理空间与社会空间之间的关联以及空间与阶级之间的复杂关系。[24]

吉登斯的地理学论述和对结构空间性的重审主要见于《社会学理论的若干中心议题》、《历史唯物主义的当代批判》和《社会的构成》。在《历史唯物主义的当代批判》一书中，吉登斯就已经把空间纳入了普遍性的社会理论——结构化理论之中，成为结构化理论的一部分。他致力于围绕社会系统在时空延伸方面的构成方式来建构理论体系。吉登斯从时间角度出发，将社会实践分为三种不同的情况——日常生活可逆时间、个体生活单向时间和制度时间；从空间角度来看，吉登斯用场所(locate)取代了时间地理学家赫格斯特兰德(T. Hagerstrand)的位置(place)。在吉登斯的社会理论中，场所是一种特定的物质区域，是互动背景的组成部分，具有明确的边界，并赋予在场（presence）和不在场（absence）以新的含义。[20] 同时，吉登斯的成就还在于"将权力注入社会的空间化本体论之中，并且将权力注入对地理学的创造性的阐释之中"[25]。

塞尔杜在《日常生活的实践》（the Practice of Everyday Life）中提出的一个核心主题就是空间实践（Spatial Practices）。他区分了 place 和 space 这两个彼此相连但又具有相对性的概念，认为空间的差异来自主体的行动权力的运行和日常的实践。空间的本质并不暗示必然的区分，而要解释空间的异变则需要策略和战术这一对用以描述日常生活实践的概念工具。日常生活就是介入挪用权力和空间的方式，改写都市版图的方式就是个人在都市中的行走（walking），这彰显了人在空间生产中的能动性。塞尔杜以游牧者的隐喻描述都市空间的艺术游牧者在街头中窜游，利用其捉摸不定的战术对抗由策略所支配的都市空间。[26]

列斐伏尔、布迪厄、吉登斯和塞尔杜分别在自己的现代社会理论架构之中纳入了空间研究。布迪厄从实践和符号的角度阐述了空间理论，吉登斯从权力与互动的角度切入空间议题，塞尔杜是常识和街头社会理论的引领者。此外，关注空间的现代社会学理论还包括新城市社会学理论、空间分工理论以及阐释时间地理学、空间形态与货币关系的理论等等。事实上，空间不仅是现代社会理论研究的范畴，也是后现代社会理论关注的焦点。

后现代思想使得空间的重要意义成为普遍共识。后现代社会理论家试图从理论层面拓展人们对空间的认识。某种意义上，后现代社会理论家是对现代性论述的一种反叛，希望恢复那些现存的社会理论与认识论所排除的东西。"空间"就是曾经被排除的概念。后现代理论反对整体化、元叙事的倾向，批判理性的霸权，鼓吹彻底的多元化、多视角主义，注重弱小、偶然、边缘、局部、断裂等范畴，并且强调话语分析。[20] 哈维、福柯与索加是后现代视野下空间转向的代表性人物。

哈维在《后现代状况》之中，讨论了时空经历（the experience of space and time）。哈维提出空间是社会权利的容器，强调空间重组是后现代时期的核心议题，时空的压缩导致文化实践与政治——经济实践出现剧烈的变化，这构成了后现代时期的一个重要特征。"后现代的时空压缩在很多方面都加大了之前的现代资本主义生产过程与时间不协调所产生的困境。当经济、文化、政治不能和全新的、多种多样的变化相呼应时，一系列矛盾就会产生……"这些矛盾包括空间秩序的改变与社会权利再分配，包括空间的组织和运作与资本家的附加优势。空间的实践在这里充满了微妙性和复杂性，要改变社会的任何规划就必须把握空间概念和实践改变这一复杂问题。为此哈维为空间概念提出四个新的纬度，包括空间作用的可接近性和间隔化，空间的占有和利用，空间的支配和控制以及空间的创造。

福柯致力于权力谱系学，考察权力和知识的空间化趋势是其中的重要组成。福柯眼中的空间既非虚空无物，也非物质形式的容器，而是生活社会建构而成的空间维度。福柯意义上的空间既是抽象的，也是嵌入关系之中具体的空间建构。他认为人们是生活在关系之中，这些关系确定了不同的基地，彼此之间不可化约，也不相重叠。福柯力图在空间概念广泛使用的背后发掘出倡导的深层次的权力观和知识观——空间与关系的交织使得它不可避免地与知识和权力发生紧密联系。福柯宣称，现代社会是一个纪律社会，而空间成为权力运作的重要场所或媒介，空间是权力实践的重要机制。因此空间是任何公共生活形式的基础，也是任何权力运作的基础，同时，知识体系可为权力在空间上的运作提供合法性，因而就产生了空间与知识的关系。[27] 福柯的理论用空间性思维重构历史与社会生活，重新阐释权力的运作以及知识的系谱与空间之间的关联。

索加作为后现代地理学家力图发展出一套空间——历史辩证唯物论以弥补马克思主义对空间的忽视。他认为空间弥漫着政治社会关系与意识形态，对批判社会理论中的空间以及对批判政治现实的重申，依赖于对一种依然是处于封闭的历史定论的一种持续解构，也依赖于对当代各种后现代地理学异位展开的探索之旅。索加将空间维度带入社会理论之中以形构成透视社会的"三重辩证法"：社会性、空间性与时间性。在《后现代城市与空间》(Postmodern Cities & Space) 一书中，索加提出了后都市这个概念，以回应后现代时期的都市变迁，并以洛杉矶为个案进行了空间分析。

在后现代社会理论中，空间研究以哈维、福柯和索加为代表在三个纬度予以展开。哈维在后现代时期的空间的扩张分裂与变动基础之上提出了相应的概念以回应后现代时期的空间转型；福柯解构了传统的权力观与知识观，将空间、权力与知识联系起来；索加致力于整合不同的空间论述以形成具有一般意义的后现代空间理论。至此，无论出发点与思想根源有多么的不同，现代性社会理论与后现代性社会理论一起将空间在社会学中的失语状况予以扭转，共同建构了社会学中的空间领域。

1.1.3 小结

空间理论经由从古到今的发展，从人们对其直观的认识到抽象的思考，空间理论不断走向成熟与完善。多重学科对空间的研究使空间理论日渐丰富与完备。在哲学层面上，从亚里士多德到康德，再到海德格尔，从古希腊所处经验到思维属性的确立，再到空间所处场所与主体的分离，空间概念与理论不断向前发展。同时，近代对于空间的研究已经超越哲学的范畴，而转向社会学领域。社会学的空间转化成为社会学理论的一个重要发展方向，将空间概念带回社会理论或以空间思维重新审视社会。这一转化不仅拓宽了社会学的研究范畴，也使空间理论的内涵更加丰富，为对于空间的进一步研究奠定了基础。在社会学范畴中对空间进行研究的学者中，列斐伏尔开创性地创建了空间生产理论，最早系统阐述了社会学中空间的概念。布迪厄、吉登斯和塞尔杜在现代理论框架下进行空间的研究，哈维、福柯与索加则在后现代理论的支撑中探索空间在社会学中的意义。

1.2 城市空间理论

城市是人类活动最典型的空间存在。[28] 城市是伴随着人类社会的进步而发生、发展的，城市空间成为城市中各种要素、各种活动的载体与舞台。对城市空间的研究不仅是城市科学的关注焦点，也是空间理论中非常重要的一个分支。

1.2.1 城市空间研究演进

福利（Foley）最早对城市空间相关概念进行了系统的、架构式的分析，他认为城市共有三个结构层面。在层面一中，福利探讨了城市要素，包括城市文化价值、城市功能活动，以及城市物质环境；在层面二中，他指出城市结构包含"空间的"和"非空间的"两个方面，其中"空间的"结构就是指城市文化价值、城市功能活动以及城市物质环境三要素的空间特征，即三者在地理上的空间分布；在层面三中，福利认为对城市空间应从"形式"和"过程"两个方面去理解，形式指空间分布模式和格局，而过程是指空间的作用模式。在此之外，福利认为，还应在城市结构的概念框架中引入第四层面，即时间层面。[29]

韦伯（Webber）在福利框架的基础上着重论述了城市结构的空间属性，包括形式和过程两个方面。"城市空间结构的形式是指物质要素和活动要素的空间分布模式，过程则是指要素之间的相互作用，表现为各种交通流。相应地，城市空间被划分为'静态活动空间'（Adapted Space）（如建筑）和'动态活动空间'（Channel Space）（如交通网络）。"[30]

伯恩（Bourne）进一步用系统理论来研究城市空间问题，系统地使用不同观点和理论来研究城市空间各要素之间的相互关系。伯恩提出了城市空间系统的三个核心概念。这三个概念的提出为后来学者研究城市空间提供了良好的基础。概念一——城市形态（Urban Form），是指城市各个要素的空间分布模式；概念二——城市中的相互作用（Urban Interaction）是指相互作用的城市要素整合成为一个功能实体，形成子系统；概念三——城市空间结构（Urban Spatial Structure），是指城市要素的空间分布和相互作用的内在机制。这三个概念中，前两个与福利、韦伯的概念相近，第三个概念在前两概念的基础之上提出了进一步对城市形态背后所隐含的城市空间机制的研究，这又推动了城市空间理论的发展（图1-2）。[28]

哈维在城市科学方面也有相当建树。关于城市空间，哈维高屋建瓴地提出：任何城市空间理论必须研究空间形态（Spatial Form）和作为其内在机制的社会过程（Social Process）之间的相互关系。[9]哈维认为，社会学科的方法（Sociological Approach）和地理学科的方法（Geographical Approach）深刻地影响了传统的城市研究，也使得城市空间研究受到学科界限的束缚。城市空间研究往往只偏重一面，不能全面地考量城市社会过程与空间形态。因此，哈维指出，城市空间研究应该在社会学科的方法和地理学科的方法之间建立跨学科框架的"交互界面"。哈维的分析同时也表明，尽管城市空间研究趋于跨

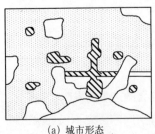

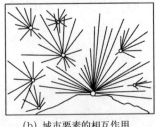

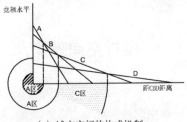

| (a) 城市形态 | (b) 城市要素的相互作用 | (c) 城市空间的构成机制 |

图1-2 城市空间系统核心三概念

图片来源：Bourne, L. S., Intenal structure of the City[M]. New York：Oxford University Press, 1971

学科、综合性的导向，对城市空间分析的着眼点仍存在两个方面——地理学与社会学。前者关注的问题主要是城市空间形态，后者更关注城市空间的形成以及运行的机制。因此，对于城市空间的研究可以划分为两个角度——城市空间形态角度以及城市空间机制角度。

1.2.2 城市空间形态角度

城市空间形态研究是地理学的一个传统研究领域，是对于城市内部空间模式的判识和测度。[30] 在这一领域的空间研究工作又可以根据研究的目的和对象，分为三种类型：物质空间（the Physical Space）、空间感知（the Perceived Space）和社会—经济空间（the Socio-Economic Space）。

1.2.2.1 城市物质空间

对于城市物质空间的研究可以追溯至 19 世纪初期。地理学、建筑学和人文等学科在对城市的研究中相互交叉，将形态学引入到城市空间的研究范畴，并逐步建立一套对城市物质空间发展的理论分析。城市内部空间分异模型的早期研究对象就是城市空间的物质属性（Urban Physical Space），包括城市物质环境的空间分异及其演化过程。[31] 法国著名建筑理论家昆西（A.Q.Quincy）在其出版的经典巨著《建筑学历史目录》（Dictionnaire historique d'arehitecture）中，利用城镇平面图中的建筑群、广场和街道来识别城镇的空间结构。[32] 此后，奥地利建筑师西特（C.Sitte），法国历史学家弗里茨（J.Fritz）从实证研究出发，进一步发展了使用城镇平面图来研究城市物质空间的研究方法。在此基础上，德国人文地理学家斯卢特（O.Schlülter）于 1899 年所发表的著名论文《城镇平面布局》（Urber den Grundriss der Studte）成为城市形态学诞生的标志[32]，同时也标志着对于城市物质空间的研究进入一个新的阶段。在 20 世纪 20 年代，美国的文化地理学家索尔（C.O.Sauer）在城市物质空间的研究中指出，形态学方法是一个综合的过程，同时莱利（J.B.Leighly）首次正式使用并简单定义城市形态学（Urban Morphology）概念。琼斯于 1958 年在对于贝尔法斯特（Balfast）的城市风貌研究中，根据建筑主要特征（如建造年代、使用功能和建筑形式），将城市物质空间划分为五种类型，作为对城市空间分异模式的判别（图 1-3）。

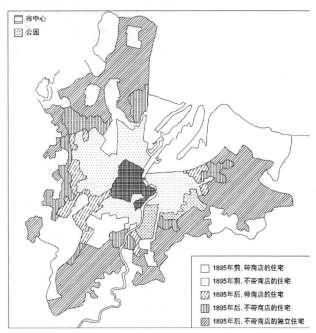

图 1-3 贝尔法斯特城市风貌
图片来源：Gauthiez B. The history of urban morphology[J]. Urban Morphology. 2004, 8(2)：71-89

在城市物质空间的研究史中，德裔英国城市地理学家康泽恩（M.R.G.Conzen）做出了基础性贡献。1960 年，康泽恩发表的重量级专论《诺森伯兰郡阿尼克镇：城镇平面分析研究》（Alnwick, Northumberland：a Study in Townplan Analysis）。在文中，康泽恩引进了术语"城镇景观"（Urban Landscape）——城市空间的三维形态——作为研究对象。认为应该在城镇平面、建成环境和空间利用等三个层面上分析城镇景观，而城镇平面在地理学上是三种截然不同而又完整的平面元素组合，即街道及其街道系统、地块及其地块模型以及这些模型的建筑物排列，并提出"平面单元"和边缘带的概念、租地权周期思想以及城镇平面图分析方法。[33] 康泽恩认为对于城市物质空间演化阶段的划分往往过于主观武断，是不符合城市发展的客观过程的，他提出边缘带（Fringe-Belt）的概念，这一概念是其发展城市区域概念中最重要的构成，简而言之，就是在缓慢发展甚至停止发展的向外扩张的建成区域随着对固结界线（Fixation Line）的突破，新的边缘地带又会形成。康泽恩还提出形态框架、形态区域、形态时期、形态塔等概念，建立了城市物质空间研究框架。

英国学者斯梅莱斯（Smailes）的研究工作表明，城市物质形态的演变是一种双重过程，包括向外扩展（Outward Extension）和内部重组（Internal Organization），分别以"增生"（accretion）和"替代"（replacement）的方式形成新的城市形态结构。替代过程往往既是物质性的又是功能性的，特别是在城市核心地区。

1.2.2.2　城市感知空间

如果说城市物质空间就是对城市实体所表现出来的具体空间物质形态的研究，是一种对城市空间物质形态的客观现实描述，那么对城市空间的另一种研究角度就是强调对于城市物质环境的主观体验。考克斯（Kevin R.Cox）把这个领域的研究工作划分为城市环境的意向构成（Imagery）和城市环境的合意程度（Desirability）。

林奇（K.Lynch）运用环境行为心理学在 1958 年研究城市市民心目中的城市意向，他对于城市环境意向构成的工作是具有开创性意义的。根据在 3 个美国城市（波士顿、泽西城和洛杉矶）的抽样访谈结果，林奇分析了美国城市的视觉品质，主要关注城市景观的"可读性"。在研究中，访谈对象对于城市环境进行描述，指出他们认为重要的环境特征要素及其空间位置，并且以图解的方式表达他们对于城市意向的认知。林奇发现，人们对于城市意向的认知模式往往具有类似的构成要素，可以概括为路径（paths）、边界（edges）、地域（district）、节点（nodes）和地标（1and marks）五个要素，这些要素共同形成了城市意向，因此在城市空间中的区域、地标、边界、节点与路径，应该容易识别。

拉普卜特（A.Rapoport）则从环境行为学（EBS）的角度揭示了影响城市形态形成的一些因素，建成环境对人类行为、人类心情产生的一些影响以及联系人类与环境的一些机制。1982 年在《建成环境的意义》一书中全面讨论了建成环境的意义，着重研究建成环境如何感知，怎样因人而异。[34] 舒尔茨（Christian Norberg-Schulz）于 1963 年提出了建筑学中的文化象征主义：1979 年提出建筑现象学并对场所精神进行深入分析。克拉克（William Clark）和卡德瓦尔德（Cadwallder）于 1973 年对洛杉矶进行了实证研究，根据作为约束条件的居民家庭收入，选择满意的 3 处住宅区，以此来分析住宅区的物质环境、社会构成、就业便利和商业设施对居住选择意愿的影响。这些研究都是从主观感知的视角来看待城市空间。相比之下，林奇的研究忽视了不同社会群体对于城市意向的认识差异性，因此受到质疑。

1980年，意大利地理学家法里内利（F.Farinell）在评述城市形态研究层面时，认为在探讨城市实体所表现出来的具体空间形态之外，还应该对城市形态形成过程方面进行研究，包括历史、政治、经济、科技、文化等社会因素。因此对城市空间的社会属性（Urban Social Space）进行研究是必不可少的。

1.2.2.3 城市社会空间

美国芝加哥学派核心人物帕克（Robert Park）、伯吉斯（Ernest Burgess）、麦肯齐（Roderick McKenzie），通过对芝加哥的研究首先对工业城市进行了系统的分析，他们的研究对现代工业城市的理论和形态模式有着长久持续的影响。研究中使用的城市内部空间结构的三种典型模式成为对城市空间的社会属性的早期研究（图1-4）。

芝加哥学派运用折中社会经济学理论强调城市用地分析。先后于1925年、1939年、1945年提出同心圆学说（Concentric Zone Theory）、城市地域扇形理论（Sector Theory）和城市地域结构的多核心学说（Multinuclei Theory）。芝加哥学派认为"城市是一个不可分割的整体，一个连贯的区域体系，在体系中，中心控制着其他内部区域"[35]。这种由芝加哥学派发展的"城市生态"将城市整体视为一个生命有机体，并遵守一系列的自然法则。这个模式将达尔文的自然选择理论和理查德的土地市场理论发展成为一个关于"城市增长模式和在不同城市区域特殊亚文化发展的理论"[36]。在《城市》一书中，芝加哥作为一个范例来阐释了城市组合圈模式。[37]

芝加哥学派所提出的这些城市内部空间结构模型引发后来学者大量的城市实证研究。这些研究结果表明，城市空间具有多种社会属性，这些社会属性对应着相应的空间分布模式，并形成了城市社会空间。而上述三种典型模式只是反映出了城市内部空间分异的部分

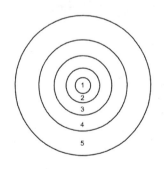

同心圆模式图
1. 中心商业区
2. 过渡带
3. 低收入居住带
4. 高收入居住带
5. 通勤带

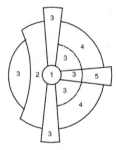

扇形模式图
1. 中心商业区
2. 批发和轻工业区
3. 低收入居住带
4. 中收入居住带
5. 高收入居住带

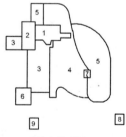

多核心模式图
1. 中心商业区
2. 批发和轻工业中心区
3. 低收入居住中心带
4. 中收入居住中心带
5. 高收入居住中心带
6. 重工业中心区
7. 市郊商业中心区
8. 市郊居住中心区
9. 市郊工业中心区

图1-4 城市空间结构三种典型模式
图片来源：Bourne, L. S., Intenal structure of the City[M]. New York：Oxford University Press, 1971

特征。此后，更多的方法和技术应用于城市社会空间的研究之中。

1949 年，舍夫基（Shevky）和威廉姆斯（Williams）发表了《洛杉矶的社会区域：分析和类型》[38] 从而发展出在区隔讨论之上的社会区域分析（Social Area Analysis）这个方法。1955 年又与贝尔（Bell）一起将城市社会空间的研究领域进一步拓展。他们认为，分析大都市的社会统计，不是将城市空间视为独立的主导因素，而是从城市空间的移动和扩张中观察现代社会的特征，即观察现代城市社会演化趋势的空间表现；可以用经济地位（economic status）、家庭类型（familystatus）和种族背景（ethnic status）三种主要特征要素的空间分异来表达城市社会空间，可以根据特征要素的相关人口普查变量来区分不同的社会空间类型，从而判识城市社会空间的结构模式。

赫伯特（Herbert）与约翰斯顿（Johnston）在 1972～1978 年间的实证研究表明，北美城市具有相互类似的社会空间结构图：经济地位的空间分异导致城市社会空间分布呈现为扇形模式；家庭因素产生的社会空间分布呈现为同心圆模式；种族背景的空间分布呈现为多核心模式。这些研究对芝加哥学派的模型做出了进一步的解说与调整，但是，这种空间结构模式并不适用于北美以外的城市。

无论是上文所讨论的城市物质空间、城市意向空间，还是城市社会空间，在某种程度上只是对于城市空间的一种描述与观察，从而总结归纳出一系列城市空间的结构模型。那么，这些不同研究视角所探索出的模型间的关联性是怎样的？这就是城市空间科学所关注的另一个焦点，也就是对城市空间机制的探讨。

1.2.3 城市空间机制角度

从形成以及运行的机制来解读城市空间是建构关于城市空间形态和社会过程之间相互关系的各种假设，从而解析城市空间表象之后的深层结构。根据解析空间的角度，又可以分为从经济学空间角度，从政治经济学空间角度，以及从行为学空间角度的三类解析城市空间机制的着眼点。与此相应的是西方学界对城市研究的三种主要理论流派，分别是新古典主义学派、新马克思主义学派和新韦伯主义学派。三者在认识现象的方法（methodological）和解析现象的理念（ideological）方面均有不同侧重。

1.2.3.1 经济学空间机制——新古典主义学派

从经济学机制来探讨城市空间的新古典主义学派（the Neoclassical Approach）的理论基础是新古典主义经济学（Neoclassical Economics）。新古典经济学是 19 世纪 70 年代由"边际革命"开始而形成的一种经济学流派。它在继承古典经济学经济自由主义的同时，以边际效用价值论代替了古典经济学的劳动价值论，从对于经济体系中注重生产方面的研究转向更注重消费者的选择。作为市场经济体系中的主流经济理论，新古典主义经济学是一种规范理论（Normative Theory），探讨在自由市场经济的理想竞争状态下资源配置的最优化。

建立在新古典主义经济学基础之上的城市空间研究的新古典主义学派注重经济行为的城市空间特征（或者称为空间经济行为），以土地为核心，"引入了空间变量（克服空间距离的交通成本），从最低成本区位（the least cost location）的角度，探讨在自由市场经济的理想竞争状态下的区位均衡（locational equilibrium）过程，来解析城市空间结构的内在机制"[30]（图1-5）。

20世纪60年代，新古典主义学派所研究的主要领域是城市土地经济。其理论基石即为地租理论，认为土地使用价值及土地价格是由土地市场的供求关系所决定的。每一幅土地都是为了最高价格及最佳用途（highest and best use）而出售的：最高价钱意味着最高的竞标者，最佳的用途意味着能够因地制宜地充分发挥土地本身的经济价值。这里的"最佳"指的是其经济性，而非社会性的含义。[28]1964年，阿隆索（Alonso）提出了竞租函数的概念，他认为各种活动在使用土地方面是彼此竞争的，决定各种经济活动区位的因素是其所能

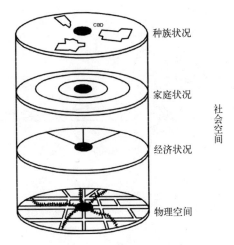

图1-5 城市空间结构的理想模式
图片来源：唐子来．西方城市空间结构研究的理论和方法[J]．城市规划汇刊，1997，1997(6)：1-11

支付的地租，通过土地供给中的竞价决定各自的最适区位。在城市中，商业具有最高的竞争能力，可以支付最高的地租，所以商业用地一般靠近市中心，其次是工业，然后是住宅区，最后是竞争力较低的农业。这样就得到了城市区位分布的同心圆模式。[39]这一理论的核心概念是不同土地使用者的竞租曲线（bid—rent curves），表示土地成本和区位成本（克服空间距离的交通成本）之间的权衡，城市土地使用的空间分布模式就可以用一组地租竞价曲线来加以表示。

阿隆索利用数学模型揭示了各行业的地租成因，把地租的研究推向了更广阔的领域，并且利用所谓的地租结构分析了不同作物的竞标，并揭示了杜能环①的形成机制。对于城市空间而言，阿隆索的地租结构，揭示了城市土地市场出租价格的空间分布特点。把自城市中心向外，处于不同位置的土地市场中出租的价格，在二维空间坐标系中连接起来，就得到真实的土地价格线（出租价格）。阿隆索把它称之为价格结构。这样，就用新古典主义经济理论解析了区位、地租和土地利用之间的关系（图1-6、图1-7）。

新古典主义经济学派对城市空间分析标准模型的局限性在于其研究对象是理想状态下的空间经济行为，但关于理想状态的各种假设在现实世界中并不存在。因此，在20世纪70年代以来的研究取消了很多假设。在约束条件方面，增加了多个中心地、多种运输手段、外部效应、公共财产等条件；在居住区模型上增加了收入变量、住宅选择多样性、环境质量以及人种差别等因素。新古典主义经济学派至今仍是分析城市空间机制的重要视角。

作为对新古典主义学派的一种改良，行为学派对城市空间的研究以实用主义为特征，解析城市空间现象。

---

① 地理学家杜能提出的城市农业地域的环状模式。

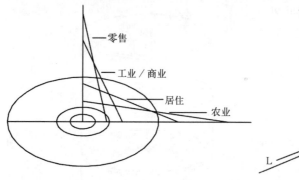

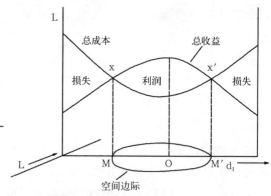

图 1-6　城市土地使用空间分布模式
图片来源：Knox P.Urban Social Geography：An Introduction[M]. Harlow：Longman，1982

图 1-7　利润空间界面
图 片 来 源：Lever W.F. ed. Industrial Change in the United Kingdom[M]. London：Longman，1957

1.2.3.2　行为学空间机制——新韦伯主义学派

行为学派克服了新古典经济学模型对人类行为分析过于简单化的弱点，引入环境心理学、人类学、组织形态理论等领域里的唯实论（Realism）。行为学派对客观环境和个人或者集团所决定的形象进行基本划分，研究的中心从宏观转移到对个人和小团体的微观研究。新韦伯主义继承了马克思·韦伯的观点，以市场中的生活机会来划分阶级，并且关注行动者的行动价值。新韦伯主义者将城市视为一个社会——空间系统（a Social-Spatial System），"主要研究不同机构的行为及动机在城市舞台上的表现"[28]。

新韦伯主义对城市空间的研究起始于 20 世纪 60 年代，雷克斯（Rex）和穆尔（Moore）对英国伯明翰市内稀缺的住宅资源进行了研究。这个研究结合了伯吉斯的理论和韦伯的"住宅等级"理论，把住宅等级定义为各种集团住宅接近时的差别结构。保罗（Paul）继承了这些观点，从与城市稀缺资源接近的社会空间限制要素的角度，阐明了更具有普遍性的理论。通过多种规则和程序，来限制城市经营者与稀缺资源接近的"守门"（gate keeper）作用①，开始受到了人们的瞩目。他的著作促进了对房地产管理人、土地所有人、建筑协会、财政机构等民间要素的作用的研究，尤其是对消除贫民区、政策分配和迁移政策、改善补贴政策、试营住宅销售等问题的研究；提供了许多住宅体系内运作过程的资料，并强调了供给上的限制因素，对修改按个人意识决定的新古典主义模型做出了很大贡献。但是，这种对城市经营者的研究方法由于本身的缺点而逐渐受到攻击。反对者批评这个理论未能明确地说明城市经营者范畴内的对象及内容，以及对他们的规律性起限制作用的一些因素的本质。面对这些批评，保罗等人在补充自己理论的同时，考虑把对"城市经营"的思考归结到一贯的、广泛的理论模式中，重新定义了经营者在公共部门和私有部门间发挥中间功能作用的观点。最近几年，新韦伯主义对城市体系进行了更广泛、更有雄心的分析，其中具有代表性的研究是桑德斯（Saunders）在 1986 出版的《社会理论和城市问题》（Social Theory and the Urban Question）[40]中建立的关于城市矛盾、政治和政策建议的研究分析框架。他分析了不同地区的社会消费和社会的支出，中央政府和地方政府、多元国家的

---

① 或称之为"城市经理人"（Urban Managers）。

结构和组合国家的结构。他的"双重国家"（Dual State）概念的核心是城市的社会决定和对全社会消费的决定，前者指影响资本家利润的基础设施与中央及地方政府间的组合主义政策决定有关，后者则指社会福利费用的支出和城市发展水平等与地方政府竞争性的政治斗争有关。桑德斯认为，在住宅、教育、福利等城市水平的社会消费项目周围形成的政治集团化的基础不是阶级，而是靠退休金生活者、老龄层、公共交通利用者等消费集团，并提出这些消费集团的矛盾逐渐成为社会分裂主要因素的理论。对阶级、政治及城市发展变化的展望最终引致城市经营主义对理论的再认识，此后对城市经营者功能的研究转向联合政治和竞争政治，中央政府和地方政府，以及政策及消费政策等问题。他们在特定问题上的这些实验性的研究使新韦伯主义得到了很大的发展。

1.2.3.3 政治经济学空间机制——新马克思主义学派

新马克思主义者不同意新韦伯主义提出的关于阶级和国家的概念，认为它们没有从根本上联系到现代资本主义经济深层的资本积累的动力、机制和危机，也没有对资本主义生产方式的结构性、限制性因素进行深层分析，因此它们有对可能发生的一些问题随机应变的倾向。

新马克思主义学派（Neo-Marxism），侧重于对城市空间的政治经济学机制的研究，将城市空间过程放在资本主义生产方式下加以考察，将对城市空间的分析与资本主义生产方式、资本循环、资本积累、资本危机等社会过程结合起来。[28]新马克思主义学派又被称为结构主义学派（structural approach），是使用结构主义方法深入到城市内部，解读城市社会背景与文脉，注重研究各种社会制度与城市空间结构的相互关系。认为人类行为绝对不是自由的，是受到各种制度的制约，因而要特别注重产生各种社会制度的政治、经济体制对城市空间结构形成的影响，注重社会各阶层之间的力量关系，研究在城市中产生社会不平等现象的政治、经济体制及其对城市空间的影响。结构主义学派20世纪60年代以后，随着资本主义社会矛盾的激化，马克思主义的政治经济学在社会科学领域的影响日益显著，成为地理学中一些激进思潮的理论基础。[41]新马克思主义学派在城市和区域的理论研究中颇有建树。正如马西（Massey）所指出，结构学派对于新古典主义学派及其改良的行为学派的挑战不仅是在方法论上而且是在认识论上，不仅是在理论上而且是在理念上。[42]

哈维代表了20世纪80年代新马克思主义城市空间分析的发展，但是，他更加关注资本集中与循环在城市变迁中的作用。哈维认为，城市化的全部内容可以归结为资本积累与阶级斗争这对矛盾的作用，表现在资本本身的矛盾性以及不可避免的阶级对抗。他使用马克思关于资本主义生产与再生产周期性的原理，提出资本三级环程流动①来解释资本运动与城市空间发展的关系。哈维认为，在环程流动中，生产或是消费所需要的物质结构基础就是建成环境，包括构成厂房、办公楼及其用地的那一部分固定资本，以及非生产性房屋（主要是住宅）、道路、基础设施等。因而资本在次级环程投资决定了城市发展和变迁，而对于城市空间利用的竞争已成为阶级斗争的主要部分。[43]

---

① 资本三级环程包括：初级环程，即资本向生产资料和消费资料的利润性生产的投入；次级环程，即资本向物质结构和基础设施的投入；第三级环程，即资本向科教、卫生福利事业等的投入。

作为资本主义生产方式的产物，资本主义城市的物质形态是资本主义社会关系再生产的必要条件。因此，城市物质环境的形成过程受到各种资本的影响，以满足资本再生产的要求。美国战后的郊区化就是典型的例证。这种发展模式的实施是与美国的大建筑公司和金融机构极力游说不可分割的，并且与参与游说的还有其他产业资本，他们一起成为联邦政府的高速公路和住房建设计划的主要得益者。同时，城市建设带来的投资机会，还可以在一定程度上化解资本主义生产方式下资本过度积累造成的经济危机。

新马克思主义学派认为，城市物质环境对于劳动力再生产所产生的影响体现在城市居住空间的分异之中。这种分异，特别是公共设施（如教育设施）的空间分布差异不仅反映了劳动力在生产领域中的地位差异，并且维持了这种差异，成为资本主义社会结构体系的组成部分。新马克思学派还强调了资本主义生产中社会关系的空间构成（the Spatiality of Social Relations in Capitalist Production）的重要性。认为资本主义生产的组织方式及其相应的空间格局导致劳动分工的地域差异，实质上是资本主义生产中社会（劳资）关系的空间构成。[44] 20 世纪 70 年代以来，劳动力新一轮的国际分工的发生印证了这一点，产业资本开始从发达国家流向发展中国家。发达国家仍然掌握着管理、研发的功能，而发展中国家则越来越成为跨国公司的生产、装配基地，从而使得这些发展中国家的工业化加速，而发达国家出现了结构性失业，资本重新占据了劳资关系中的主导地位。作为资本主义社会关系的空间表现，城市的物质和社会空间结构也发生了重要变化，内城衰退就是其中的一个例证。[30]

新马克思主义学派沿袭了马克思主义的传统，从政治经济学的角度探索了城市空间结构的机制。他们强调资本主义的生产方式和资本主义生产中的社会关系对于解析城市空间结构的重要性，并且认识到带有普遍意义的社会过程在特定时期和特定地域的具体作用，既关注抽象的理论，又注重特定时期和特定地域的实证研究。

1.2.4　小结

对于城市空间的研究既是城市科学的关注焦点，又是空间理论中非常重要的分支。对城市空间的分析往往从地理学与社会学两个方面为着眼点。以地理学为着眼点的研究主要关注的问题是城市空间形态，以社会学为着眼点则更多关注城市空间的形成以及运行的机制。因此，对于城市空间的研究可以划分为城市空间形态与城市空间机制两个角度，前者偏重于城市内部空间模式的判识和测度，后者偏重于解析城市空间表象之后的深层结构。二者从不同视角研究城市空间，共同建构了城市空间理论的框架。那么，是否可以从机制与形态的角度共同研究城市空间？列斐伏尔空间生产的理论为此提供了可能。

1.3　城市空间的生产

1.3.1　列斐伏尔空间生产理论

无论在哲学领域、社会学领域，列斐伏尔都是建树卓越。特别是对于空间的研究，列斐伏尔以一种里程碑式的方式系统地阐述了空间概念，从而改变了整个社会学界对于空间漠视的状况，成为空间研究第一人。列斐伏尔用空间阐释了新马克思主义，以哲学为起点，发展出一种辩证的空间思考。

列斐伏尔著作中致力于将对于空间（的生产）重要性的理解置于社会生产关系的再生产之中。这种思想成为《资本主义的存活》(the Survival of Capitalism) 一书的中心论题，而此书也成为之后名著《空间的生产》的序曲。这些著作在人文地理范畴内深刻地影响了当代的城市理论，这种影响可以在当代学者，诸如哈维和索亚的著作中看到。列斐伏尔被广泛地认为是马克思主义思想家，他拓宽了马克思主义的理论范畴，并且与日常生活相结合，与贯穿 20 世纪西方世界城市拓展的意义和隐喻相结合，与工业生产，以及工业生产与城市的关系相结合。1968 年出版的《城市权利》(the Right to the City) 以及出版于 1970 年的《城市革命》(the Urban Revolution) 是列斐伏尔在 20 世纪 60 年代的主要论题，这些论著关注从"城市"到"都市"的深层转变。

在《城市问题》(the Urban Question) 一书中，卡斯特批评了列斐伏尔在 20 世纪 60 年代出版的用马克思主义的立场观察当今城市的理论论著。列斐伏尔在《资本主义的存活》之中对卡斯特的批评予以回应。但最终，一些评论家推测，这些批评可能成为列斐伏尔写作长篇理论巨著《空间的生产》的直接动因。

在《空间的生产》一书中，列斐伏尔认为存在着不同层级（level）的空间，从最原始的、自然的空间（绝对空间）到更为复杂的空间，但是最重要的是，它们都是（社会）生产的（社会）空间。[11] 列斐伏尔认为空间是社会的产物，或说是复杂的社会建构（construction），是基于价值和意义的社会生产，这种生产会影响空间实践以及知觉。作为马克思主义哲学家，列斐伏尔认为这种城市空间的生产对于社会再生产是决定性的，因而就是资本主义本身。因此，葛兰西（Antonio Gramsci）所提出的支配权概念（notion of hegemony）被用作一种参照，来显示空间的社会生产是如何被特权阶级作为一种统治再生产的工具而被控制。

列斐伏尔空间理论的核心之一就是提出了"（社会）空间是（社会的）产物"这样一个具有革命意义的论断，这一论断既指出了"空间"的社会属性，又揭示了"生产"的过程性。三重空间（空间实践、空间表征和表征性空间）的提出将以往研究中对空间宏观、中观、微观三个层面的割裂予以弥合，开创了全面空间研究的先河。

1.3.1.1　（社会）空间是（社会的）产物

"（社会）空间是（社会的）产物。这一前提是显而易见的。但是在接受这一前提之前，应该仔细研究它的内涵与推论。许多人很难接受这样一个概念，空间已经在目前的生产模式中呈现，在空间作为一种它真实自身的社会中呈现，这种真实无论看起来多么相像，却是区别于那些发生在由商品、金钱和资本所构成的全球化过程中的空间。……空间是一种社会产品——空间在特定的方式下被生产，作为思想和行动的一种工具。这不仅仅是指生产的方式，也是指控制的方式，因此是统治或者权利的方式。……"[11]

列斐伏尔在阐释"（社会）空间是（社会的）产物"这一论断时，提出了 4 个对"含义与结果"解释：

其一，"（物理）自然空间正在消失。"这是列斐伏尔对当时现状的描述和批判，对今天而言，这一趋势正在加重。自然空间的消退继续加剧，而自然作为原材料的产地也面临着被资本生产所耗尽的危险。

其二，"每一社会——因此每一生产方式（伴随其亚变量）——即所有那些一般概念的社会——生产出自己的空间。"这句话指出空间与社会的对应性。他将这种对应性具体化，认为社会空间包括了"社会的再生产（繁殖）的关系，即在性与成年的团体，在具体的家庭组织之间的生物—物理关系。……生产关系，即在等级性的社会功能中的劳动分工及其组织化"[11]。列斐伏尔认为，空间里弥漫着社会关系，它不仅被社会关系支持，也生产社会关系和被社会关系所生产。列斐伏尔的空间概念，不仅仅是指事物处于一定的地点场景之中的那种经验性设置，更是指一种态度与习惯实践，是一种社会秩序的空间化。空间所生产的社会关系是具有某种程度上的空间性存在的社会存在，这些存在将自己投射于空间，在生产空间的同时将自己铭刻于空间。

其三，研究的"'对象'从在空间中的事物转向实际的空间生产"。这就意味着列斐伏尔的研究对象是空间生产的过程，而非空间自身。在列斐伏尔看来，空间作为一种社会产物，并不是指某种特定的产品，而是一束关系，是一个政治过程，是各种利益奋力角逐的产物，受到各种利益群体的制约与权衡。空间的生产也是空间被开发、设计、使用和改造的全过程。空间生产的过程是一个社会关系的重组与社会秩序实践性建构的过程，是一个动态、矛盾、异质性的实践过程。

其四，"每一生产方式都有其特殊的空间，从一种到另一种的变换必然存在一种新的空间的生产。"古代社会中的城市不能够被简单地理解为空间中人和事物的集聚——它有自己的空间实践，产生了自己的空间（适合自身的，列斐伏尔认为古代世界城市的理性氛围与其空间性的社会生产是密切相关的）。正是由于每一个社会都会生产出自己的空间，因而任何希望成为或是声称自己是真实的，但却又生产不出自身空间的"社会存在"，都是奇怪的实体，是非常特殊的抽象，这种抽象仅仅还停留在意识，或者甚至是文化的范畴。基于这种论点，列斐伏尔批评苏联城市规划者，因为他们没有生产出一种社会主义的空间，而仅仅再生产了城市设计的现代主义模式（对物质空间的干涉，不足以生产出社会空间）并且将它应用于这种文脉当中。

因此，列斐伏尔空间生产理论的一个重要的意义就在于促使我们思考和探索空间及空间生产的社会因素，并形成了对空间研究的政治经济学的分析框架，同时重视过程，重视历史，将"时空向度"相连接，从而建构"社会—历史—空间"的三元辩证法，并且以此为基础来考察曾经或现今或未来的社会空间。列斐伏尔借助于马克思的生产方式理论与社会形态理论，将迄今为止的空间化历史过程理解为如下几个阶段：①绝对的空间——自然状态；②神圣的空间——埃及式的神庙与暴君统治的国家；③历史性空间——政治国家、希腊式的城邦，罗马帝国；④抽象空间——资本主义，财产的政治经济空间；⑤矛盾性空间——当代全球化资本主义与地方化意义的对立；⑥差异性空间——重估差异性的与生活经验的未来空间。

1.3.1.2 空间的三重性

"此刻我需指出被感知的、认识的／被构想的和亲历性的三重（空间）之间存在的辩证联系。……被感知的空间（Perceived Space）/被构想的空间（Conceived Space）/亲历性的空间（Lived Space）形成三重奏，用空间性的术语来说就是：空间实践（Spatial Practice）、空间表征（Representation of Space），再现空间（Representational Space），如果将其中的一种作为抽象的模式，它会丧失所有的力量。如果这些空间不能被把握成为具象（与'直接'区别开来），那么它的意义会严重地被限制，只是成为意识形态中介中的一种而已。"[11]

列斐伏尔在《空间的生产》中提出了他的空间三重性辩证法（Triple Dialectic）。这种三重性的空间辩证法不等同于黑格尔—马克思式的否定之否定的三个阶段或层次，而是彼此不可分离的同时并存的三个向度。它们不是简单的抽象，而是具体的，可以被把握的，是实际的空间生产。对于这个三位一体的概念（a conceptual triad），列斐伏尔分别赋予的特征是体验的、感知的和想象的：

1. 空间实践（Spatial Practice）

"一个社会的空间实践藏匿了社会的空间；在一种辩证的互相作用中，它提出并假定了它；它缓慢地生产它，就如它主宰和挪用它。从分析的观点来看，一个社会的空间实践通过译解（decipher）其空间而被揭示。"[11]

列斐伏尔认为，空间实践是指那些发生在空间中的并穿越空间的、自然的与物质的流动、转输以及相互作用等方式，以保证生产与社会再生产的需要。空间实践，作为社会空间性的物质形态的制造过程，因而既表现为人类活动、行为与经验的一种中介，也表现为其一种结果。[45]某种意义上，空间实践表现为可感知的物理意义上的环境，体现人们对空间的利用、控制和创造，是"日常现实（日常惯例）和城市现实"[11]。因此，空间实践呈现出来的部分往往是某种物质形态，实际上是社会空间与物质空间的结合，两者之间形成辩证的关系，而社会空间是隐藏在物质形态后面。社会中不存在纯粹的自然空间，只有作为社会产物的空间，因此社会行动总会在空间中留下印记，这样的印记可以通过具体的空间形态比如建筑类型、街道和房屋的空间安排、土地的利用模式得以呈现，也可以通过形成这些形态的具体活动来体现，这些就是空间实践。所以，也可以说空间实践是空间化的社会行动，社会的变迁体现于空间的重构之中。

2. 空间表征（Representations of Space）

"概念化的空间，科学家、规划者、城市规划专家、技术专家和社会工程师的空间，具有科学倾向的某种类型的艺术家的空间——所有这些人都能识别出生活的空间、被感知的空间，以及构想的空间。（对于数字的过度考虑——谈论黄金数字，单元和'经典'，趋向于将这些内容永久化。）这是在任何社会（或生产方式中）支配性的空间。空间的概念趋向于一种词语系统（因此可以理智地被解决）和记号/符号之中，伴随着我们回到某些例外中去……"[11]

空间的表征是科学家、规划师、专家治国论者、社会工程师采用的知识和术语，是任何一个社会中（或生产方式）占主导地位的空间，是知识权力的仓库。[45]这种空间被社会的精英阶层构想成为都市的规划设计与建筑。这种空间被视为"真正的空间"，空间的表征往往成为达成或维持其统治的手段。空间的表征是一种概念化的空间，运用符号、代码、术语和知识使空间实践得以理解和解说。某种意义上，实际上空间的表征体现了人类从科学的路径来认识空间，其模式来自经验、理性的科学知识。

3．再现空间（Representational Spaces）

"通过形象和象征直接生活着的空间，因此也是'居住者'和'使用者'的空间，也是一些艺术家的空间，或许是那些，诸如一些作家和哲学家的空间，他们描绘并渴望只是描绘／记述。这是被支配的空间——因此是被动地被经验的——这一空间乃是想象要改变和挪用的。它叠合了物理空间，象征性地使用其对象。再现的空间，虽然也有某些例外，趋向于朝向或多或少的非语词系统和记号的一致的系统。……"[11]

再现空间是艺术家、哲学家、作家创作的作品，采用的形式是图形、符号、象征物，其深层的东西是某种象征、意义或意识形态。再现性空间涉及很广，包括各种精神的虚构物，诸如代码、符号、"空间性的话语"，乌托邦计划，想象的风景，甚至还包括象征性的空间，特殊的建筑背景，绘画，博物馆等等这样一些物质性建筑物。再现空间可以为空间实践提供全新意义的，可能性的想象，同时包含着所有"他者的"、亦真——亦幻的空间。和空间表征类似，再现空间也属于精神空间的范畴，如果说空间表征是体现了人类从科学的路径来认识空间，那么，再现空间更多的是走的非科学路径，来自超验、感性。某种意义上，现代社会的再现空间如同空间实践一样，它们均受着空间表征的统治。所以，列斐伏尔甚至提出，"再现空间已经消失在空间表征之中"[11]。

"再现空间"在列斐伏尔看来既与其他两类空间相区别同时又包含着它们……再现的空间包含了"复杂的符号体系，有时经过了编码，有时则没有"。它们与"社会生活的私密或底层的一面"相连，也与艺术相连。后者在列斐伏尔看来并不是比较笼统的空间的符号，而是明确再现空间的符码。[46]

4．三重空间

在列斐伏尔的三重空间中，空间实践更多地表现为物质性，而空间表征和再现性空间则表现为精神性。在后两者中，空间表征体现了从科学路径对空间的认识，而再现性空间是从非科学路径来表达空间。尽管有如此差异，但三者并不能孤立地分别对待，三者作为三位一体的有机组成，相互依存，共同作用，从不同层面来完整人们对空间概念的理解。空间实践始终是空间表征的物质基础与作用载体，是再现空间的认识来源以及表述对象；空间表征在生产关系的高度统治着空间实践，驾驭着再现空间；再现空间则从思想根源影响着空间表征，并从意识形态表述着空间实践。

列斐伏尔将以上的空间三个维度的认知特征分别概括为感知、认知与体验：作为物质性空间实践的被感知空间（The Perceived Space），作为空间表征（Representation of Space）的构想性空间（the Conceived Space），以及作为再现空间（Representational Space）的亲历性空间（the Lived Space）。[45]列斐伏尔所构建的这一框架已为空间的研究提供了一个连接抽象和具体的通道。利用以上的概念组合，研究者可以对空间进行梳理，如果按照研究的空间范围层次，空间对象可以分为微观（建筑、场所）、中观（城市、区域）和宏观（国家、世界体系）三类；如果根据空间研究的问题层次，则可以分为微观（群体或个人空间行为模式）、中观（区域社会生态）和宏观（国际关系和全球化）。而列斐伏尔框架提供给研究者的不仅仅是对空间研究层次的划分，更为重要的是：作为一个强有力的分析工具，它为我们的研究提供了一个将各个层次的研究混合在一起的可能性，即在一个微观情景下也可以讨论宏观的问题，反之亦然。

1.3.1.3 空间生产的城市性

列斐伏尔的研究始终围绕着城市展开。从 1968 年出版的《城市的权利》开始，列斐伏尔便开始了他的城市研究。《城市的权利》中，列斐伏尔明确区分了工业化与城市化，突出了城市化与重建现代日常生活的重要意义，提出通过实现"城市的权利"和"差异的权利"，来实现"日常生活"对资本主义的"批判"，赋予新型社会空间实践以合法性。在《城市革命》（1970 年）一书中，列斐伏尔提出了一个重要命题——"城市革命"，认为城市在历史上成为一个能动力量，工业化服从于城市化需要，从而城市成为实现机械化、技术改进和规模经济的一种最佳空间组合形式，使得工业社会对城市社会形成依赖，即城市开始统治工业生产和组织。在《马克思主义与城市》（1972 年）中，列斐伏尔追溯了马克思和恩格斯著作中一切涉及城市的论述，列斐伏尔指出因为城市的经济状况产生了剩余价值、分工等，所以爆发革命的区域是社会的中心城市而不是边缘地带，城市是革命的中心，是生产关系再生产的中心，是"空间生产"的中心。[47]这一系列的研究表明列斐伏尔的研究的最广泛背景就是城市，并且，这些研究都毫无例外地涉及了空间，因此可以看出列斐伏尔对城市的研究始终和空间的研究相关联。

在《空间的生产》中，列斐伏尔并没有将空间限定在城市之中，虽然"土地、地下、空中，甚至光线，都纳入了生产力与产物之中"[11]，但是他笔下的空间更重要的是政治经济的产物，在资本主义生产中，用来生产剩余价值的空间更多地发生在城市。并且列斐伏尔强调，现代经济的规划倾向于成为空间的规划，人们现在通过生产空间来逐利，这样，空间就成为利益争夺的焦点，城市结构挟其沟通与交换的多重网络，成为生产工具的一部分。"城市及其各种设施（港口、火车站等）乃是资本的一部分"，因此，城市规划成了列斐伏尔用来分析空间使用的政治学意义的重要案例。他这样写道："20 世纪 60 年代的城市规划到底是怎么一回事？是一种巨大而且帷幕重重的操作。作为一种令人怀疑的科学追求着它的目标和客观性……城市规划显然是各种制度和意识形态的某种混合。"[11]列斐伏尔认为，城市规划的设计者正置身于主导性空间之中，对空间加以排列和归类，以便为特定的阶级效劳，没有什么东西比"城市化"空间的生产过程中所起的作用更为重要了。作为空间使用例证的城市规划无疑是空间生产具有城市性的最好佐证。

既然列斐伏尔的空间生产理论不可辩驳地具有城市属性，无论城市作为研究的背景，研究的工具，或是研究的对象。所以不妨用城市将研究做出一个限定，以列斐伏尔的空间生产理论为框架来研究城市空间的生产。

1.3.2 城市空间的生产

1.3.2.1 城市空间的社会生产

探讨城市空间的生产应该从其本源开始，"（社会）空间是（社会的）产物"，因而城市空间在本质上就是（社会的）产物。也就是说，从"空间向度"来理解城市阶层的划分，理解相关主体的构成，理解社会的生产方式，理解生产与再生产，理解各种社会过程，理解城市意识形态的根源，理解城市空间的隐喻。[47]这种从形成以及运行来解读城市空间，从而剖析城市空间表象之后的深层结构的方法就是从城市空间机制的角度来探讨城市空间，正如我们前文所提及的，是一种社会学思考的角度。

列斐伏尔明确地从政治经济学的角度探讨城市空间和社会再生产这一中心主题，借用空间／区域的冲突来取代阶级冲突，把空间特别是城市空间当作日常生活批判的一个最为现实的切入点。①列斐伏尔认为，城市空间组织和空间形式是特定生产方式的产物，对它们的揭示不仅可以理解统治的生产关系对城市物质空间的塑造作用，还可以明确这种生产方式所依赖的统治关系对城市意识形态的影响。城市作为一种空间形式，既是生产关系的产物，也是生产关系的再生产者，城市空间正是时、空、人、物的流转及其背后权力架构之组织与管理规划，所有的生产关系通过城市空间作为载体而实现了再生产。

列斐伏尔之后的新马克思主义学者则认为："空间，它看起来同质，看起来完全像我们所查明的那样是客观形式，但它却是社会的产物。空间的生产类似于任何种类商品的生产。"[48]也就是说，城市空间是一种社会的产物。因此，从生产方式出发，从生产关系出发，是我们解析城市空间的起始。

1.3.2.2　城市空间表征

在《空间的生产》中，列斐伏尔明确指出空间三重属性中的空间表征是"概念化的空间，科学家、规划者、城市规划专家、技术专家和社会工程师的空间，具有科学倾向的某种类型的艺术家的空间……"[11]毫无疑问，在城市中的空间表征就是被包括规划师、建筑师在内的社会精英阶层构想成为城市的规划设计与建筑设计等等。这个层面的城市空间一方面体现了城市空间的社会生产——体现了生产关系，乃至上层建筑的意志，是社会关系的具体化表达；另一方面，城市空间表征直接指导、限定了城市空间的空间实践，影响驾驭了城市再现空间，其主体成为城市物质空间的策划者、管理者，甚至破坏者、颠覆者。

在研究城市空间表征时，一方面要考量其中的参与者（actors），或说参与机构。关注建筑师、城市规划师和规划机构、地产开发商、政府与政府机构，研究他们的目标是怎样的，他们的策略是如何形成的，他们的预期是如何实现或者改变的。另外一个非常重要的方面，是要关注过程（processes），包括建筑实践、城市规划、地产开发、管理与管治，以及形象企划。过程是历时性的，通过时间的作用，过程将呈现给研究者一种动态的，由此及彼的反馈，从而将空间与时间双重特性紧密地联系在一起，将空间与社会过程联系在一起。因此，城市空间表征展现了一种社会视角下的城市空间形态。

1.3.2.3　城市空间实践

空间实践表现为可感知的物理意义上的环境，体现人们对空间的利用、控制和创造，是"日常现实（日常惯例）和城市现实"[11]因此，城市空间实践更多地体现在物质空间。

---

① 大卫·哈维在《空间的生产》英译本后记中指出，通过1968年"五月风暴"的历史事件，列斐伏尔认识到了城市日常生活状况的重要意义——它是革命激情与政治的核心。

哈维认为，城市空间的实践是一种建成环境（build environment），是包含许多不同空间元素的复杂混合商品，是一系列的物质结构，它包括道路、码头、沟渠、港口、工厂、货栈仓库、下水道、住房、学校教育机构、文化娱乐机构、办公楼、商店、污水处理系统、公园、停车场等等。[49]这些城市建成环境要素混合构成的一种人文物质景观，成为人为建构的"第二自然"。

城市空间实践背后隐藏的是城市空间的社会属性。哈维曾经对资本主义生产关系下的城市空间实践作出如下阐释："……城市建成环境的形成和发展是由工业资本利润无情驱动和支配的结果，是资本按照其自己的意愿创建了道路、住房、工厂、学校、商店等城市空间元素。在资本主义条件下，城市空间建设与再建设就像一架机器的制造和维修一样，都是为了使资本的运转更有效，创造出更多的利润。由于城市空间资本主义殖民化，现代资本主义已经从一种在空间背景中生产商品的系统发展到空间本身成为一种商品而被生产的系统，这样一来，城市空间的组织和变化就与资本主义体系有机联系起来。"这就充分揭示了城市空间的实践与社会本质，与生产关系之间是表达与被表达的关系，前者是后者直接的物质载体。

另一方面，城市空间实践是城市空间表征直接的实践结果。从城市诞生之日起，城市规划对城市物质空间的作用就从未间断过。从中国商周时期的《周礼·考工记》中对城市的寥寥数语的规划概括，到现代社会方兴未艾的各种城市理论，其最终目的就是在城市物质空间中的实践。同时，城市空间实践的结果往往又反作用于城市的空间表征，反作用于城市统治阶层的构想空间，作为修订，否定乃至颠覆的因由，也是城市再现空间表述、反应的对象。

1.3.2.4　城市再现空间

再现空间是艺术家、哲学家、作家创作的作品，采用的形式是图形、符号、象征物，其深层的东西是某种象征、意义或意识形态。在城市中再现空间一方面包括各种精神的虚构物，诸如代码、符号、"空间性的话语"，体现在各种媒介，包括文字、视频音频乃至新兴的互联网络；另一方面体现在各种艺术家作品的表达，既包括传统的绘画、雕塑等艺术作品，也包括罗西（Rossi）在《城市建筑》一书中提及的人工纪念物，包括乌托邦计划，想象的风景，甚至还包括象征性的空间，博物馆等等这样一些纪念性建筑物。如果说城市的空间实践更偏重于城市的物质空间层面，那么城市的再现空间则更加偏重于空间的精神层面，更加偏向于空间的感知与意义。

同时，城市再现空间是全然"实际的"空间，是城市中"居住者"和"使用者"的空间，是日常生活的空间。城市再现空间是有生命的：它会说话。它拥有一个富有感情的核心或说中心：自我、床、卧室、寓所、房屋，或者广场、教堂、墓地。它包围着热情、行动以及生活情景的中心，这直接暗含时间。结果它有着各种各样的描述：它可以是方向性的、环境性的或关系性的，因为它本质上是性质上的、灵活的和能动的。艺术家、作家和哲学家等人是在"描述"我们生活其中的世界，而不是译解和能动地改变这个世界。实际的再现空间把真实的和想象的，物质和思维在平等的地位上结合起来。[46]

1.3.2.5　城市空间生产——本次研究的理论框架

1. 机制与形态

在前文对于城市空间理论的阐述中可以发现：对城市空间分析的着眼点仍是存在两个分支——地理学与社会学，前者关注的问题主要是城市空间形态，后者更关注城市空间的形成以及运行的机制。但是，目前的城市空间研究越来越趋于跨学科、综合性的导向。兼顾空间运行机制与空间形态成为研究的一个关键。

在本次研究中，城市空间生产的研究框架将很好地解决这一问题。城市空间的社会生产、城市空间表征是从空间运行的根本机制上对于城市空间的研究；而城市空间实践、城市再现空间是从城市空间形态方面对城市空间进行研究，前者偏重于城市物质空间与城市感知空间，后者偏重于城市社会空间。因此，本书采用的研究框架可以有效地解决城市空间运行机制与城市空间形态统一研究的问题

2. 尺度问题

前文中对空间、城市空间的理论溯源中可以看到，对同样的问题研究的角度和方法千差万别。不仅仅因为各种著作庞杂，门类众多，更重要的是这些研究的尺度各不相同，而且这些著作往往希望同时在不同尺度的范畴内对问题进行分析。但是，多重尺度，同时作用，同时分析这些过程以及它们的空间结果，往往意味着混淆、干扰。格雷厄姆和马尔温澄清了这种困难，他们认为，"当今的城市生活是永不停息的各种不同尺度间的运动相互作用，遍及个体到全球。"[50] 这种情况导致3个相关问题，对这些问题的解决直接关系到对城市空间状况的研究是否成功。

这些相关问题涉及本次研究的理论、方法和分析等几个方面。①在理论方面，同时发生的多重尺度的研究目标本质要求所建立起能够涵盖微观方面，又要包括宏观层面的框架。此外，研究框架还应该具有推广至其他研究区域的可能性，即在兼顾微观、中观、宏观分析的前提下，提供一种通用的研究框架，可以应用于今后的相似研究。②在研究方法方面，基础资料的收集必须满足在可能范围内各种尺度的数据要求。③最后，研究框架需要满足在某一特定尺度下的研究具有相对的独立性，能够使用针对特定尺度的数据或者分析方法，而不受其他尺度研究的干扰。

依托列斐伏尔的空间生产理论而建立起的城市空间生产理论为本次研究提供了良好的平台与适宜的理论框架。该理论框架不仅满足了从宏观、中观、微观研究城市空间的要求，还能够将各个层面的研究有机地联系在一起，相互独立，相互关联，相互作用，从而深刻、全面地剖析研究对象。

研究城市空间的社会生产就是从宏观的角度研究城市空间，是研究城市空间的社会属性，和传统城市空间研究中的城市空间机制研究相契合；城市空间表征的研究是从中观的角度研究城市空间，从城市精英阶层的规划与设计的角度讨论城市空间，传统城市空间理论中关于城市社会形态空间的研究隶属于这一范畴；城市空间实践与城市空间再现是从微观的角度来探讨城市空间，前者侧重于城市空间的物质性，后者侧重城市空间的精神性，二者分别揭示了城市物质空间与感知空间。

因此，采用城市空间生产研究框架，可以综合地从城市空间运行机制和城市空间

形态两方面来进行研究；同时，还可以兼顾宏观、中观、微观尺度上对于城市空间的研究。

1.3.3 城市空间的生产在中国的研究发展

在中国，对于城市空间生产的研究始于 20 世纪 90 年代，但是最初的研究是在社会学领域中展开的，随后地理学、城市规划、建筑设计等学科都开始了对于该命题的研究。

笔者以万方数据为数据库，以"城市"、"空间"、"生产"为关键词在学位论文、会议论文、期刊论文中进行检索，根据相关度有限进行排序，截至 2010 年筛选出利用"空间生产"理论研究城市空间的论文 35 篇。对其进行整理分析，可以发现在城市空间领域，空间生产研究在我国的演进状况。

首先，城市规划、城市设计领域对于城市空间生产的关注大约从 21 世纪之初开始。汪原在其博士论文《迈向过程与差异性——多维视野下的城市空间研究》之中最先将空间生产理论引入城市空间的研究之中（2002），随后分别于 2002 年发表论文《关于〈空间的生产〉和空间认识范式转换》，2006 年发表论文《生产·意识形态与城市空间——亨利·勒斐伏尔城市思想述评》，2010 年发表专著《边缘空间：当代建筑学与哲学话语》。在这一系列的论文著作中，汪原在城市空间领域中，从城市规划、城市设计视角引入了空间生产的理论，并不断探索深化。

其次，从时间上来看，以 2006 年为时间节点，2006 年之前，每年相关研究发表文章仅有 2 ~ 3 篇，但是从 2007 年开始，相关研究发表论文开始了井喷式的增长——2007 ~ 2010 年发表论文共计 27 篇，相当于前四年发表论文的 3 倍有余。这一现象说明，空间生产理论在我国城市空间领域的研究中已经越来越广泛地被接纳被应用。

第三，从具体的研究内容来看，在城市空间领域中的空间生产研究大致集中在两个方面——理论研究与实践应用。前者又可以细分为理论介绍与理论探索：理论介绍主要为对相关理论的推介与国际研究动态的及时引入，如《城市与空间的生产——马克思恩格斯城市思想新探》（李春敏，2009）、《生产·意识形态与城市空间——亨利·勒斐伏尔城市思想述评》（汪原，2006）；理论探索是在对于理论引进的基础上，与其他理论或者与中国总体国情相结合，在理论方面进行进一步的探索，如《消费时代城市空间的生产与消费》（季松，2010）、《基于增长网络的城市空间生产方式变迁研究》（马学广等，2009）。总体而言，国内学者进行相关的理论研究约占总体研究的 1/3，更多学者将研究的重点放在了城市空间生产理论与实践的结合方面。在实践应用方面，既有与某一特定地域相关联的研究，如《汉正街系列研究之五——生产空间史》（钱雅妮，2006），也有与某一特定领域相结合的研究，如《城市滨水空间公共权益的规划保护》（宋伟轩等，2010）。

需要指出的是，在这些研究中，有些学者虽然以空间生产为命题进行研究，但是，他们的研究理论、研究途径并非是以列斐伏尔的空间生产理论为依托的，而是从其他视角予以切入，这类研究应不在本次研究的探讨范围。

此外，在实践研究中，研究者更多地是以"（社会）空间是（社会的）产物"为理论出发点，将社会生产与城市空间有机结合。关于城市空间三重性的探讨，关于城市空间三重性与城市空间的具体结合，并没有学者予以更多的，更为直接的关注。

本书将以理论探究与实践应用相结合，将城市空间的社会生产与城市空间三重性相结合，借鉴前人的研究成果，并开创出自身研究的特色，为城市空间的生产在中国的研究发展贡献自己的一份成果。

2 当代城市空间的社会生产

2.1 作为社会生产的城市空间

正如在第 1 章中所阐述，列斐伏尔空间生产理论的核心就是"（社会）空间是（社会的）产物"[11]。因此，在研究城市空间问题时，城市空间的社会生产是不可规避的问题。那么，究竟什么是城市空间的社会生产？根据列斐伏尔的分析，我们可以归纳出：城市空间的社会生产就是以城市为载体，社会所对应生产方式的空间分布及过程。

不同的社会生产对应着相应的空间，正如列斐伏尔所定义的绝对空间、神圣空间、历史性空间、抽象空间、矛盾性空间以及差异性空间都有其相应对应。列斐伏尔认为"自然空间"正在消失，每一种社会对应着相应的生产方式，并生产出自己的空间，这种研究对象不仅仅指传统意义上的一定空间中的事物，更是指这种空间本身的生产。作为当今社会生产方式最重要的载体，城市也不是单纯物质意义上的城市，而是社会的城市。因此，解析城市空间不仅仅应该关注其中的空间事物，而应该关注城市空间本身的生产，应从其社会本源开始，从生产与再生产的特征开始，理解社会过程，理解城市空间表象后的深层结构。

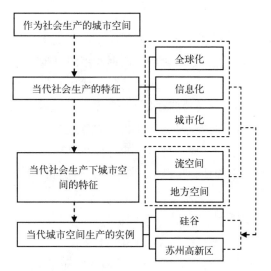

图 2-1 第 2 章框架

对于城市空间的解读不应只局限具体的空间事物，而应从作为社会生产的城市空间开始，应对其所处的生产方式与关系进行分析，在解析其社会生产特征的基础上，从宏观把握理解城市空间具象的形成机制与特征。

2.2 当代社会生产的特征

全球化和信息化[51]以及城市化是当代社会生产的三个关键特征。[52]

全球化可以从很多方面进行定义。卡斯特将全球化定义为是"一种过程。人类的活动在全球化过程中的不同维度中被有选择、不平衡地组织在一起，并且置身于全球范围内实时运行、相互作用的网络中"[53]。索加认为全球化是"世界的压缩和世界意识一体化的强化"[54]。而戴维·赫尔德（David Held）则认为全球化是一个"能够体现社会关系和相互作用的空间组织转化的过程（或者一系列过程）……能够产生跨区域的或是洲际的流"[55]。全球化能够"在世界范围内"增加"资本、产品、服务、思想及文化的相互联系"[56]，体现了"这样一系列的过程，在这个过程中，资本、技术、产品及信息无情地跨越了固有的政治版图"[57]。

信息化被定义为"一个改变的过程，具有如下特征：①使用信息成为经济、政治、社会、文化发展的决定性因素；②并且，在信息的生产和传播的普遍性上，在速度和数量上有着超乎寻常的发展。（信息技术，在这样的语境和文脉中，意味着软硬件设施，这些设施承载着信息的产生、传播、存储的作用，诸如多媒体，计算机以及远程通信）"[51]。

同时，新一轮的城市化与全球化和信息化交织在一起，对历史所形成的城市空间重新塑造，并且重新定义人类的存在方式，就好像"现代化与工业化对城市的塑造，重新定义了整个社会的所有元素"[58]。尽管这一过程被称为"成为人类的新模式"[58]，但这种转化其实早在现代化初期就已经存在，三者共同作用的空间结果被称为"信息社会"。

全球化、信息化与城市化这三个过程相互作用，形成了当代社会生产的特征，并且产生相应的城市空间与这种社会生产对应，这种作用同时也改变了世界上大多数人对于城市的体验、理解以及生活的方式。在这个受到全球化、信息化及城市化关联作用的世界中，几乎任何一个角落都可以找到拥有如下特征的城市区域：它们是全球化网络中节点，它们和信息通信技术等高科技产业息息相关，它们身处城市高速拓展的过程之中。高新区（也是这样一个城市区域，当代社会生产的特征在这里留下了深深的烙印。其城市空间是全球化、信息化和城市的社会生产方式的产物，它们的城市空间是三者共同作用的结果。

在《信息城市》一书中，卡斯特提到"革新（技术革命）的主要结果是体现在过程上，而不仅仅是产品上"[59]，这从侧面证明技术革命所代表的社会生产有其对应的"产品"，那么结合列斐伏尔对空间事物与过程的论断——任何社会都有其自己的空间，我们可以推断出这样一个全球化、信息化、城市化为社会生产特征的社会将会生产出自己的空间，一种全新的城市空间，无论将其视作空间产品或是空间过程。这种城市空间源自于当代城市化、全球化过程相交织发展的信息模式，与这个过程对应的新产品是全新的"硅谷城市"为代表的城市空间。[60] 与"硅谷城市"类似，中国开发区城市空间同样是全球化、信息化、城市化的产物空间，既是作为产品的空间，又是作为过程的空间。下面，本书将分别讨论当代社会生产的三个特征以及它们是如何生产出相应的城市空间，这些正是理解开发区空间生产的基础。

2.2.1 全球化

2.2.1.1 定义与特征

有关全球化的论文和文献都试图涵盖全球化的一切内涵，但是全球化可以发生在全球中的任何地方、空间，可以发生在任何人身上，能够渗透到几乎所有的领域，甚至能够控制对其自身的阐释，乃至可以自我解释，这一切都使得对全球化的定义变得琐碎而困难。詹姆森（Fredric Jameson）曾经指出，"要想定义全球化，首先要讨论它自身的情况，包括不好的一面；那些坚持首先要弄清楚它自身是什么样的，同时却又试图用令人迷惑的方法证明它的不存在。"因此，要定义全球化，首先需要"确定一个临时的出发点"[61]，由此展开研究，才能最终完善其定义。

翁库（Anyse Oncu）和韦兰（Petra Weyland）提供了这样一个出发点："通常意义下，可以把全球化视作一种运动，一种循环，一种相互交织流的综合，这些流有些是资本或是贸易，有些是人群，有些是符号、象征、意义或是神话。"[62] 这个论述包含了3个关键词：流、复杂性以及载体。

这个定义中首要的两个因素，流（运动、循环），以及复杂性（或者就像卡斯特所提出的非对称组织 Asymmetrical Organization），也曾在在其他关于全球化的定义中出现，是全球化定义的共同特征。翁库定义中的第三个关键词"载体"澄清了全球化的另一个重要特征——我们最终的着眼点不是全球化中的流，而是以各种形式出现的承载流的载体，是那些"人工构筑物（artifacts）、人群、象征、标识和信息。"[55]

由此，我们也可以归纳出全球化的三个基本特征。其一，流意味着全球化是一个过程，而非一件具体的事物。全球化是一些事物的集结，但不是事物本身。其二，全球化正在进行，行进性是它的第二个特征。全球化不仅仅是一种历史性的过程，更是一种正在发生的历史过程。因而，全球化的结果还不是定论，即行进性解释了全球化不确定的结果。其三，全球化中的流超越了之前相互分割的政治、经济、文化领域之间的界限，而不仅仅是"同时期的，会聚性的，同形的，或是空间并置的"[63]。因此，需要用一种全新的、综合的以及动态的方式来理解全球化中流的载体。

尽管不应简单孤立地看待全球化过程中的每个环节，但是把全球化中的流限定在三个相关领域中分别阐释，对整个问题的研究还是大有裨益的。这三个环节，也是三个分过程，分别发生在三个领域：

1）经济领域，包括资本流和贸易流。

2）政治领域，政治政策制度所促进的流。

3）文化领域，具有标识流、象征流、意义流以及虚拟的各种流。

2.2.1.2 经济流——经济基础

以生产、消费为形式的国际资本流并非是一个崭新的现象。但是，这种流与从前对国际化经济的"浅薄整合"（Shallow Integration）确有质上的不同。[60] 尽管国际经济早已突破国界在经济活动领域中蔓延，然而现在的全球化经济流则进一步整合其功能，进一步加深其经济活力。[63]

在众多带来功能整合的流之中，一种新国际劳动分工（New International Division of Labor，简称 NIDL）[64] 促成了生产与消费关系上的转变，并且这种转变将各种不同人群纳入世界经济版图。[65] 在中国，开发区的出现及发展与这种新国际劳动分工直接相关，开发区的知识工作者（Knowledge Worker）① 已经被整合参加全球高新技术的生产和消费网络。新国际劳动分工被称为"全球化的新浪潮——对全球经济进行性再塑造的最大趋势"。[66] 它不仅改变了全球经济的格局，并且正在重新定义城市的形式与城市的空间。除了大量新兴产业吸纳了不同国度，不同层次的就业人群，新国际劳动分工还推动了白领服务性行业的兴起，无论是在中国开发区这样的新近纳入到全球化范畴的城市，还是在美国这种发达的、全球化城市的发源地，"白领服务业景观"[66] 都是相同或是相似的。新国际劳动分工的形成可以归结为经济空间的融合在政治、经济领域中的反映，因而被格雷德称为"全球工作的拍卖"[67]，意味着职位、工作类型的全球性蔓延。

与此同时，在这种新的经济空间中来自发展中国家的一部分劳动者，成为卡斯特的流空间中第三要素的部分，成为所谓的管理精英。因此，在中国，在上海，在苏州，在全球各个角落，那些与全新全球消费模式关联的劳动者正在形成一种新的消费者文化，这种文化对包括新空间消费在内的消费模式产生了深远的影响。

新国际劳动分工，新兴的白领服务行业，新晋的管理精英，伴随着全球化的经济流而产生，并伴随着"全球经济竞争"[67] 而出现。这种竞争成为在美国及中国被广泛关注，被广泛争论的主题，这种竞争也带来了对中国及其他高新技术外包生产地的关注。这种争论将中国开发区的空间塑造与全球化过程中政治转换联系在了一起。

2.2.1.3 政治流——上层建筑

伴随着经济整合的加深，一种新的政治组织在新自由领域中开始实施，并且"体现在取消监管，自由化和私有化的政策之中"[68]。这种政策架构，从北美自由贸易区（NAFTA），到世界贸易组织（WTO）和曾经的关贸总协定组织（GATT），对于个体国家的政治重塑起到了非常重要的作用。对于国家政策制定者，或是对于"全球化"优劣中持不同立场的地方政治力量而言，通过跨越国家间以往被控制的壁垒，就可以在全球的层面上运作，可以使用全球化的各种手段与其他层面的政治力量相抗衡。

当以往坚固的政治壁垒被突破的时候，新城市空间也随之产生，新的区域边界同时形成并且成为全球化新经济空间的重要因素。这种"空间并不属于那些依靠物质生

---

① 彼得·德鲁克（Peter Drucker）认为，知识与知识的操纵已经变成商品化，而且成为经济系统之中主要商业活动，而该经济系统的参与者，称之为知识工作者；与此相反的是工业时代的工作者，他们主要的职责是生产有形的物体。知识工作者的例子很多，例如营销分析师、工程师、产品发展师、资源计划者、研究人员，以及法律顾问等。

产不均匀而获利的那些部分"[69]，这些空间在曾经相关联的政治实体中创造了与政治的分离。

这种新自由政体是否意味着"政府的退化"[50]？"全球金融规则"[55]是否是对萎缩中的国家执政者或执政机构的政治权力的一种统治？赫斯特（Hirst）和汤普森（Thompson）持否定意见，他们指出实际上这些政治组织的参与者与作为常规执行者的国家政权之间的相互联系将保持一种平衡，并将持续下去。正如萨森所言："全球化的过程往往策略性地位于或是建立于国家空间之中……通常在由国家机构制定措施的帮助下才能够得以实施。"

索加认为，许多有关政治全球化的讨论并没有得到很好的发展，并且倾向于"夸张的阐述和概念的纠结"[70]。这种监管取消，自由化和私有化所重塑的资本与政府之间的权力关系是显而易见的，但是并没有真正抹去政治参与者与参与机构。政治依然在其他层次中，在全球范围内起着重塑空间的重要作用。

2.2.1.4 文化流——意识形态

在文化领域，文化流和参与全球化的经济、政治之流相似，对全球化有着相同的反应。也许在日常生活经验中，全球化的经济之流、政治之流表现的并不是非常明晰，但是在文化方面全球化的印证却是"全球化过程中最直接被觉察与体验的"[54]。但是同时，"文化的全球化，又很难真正从经济、政治的视角中剥离出来"[71]，并且"还需要经济组织或是政治机构的检验，用来与文化全球化相呼应"[72]。

阿帕杜莱提出了一个非常有吸引力的模型，用以理解这种"复杂的，重叠的，又相互分离的状况"[72]。他从人类学的观点看待这些由人流、媒体流、技术流、资本流和思想流所产生的空间，重新关注基于"地方"层面流的内涵或是生产性的本质，这些使得我们可以辨识出经济流、政治流、文化流的"不断增长的同形异化"或者"分离"的特征。[54]

尽管这种方法被批评为"一种琐碎，但有时又不那么细致，仅仅从微观出发"，但是它可以为将全球化视为统治过程的理论提供一种相反的平衡。这种理论同时也开创了一个可以从微观分析空间的方法，用来分析"伴随着全球流过程作为'在特定的地理或是历史条件下'所呈现出抽象的'连接'"[73]。

2.2.1.5 第三阶段

很多学者指出这些流并非什么崭新的概念。但是，在全球空间中，全新的是它们发生的规模、强度以及同步性。在《后大都会》一书中，索加将目前全球化的流与之前的流作了明确的区分。他认为"强度"是"这里的关键词……对于在此描述的其他事物都已经在不同社会的城市中发生发展了成千上万年，……"[54]

查克拉沃蒂（Chakravorty）从较短的时间范畴内来看待全球化的目的，将其划分为三个阶段：第一阶段为殖民经济；第二阶段为民族主义阶段的后殖民经济；第三阶段为革新阶段。尽管查克拉沃蒂的分析是基于经济和政治，他的论著可以为我们分析全球化的文化和物质形式提供一个起点。我们现在所面临的就是第三轮全球化。这个阶段的特征是信息和通信的转化，也就是信息化。

2.2.1.6 小结

全球化作为当今社会生产方式的特征之一，是一种运动，一种循环，一种相互交织流的综合，这些流或是资本，或是贸易，或是人群，或是符号象征。全球化三个基本特征是：全球化是一个过程；全球化正在进行之中；全球化超越了相互分割的政治、经济、文化领域之间的界限。全球化同时在三个分领域中进行：经济领域，包括资本流和贸易流；政治领域，政治政策制度所促进的流；文化领域，标识流、象征流、意义流以及虚拟的各种流。在这三个分领域中，流都是重要而不可或缺的媒介。当今社会中的流在强度上同之前的流已不可同日而语，并引领全球化走向第三阶段——以信息化为特征的新阶段。

2.2.2 信息化

前文所述的经济流之功能全球一体化和强化，政治流之全球扩展，以及文化流之全球强化，都伴随着一种新的革命——信息技术革命。正是这种技术革命不断地扩张加速，使上述的流成为一种全球实时的统一系统。

霍尔和卡斯特认为，信息化"是一个由信息技术主导的过程，这些诸如互联网和其他类型的通信技术，已经改变了我们所处这个世界的经济和社会关系，并且使得文化和经济壁垒大大地减少了……"信息化，既是全球化生产的产品，也是全球化生产的生产者。霍尔和卡斯特归纳了基于信息化的新发展范式中的三个关键特征：

1）基于信息技术的高新技术革命；

2）实时的、世界范畴空间内的全球经济；

3）经济生产管理和信息主义的新形式。

和全球化一样，信息化有着自身的历史渊源和历史过程。两本出版于1948年的著作首先提出了这样一种范式转变，即从工业化向信息化的转变，从工业主义论述到信息主义论述的转变，以及最终这些转变对于整个世界影响的理解。在《机械化的控制》(Mechanization Takes Command) 一书中，吉迪恩 (Siegfried Gideon) 对于机械化工业生产和改变当代生活条件的机械化工业生产产品做出了一种百科全书式的回顾。在书中，吉迪恩列举出跨越数个世纪的例证，从17世纪中叶曼彻斯特的纺织厂到1946年"全机械化的美式洗衣机"。几乎在同一时期，麻省理工 (MIT) 数学家韦纳 (Norbert Weiner) 出版了《神经机械学》(Cybernetics) 一书，标志着信息技术新纪元的诞生。这本书预示着信息化将取代工业化作为影响操控人类生存的方式。《神经机械学》，正如它的副标题"控制并联系机械和生物"所阐释的那样，就是表达了使用信息作为反馈的中心主题。这种反馈是围绕着新一轮信息化的生产而展开的。卡斯特指出"发展的信息模式"的特征，将其称为"一个在技术知识资源和提高知识产出的技术应用之间的有道德良知的循环"[59]。城市中，这种反馈可以激发空间的转化，信息技术会产生新的信息空间。这种新空间被用来生产新的信息技术，最终再次反馈并产生新的空间。这就是信息城市的特征。

《神经机械学》也标志着一种联系，不仅仅针对新范式的产品——一体化的循环，个人电脑，互联网——也包括信息操控的起始。目前，互联网的延伸已大大超出了人们的想象。因此，现在的信息化是根植于"规则系统的出现"，正如贝尔林斯基 (David

Berlinski）在他的同名著作中所描述的那样。同时，信息主义，伴随着这样一种过程的论述，是一种对基于现实信息化世界存在的理解，而不仅仅是在大众的想象中应被购买的一些具体电子产品。信息主义作为一种思想，受到关注，受到争论，并且在近一个世纪中发展了起来。

这两本著作将机械工业世界，以及信息世界相联系，跨越了从 18 世纪自动化到当今的数字化计算机的巨大时间跨度。这种联系，超越了通常人们的想象，更加深入的触及历史。在 19 世纪中叶，巴比奇（Charles Babbage）构想建立他的与众不同的引擎并且称之为分析引擎。虽然这种将运算与机械相结合的方法在今天是多么的相似与平凡，但却成为信息世界的萌芽。

尽管对信息化全面综合的阐述已经超越了本书的讨论范围，但是，与开发区的文脉背景相结合，三个相关的主题应该予以关注与探讨：

1）经济转化；

2）技术转化；

3）社会转化。

2.2.2.1 经济转化

福特主义经济是现代主义和工业化的标志，在福特主义之后的新经济地理文脉中，大量的代表信息化思潮的著作涌现了出来。在信息化的世界中应该如何增进城市和区域的经济发展呢？这些著作探讨了这样的问题，并且探讨了相关的政策争论。当信息化已经成为一种社会生产，它所带来的城市空间又是怎样的？与它相适应的地方建成环境又应是怎样的？

斯科特（A. J. Scott）探讨了这种新的生产地理，并且为当今的研究提出了重要的观点。斯科特认为这些新的城市空间是与"那些迄今与广泛的资本主义工业化的地理边缘紧密联系的一系列区域"相结合的。但是，斯科特在他的研究中并没有考虑像中国这样的亚洲国家[74]。在斯科特文章发表的年代，中国正酝酿开始高新技术之路，并在 1988 年开始设立国家级经济开发区，此时中国才开始进入到信息化的全球经济。

马库森·李（Markusen Lee）和迪焦瓦纳（DiGiovanna）探讨了工业新区的主题，他们在《第二阶层城市：超越大都会的快速发展》（Second Tier Cities：Rapid Growth Beyond the Metropolis）一书中表达了对信息化作用下工业新区的关注。作者用 4 种经济结构对"那些即将到来的城市"进行解释。在进行了数个实证研究之后，他们得出结论："尽管在文化与经济发展的阶段上有所不同，但是每一个国家都有一些城市可以反映出我们研究的原型。"因此，他们指出那些经济城市类型的出现，正如他们的结论所提及的那样，"不是全球资本和贸易的结果，是首席城市的正常结果，是后福特主义所必需的而不是民主化所驱使的，是由民族国家和政治决定制定者所做出的有意识的选择。"[75]

这种新的区域经济也被视为"创新环境"，在对新区域经济进行综合分析的基础上，施托佩尔（Storper）把这种背景描述为"一种可以导致革新的区域机构、法规、实践的体系"，他认为"那些经济参与者参与的原因和相互作用……在很大程度上是他们背景的产物，这种背景很有可能成为，或者在一定程度上成为领土的边界和具体化。"[76] 因此，史多坡认为，经济地理的问题，是"对于具体和不同，分歧与会聚，灵活与固定之间关系的必然"。这引发了关于不同的经济形态与城市空间维度相关联的思考，它们之间究竟有怎样的联系？中国开发区和全球其他有着类似创新环境的区域是否有着共同的特征？当世界上许多区域在不同程度上复制硅谷创新环境的成功时候，这一理论给出了恰当的支持。

有许多关于新经济地理的著作，主要是关注如何用经济资料来解释这种正在出现的区域融合地理现象。而在《区域优势》一书中，萨森从另外的视角，使用多种证据，将硅谷创新成功的背景与波士顿128号公路的相对失败进行了比较。她更加着眼于企业历史文化与社会网络的重要性，指出社会—空间对于区域经济的重要性。因此，成功背景，经济，或者高新技术的"足迹"是复杂的。萨森最新的著作是关于硅谷移民企业与他们本土的企业之间的流动与联系，比较了硅谷中印度与中国移民的社会网络的发展。这使得围绕着信息化的"区域经济"的问题更加复杂化了，特别是对于软件工作者的流动而言，他们再一次置身于全球空间与地方空间的十字路口。

2.2.2.2　技术转化

上文提及的经济转化往往与作为信息化基础的技术发展相联系。在信息通信中，技术发展被定义为"计算机，远程通信和电子技术的结合"。技术与当代城市的结合成为很多学者都非常关注的范畴。

格雷厄姆与马尔温曾经广泛地论述过城市中信息通信技术设施的角色和发展。在《通信和城市》一书中他们展示了技术基础设施如何促进信息经济的传播，以及如何将造就"拥有当今城市物质形态重要意义"的城市经济、社会和文化景观。文中提出，当城市的物质形态和空间同时被改变的时候，应该考虑从城市到全球各个层面上的基础设施的影响。

在《分裂中的都市主义》一书中，格雷厄姆和马尔温则关注大量的技术设施网络，并且提出关于"那些使城市相互交织，使城市充满活力的管线、渠道、道路、高速以及技术网络是如何被建构被使用的"这样一些问题。他们认为，当代城市空间是"动态社会技术过程"的结果，对城市发展中基础设施网络重要性的认同与强调在很长的一段时间内都被忽视了。所以，对于技术设施网络的研究不应局限于现代城市，不应局限于全球网络的历史性分析，"那些相互平行的过程正在进行，在这些过程中基础设施网络被'松绑'，可以帮助将社会碎片拼贴在一起，可以将城市物质肌理相联系"。

在信息化著作中一个重要的主题是基于技术性过程的数码描述。这个主题和那些源自工业化过程的著作相一致。无论是在文字或是图像的著作中，工业革命都被浪漫地想象为一种令人赞叹的景观。在希勒（Sheeler）和伯克—怀特（Bourke-White）的摄影记录中，在更多的包括韦伯斯特（Daniel Webster），惠特曼（Walt Whitman）等人在内的文字著作中，我们都可以找到这样的景观描述。同样的，伴随着信息技术的发展，数码描述大量出现了，这是一种对于可以彻底改变人类未来景象的展望与预期。

正如格雷厄姆所指出的那样，这种围绕着信息城市的溢美神话也将城市与建筑联系在了一起。对于现代性和"过程"的描述已经通过广泛的，普遍的，整体的变迁，通过对崭新世界技术的预言而建构起来。一种现世的技术乌托邦被科幻小说、未来预言者、建筑师和'未来城市'幻想家、广告策划，以及技术公司所发布。我们即将看到，这样的现代主义（乌托邦式的）城市景观再造，会在当代建筑语境中与城市空间的再塑造相互作用。信息化的（技术的，崇高的）数码描述修辞将在信息技术神话和信息技术城市空间的塑造过程中起到极为重要的作用。

科因（Richard Coyne）研究了这些论述如何影响我们对信息技术的看法以及如何看待他们在技术浪漫主义中创造的空间。[77] 他的研究表明在这样一种现代工业景观的文化氛围中，在这样一种启蒙主义的过程中，现代技术的描述是如何成为一种浪漫的，神话的，崇高的思想的继续。

科因认为，数码描述"是一种长久的预期"，它们并不是一种对现状事物的描述，而是对未来某一时段的描述。同时，当他们提出了"排除复杂和矛盾的愉快'表达'"，其实就表明这种数码描述是一种神话。神话有能力"通过提供通往伟大的道路，使人们脱离日常生活中的平凡"从而激发出个体和社会的活力。在这个意义上，数码描述的神话可以帮助人们在信息技术革命中无法辨识的社会、政治、经济和空间映射中找到自己的方向。

数码描述通常有两种形式，乌托邦式的和反乌托邦式的，在不同的实例中有着相似的含义。它们"在某种意义上可以为信息技术提供平台的乌托邦，可以作为实习启蒙的一种方式……"[77]

2.2.2.3 社会转换

卡斯特提供了迄今为止关于信息化最令人瞩目的，影响最为广泛的论著。卡斯特在论著中关注信息技术的生产者及其产品，关注在信息化过程中发生的多重进程。在他的两本著作——《信息城市》[78] 和《网络社会的崛起》[59] 中，卡斯特围绕着一些定义性的关键词和概念展开了对于信息化的讨论。他将信息化发展模式理论化，这些理论现在引发了与全球化及城市化并行的，关于信息化的讨论。

在《信息城市》中，卡斯特揭示了"信息化过程中出现的作为核心以及基本的行动，决定了生产、分配、消费和管理这些过程中的效力和生产力"。他假设对全球资本经济的再塑造，是他所谓的"发展的信息模式"，是"新的信息技术正在改变我们生产、消费、管理、生活乃至死亡的方式"。在卡斯特的理论框架中，信息是一种新的生产模式，信息主义是一种新的发展模式，两者都由于新的信息通信技术的产生而产生。卡斯特对于全球经济中的信息过程分析使得这两种思想的影响愈来愈广泛。

卡斯特认为信息通信技术的发展从根本上改变了资本主义的操作方式。根据他所观察到新技术的作用和新技术产生的相关信息，他认为信息通信技术正在逐步展开将社会生产的模式改变为他所称之的"发展的信息模式"[78]。尽管卡斯特承认当代资本主义已经形成世界体系，但仍指出有两个重要的特征可以区别发展的信息模式与之前的全球资本家的发展模式。第一，发展的信息模式是基于"将遍及世界的重要经济元素与相互依赖的实时工作系统结合在一起"[59]。第二，他基于"知识的作用作为生产的主要源泉已经超越了知识本身"这样一个论断，认为"新的世界经济创造了生产、消费、劳动、资本、管理和信息之间的几何关系，并且这种几何关系与任何一种网络中在新世界经济之外的特殊的生产方式不同"。

这种新的生产方式，与之前的农业（基于剩余产品的生产方式）与工业（基于能源应用的生产方式）生产方式相似，影响了社会和空间的组织，包括城市中以空间方式清楚表达出来不同的几何关系，信息生产产生了信息城市和信息社会。这种社会生产方式最终成就了卡斯特称之为流空间的发展。

2.2.2.4　小结

信息化是当今社会生产方式的又一特征，与全球化相伴并相互作用。信息化是由信息技术主导的过程，这些技术已经改变了我们所处这个世界的经济和社会关系，并且减少了文化和经济壁垒。信息化的三个关键特征是：基于信息技术的高新技术革命；实时的、世界范畴空间内的全球经济；经济生产管理和信息主义的新形式。信息化有着自身的历史渊源和历史过程，当今的信息化带来了三个范畴中的转化。在经济范畴中的转化产生了新的城市空间，新的经济地理，并且产生了一种可以导致革新的区域机构、法规、实践的体系——创新环境。在技术范畴的转化中，信息技术与当代城市相结合，大量的技术设施网络在城市中铺设，将城市碎片与城市机理联系起来。同时，一种基于信息技术的数码描述成为一种对于技术转化过程中城市环境等等的溢美描述。在社会范畴的转化中，卡斯特提出了发展的信息模式——新的信息技术改变我们生产、消费、管理、生活乃至死亡的一种方式。这种模式随着新信息通信技术的产生而产生，从根本上改变了资本主义的操作方式，成为一种新的社会生产方式。

2.2.3　城市化

2.2.3.1　城市化和城市化形式

在吉迪恩和韦纳出版了他们关于工业化和信息化的论著之后的50年间，其他生活方式和场所的改变也相继发生。整个世界已经处于一种城市化的进程之中，并且这种城市化越来越深入。区别并澄清城市化、城市主义和城市增长的概念是非常重要的。城市增长是指城市或城镇中的人口的增加，是一个长久以来一直存在的过程，而城市化是一个"在城市或城镇中生活的人口比率不断增长的过程"，城市主义的定义更加多元和宽泛，是"城市生活中的社会和行为的特征"[79]。

与全球化，信息化相同，城市化是一个正在进行的过程，并且由前面的两个过程所推动，正如以前的现代化和工业化推动城市化那样。许多关于城市化和信息城市兴起的研究都关注于城市产生的过程，并且认为后现代城市是这种过程的结果，是现代城市发展的结果。因此，"旧的过程仍在继续，并且尽管不明显，仍在时不时地产生新的城市形式……新的组织，新的因素，并且还散布、积累先前时代和条件下的遗留物"[80]。此外，"城市相对固定的形式可以影响并且限制目前与今后投资，生活模式，以及文化意义"[54]。因此任何关于当今城市化过程的论述与思考都要求对以前相应的理论、论述或是形式之间的联系有着深入的理解。

研究城市化的过程就应该研究围绕着城市展开的这些关系，判定城市决定性话语的转变，从而探讨城市化进程与技术、经济、社会变化之间的互动，探讨城市化进程中城市空间与形态的变迁。

结合查克拉沃蒂的周期理论，本书对城市化的探讨分为 3 个层次：首先，城市化被认为是现代、工业、殖民的城市化；其次，城市化被认为是一个世界体系的理论，产生了世界城市模型，以及发展中国家觉醒的发展理论范式；第三，现代城市化理论是基于后现代的后工业城市。

2.2.3.2 在现代工业城市中的城市化

最初关于现代工业城市中城市化理论的论著是恩格斯的《英国工人阶级状况》[81]。恩格斯在 1844 年以曼彻斯特这个"工业资本主义的摇篮"为例证，认为"世界上没有什么距离比穷富之间的差距更大，并且它们之间的障碍是难以逾越的"。这种贫富差别的辩证关系在此后的 160 多年间成为关于城市分析持续的主题，同时也成为试图改变工业城市这种恶劣状况的改革运动原动力。另外一些早期对于工业城市富有影响力的思想家将城市和乡村对立起来，"寻求对城市增长和城市生活如何区别于乡村生活的阐释"[82] 在这些作家中，涂尔干（Durkheim）、滕尼利（Tonnies）和韦伯都是极具影响力的。

现代工业城市的发展同时也衍生出大量的所谓标准模式。针对诸如里斯（Jacob Riis）这样的社会激进主义者提出的批评，亚当斯（Jane Addams）及其他一些学者不仅仅试图对新工业城市进行描述，并且要解决其中产生的问题。这些学者创建了新的理论模式，希望超越研究的出发点，从而对后来的城市化理论产生了特殊影响。首先，霍华德（Ebenezer Howard）提出了花园城市运动的概念，并在汉普斯特德（Hampstead）的昂温(Unwin)、韦林(Welwyn)以及其他一些地方将这一概念付诸实施。其次，格迪斯(Patrick Geddes）作为主要的倡导者提出了区域规划运动。格迪斯认为这种新技术"已经引起大量城市的分裂与集聚"，正如他在《城市演化》[83] 一书中所提到的那样。最终，国际现代建筑协会（CIAM）在亚琛会议上"制定了在新时代的现代建筑与城镇规划的标准"[36]CIAM 的目标是"不仅仅改革建筑设计，而且要改变整个现代城市的肌理"。作为 CIAM 的坚定拥护者，勒·柯布西耶（Le Corbusier）一直坚持他对建筑和现代城市的影响，特别是在他对印度昌迪加尔进行规划之后。

2.2.3.3 世界体系和世界城市、全球城市以及发展理论的城市

世界体系和世界城市、全球城市以及发展理论成为早期的现代工业城市与当今后现代后工业城市理论之间的衔接与桥梁。

1. 世界体系（World System）

世界体系，是沃勒斯坦（Wallerstein）于 1974 年提出的理论，其主要论点是"国家经济在更大的世界体系范畴中发生发展"[84]。进一步来说，世界体系就是"19 ~ 20 世纪以来出现的唯一的世界体系，（是）资本主义的世界经济一体化"[85]。很明显，沃勒斯坦的观点是将大都市和殖民经济纳入同一个体系之中。他根据"一个国家中占统治地位的生产类型"将劳动力划分为核心、半边缘化、边缘化几种类型。[84] 尽管城市化并非沃勒斯坦研究的主要内容，他仍旧在这个方面做出了很大的贡献。沃勒斯坦使得人们关注城市化过程中相应的劳动力，这种小规模的密集的方式就是无产阶级化的过程，是城市化的过程。无论劳动力是否，或是在何种程度为何种特定生产类型而工作，都是城市本身分化的过程，

是城市从属于一定阶层经济体系的过程，同时也是城市成为世界城市、全球城市和发展理论前景城市的过程。

2. 世界城市假说（World City Hypothesis）

弗里德曼（John Friedman）在 1986 年发表的论文《世界城市假说》中提出了研究和思考的 7 个观点。[86] 他的假说认为"城市化过程与世界经济力量的主要联系"是"关于新的国际劳动力分工的空间组织"和"在全球管理和领土利益的政治决定的时代中对生产中相对关系的关注"。[86] 弗里德曼认为"经济差异可能成为一切试图进行阐释的决定力量"，并且根据核心以及半边缘化国家在世界经济中的整合程度，建立了第一、第二阶层城市的复杂分类。

弗里德曼的分类学有如下几个特征：①他关注经济。②他排除了认为世界城市是不可能存在的边缘分类理论。自从弗里德曼提出假说，认为研究中心全球化产生的学者和反对这种全球化对经济、政治、社会和文化影响关系的学者，都要求重新评价弗里德曼的阶级组织，要求重新评价将世界城市列为民族国家的范畴之内，而不是存在于边缘范畴的论述。③核心—边缘理论是一种恰当的分析尺度，但是，对于城市而言，这种分析尺度的恰当性与其作为分析目标无关。弗里德曼反对哈尔特（Hardt）和涅格里（Negri）的论述——多重经济能够与社会、政治、文化在一起作用，并且已经在比城市更小规模的实体中甚至城市中存在着。在本书论述中，关键问题是这些因素如何在城市中完成空间的建构。

3. 全球城市（Global City）

萨森（Saskia Sassen）关注世界体系阶级的更上部的层面，在研究了相当数量城市全球经济控制作用和控制措施的基础上，她提出了全球城市的假说。这种思想在《全球城市：纽约、伦敦、东京》一书中得到了充分的发展。在这本书中萨森使用了经济命令和控制作用作为有力证据来支持文章的论点，认为全球城市"在四个新的方面发挥着作用"[87]：

1）"在世界经济组织中，作为高度集中的控制点"；

2）"作为金融和取代制造业作为领衔经济的专业性服务公司的重要集聚地"；

3）"作为包括创新性生产在内的生产基地"；

4）"作为创新生产产品的市场"。

"如果仅仅把它理解为城市作为全球经济机制的结果的话，全球城市一词会被曲解和误导。"萨森在这 3 个城市中搜集了一系列产业的经济数据，并且分析了"大量关于经济基础、空间组织和社会结构的相应变化"。

本次研究的着眼点，是当前文脉下的空间组织。之前，没有学者研究过这些产业的位置，以及它们是如何重新组织地方空间的。简而言之，由于过于关注经济数据，以及对经济控制及其作用，对于它们之间关系的分析都从来没有触及建成空间的层面。萨森的工作正在解决这些问题，她特别指出，"信息产业需要大规模的物质基础设施"，"一旦这种生产过程被用来分析有趣的事情……和信息经济概念极为不同的经济配置就会呈现出来，呈现出我们为什么恢复物质条件、生产地点，以及成为全球化和信息化经济一部分的地域界限"[87]。但是，在小于城市范畴内对于空间的讨论还是非常缺乏。

4. 发展理论（Development Theory）

沿着理论发展的时间线索向前追溯，发展理论试图描述在非西方国家非城市发展中的经济。尽管世界体系理论、全球城市假说描述了世界经济的上层和位于经济上层的城市，但这些理论在很大程度上都忽视了这个边界之外的经济和城市。发展理论形成于 20 世纪 50 ～ 70 年代，它在边界之外来看待和理解那些看似"未发展"的国家的经济因素，以及那些将要发展或是将要加入半边缘乃至世界经济的核心。与世界体系以及全球城市相似，发展理论根据在世界或全球经济中国家的位置也建构了一个等级。辨识缺失的经济因素，并把它们置身于发展中国家的经济中加以应用，将其理论化，从而使之最终达到全球经济的更高层面。在许多方面，发展理论是指两种描述：一方面，追求理解发展中国家的位置和在国际经济体系中的位置；另一方面，追求发掘这些新兴国家在全球资本主义经济中更富竞争力的方法。

刘易斯（Arthur Lewis）、罗斯托（Walter Rostow）和普雷比施（Raul Prebisch）发展了包括现代化理论、"起飞"概念和进口替代工业（ISI）在内的发展理论的关键部分。尽管发展理论家和他们的批评家很少涉及城市形态，但是，发展理论作为现实的，特别是 ISI 和对国家经济由依赖性经济到独立的生产者这一转变的解决方式，在城市化和许多国家的城市形态方面有着深远的影响。

新中国多年来始终采用了与遵循发展理论的其他发展中国家不同的经济发展模式。在新中国成立之初，中国工业发展的重点在相当长的一段时间内是重工业，而不是像一般发展中国家那样首先发展消费产品。计划经济模式在新中国成立后的三十多年间一直处于主导地位，改革开放后才开始向市场经济模式转向，但是国家仍然从宏观上掌控着经济的发展。此外，正如马克思所预见到的那样，东方社会由于保存了土地公有制度，有可能跨越资本主义卡夫丁峡谷，不经过资本主义而直接进入社会主义，但是仍需要利用资本主义的先进生产方式和管理方式。[88] 这些发展策略有两个作用：其一，它建立或者加强了城市和乡村间的联系。第二，它意味着在工业化政策的影响下的城市中心的增长，以及城乡边界的模糊。这两种作用都具体地影响了城市形式和城市生活。当整个国家中主导的生产单元被建立，向城市的移居就会发生，伴随着新的城市形式（新城镇和工业区）在各地出现。中国开发区既包含着城市的产业发展，也引领着周边乡村的发展。

2.2.3.4 后现代、后工业城市

20 世纪 70 年代初期的经济危机撼动了福特主义生产和凯恩斯主义的经济政策，转向基于后福特主义的，或是灵活变通的生产以及新自由主义经济政策。这种向"晚期资本主义"的转变也在社会、文化场所产生了同等规模的影响，并且产生了广泛的新解释性的理论著作，和前文所述的全球化、信息化理论叠合在一起。[89]

正如托恩斯（Thorns）指出的那样，和全球化相似，"后现代主义一词是模棱两可的：有时它会被用来描述历史，而有时它又会被用来描述一种分析方法和文化现象"[90]。同时，所有的这些又是根植于源自现代性话语的一种认识论的断裂。在《后现代：城市状况》一书中，迪尔（Michael Dear）简单地断言了后现代的基本前提：名义上，是一种对"启蒙冲动的重要继承……是对理性、基础和宇宙规则探讨"的挑战[91]。

　　尽管这种对文化广泛的综合性的回顾超出了本书的范围，观察这些新的看法是如何影响到当代城市化、城市形式和城市主义，以及如何产生后现代、后工业化的论断还是非常有意义的。检验这些新理论被一些城市学家认为是一种挑战，这些城市学家认为"后现代城市形态，在伯吉斯的环状模式以及霍伊特的扇形模式中的，本身的形式，本身的土地价值模式，本身的地理，和本身的现代城市景观都极为不同"[91]。

　　1. 洛杉矶学派

　　洛杉矶学派是从后现代视角解读其城市形态的重要代表。他们对于当代城市主义的理解是"一种地方以及地方间的物质和信息（包括象征）流是在快速合为一体的全球经济中相互作用的结果。景观和人群被同化来促进大规模的生产和消费。高流动性的资本和商品流在地理上策略性的超越固定劳动力市场、社区、国家，并且引发了全球两极化。"[92]因此流动性资本和商品试图参与当代城市过程与形式的社会、文化、政治维度之中。

　　迪尔和弗拉斯提（Flusty）在他们的文章《后现代城市主义》中指出洛杉矶学派的3个中心原则：

　　1）全球—地方联系；

　　2）社会极化；

　　3）内陆组织中心。

　　洛杉矶学派提出的城市空间形式，与芝加哥学派相反，不是城市中心组织它的周边地区，而是周边地区组织中心。这种新空间形式，迪尔和弗拉斯提将其称为凯诺（Keno）资本主义。

　　迪尔和弗拉斯提认为这种镶拼提供了对城市的讨论。因此，他们假设"城市国家"的存在，他们将其定义为"能够在殖民或后殖民时代的城市网络竞争中脱颖而出的有选择性的世界城市，能够成为一种地理上周边无限区域的传播中心"[92]。

　　2. 杂交与跨国联盟

　　二元性概念，是普遍性城市中讨论的一个重要主题。二元城市出现在城市政治、社会、经济以及空间各领域的理论中。对于很多研究当代城市状况的人来说，城市二元性是非常有力的一种描述。那些"认为大都市城市形态集结是全球化逻辑的结果"表达了另一种重要的主题。

　　作为和二元论对立的方法，融合法是自后现代观念所介绍的一种新的观点，杂交的概念就是来自一些后现代学者之间的相互牵引。杂交一词首先是在巴巴（Homi Bhahha）的著作中提出的。他批评了二元论的观点，发展了《第三空间》中的思想。巴巴认为"第三空间取代了塑造它的历史……文化杂交的过程引发了一些不同寻常的、崭新的和未被感知过的新的意义和表达的领域"[93]。

　　赛义德（Nezar Al Sayyad）编纂的《杂交城市主义》以杂交空间作为讨论当代及历史城市主义的主题。因此，赛义德认为："杂交……并不是来自不同的构成元素的合成，而是来自元素相互作用和变形。"[94]赛义德收集不同时间和地方的著作来表明在当今城市中的杂交现象不是新近产生的，正如皮特丝（Pirterse）所说："杂交是一种重复。"[94]

　　与其他理论有所不同，史密斯（Michael Peter Smith）的《跨国城市主义》记录了一些包括哈维、佐京、索加和詹姆逊在内的后现代理论家"设想中的新主题：一个后现代城市中的由多国资本创造的城市景观取代了'真实的'本土文化"。他继续说道，"消费社会中的神秘被假想成为能够洞察潜意识中城市居民的生活世界和否定当地社区中的文化实践"[95]。尽管史密斯认为"'杂交'中的稳定是后殖民主观性的基本制造者"，并且它的用途就是"后现代文化研究中的关键主题"，在他的题目中就隐含杂交形式的作用，"尽管跨国过程将跨国社会关系描述为'锚固'，尽管也会超越一个或者更多国家"[95]。

杂交与跨国联盟是被史密斯推荐的一个方法，使用这种方法作为研究框架的不足在于它缺乏城市物质空间的参与。而这种物质空间是跨国过程的关键产物，因此是社会空间或者人类学研究的有力支撑。但是，史密斯的方法提供了重要的路标，提醒我们避免前文所讨论的全球化、信息化和城市化理论中的缺陷，这些理论将对本书产生重要意义。

2.2.3.5 小结

当今社会生产方式的第三个特征是城市化。与全球化、信息化相同，城市化是一个正在进行的过程，并且由前面的两个过程所推动。根据对城市化认知的阶段，可以将城市化的发展分为三个层次：首先城市化被认为是现代、工业、殖民的城市化，这是现代工业发端时期对于城市化的认识；其次，城市化被认为是一个世界体系的理论范畴，产生了世界城市模型，以及发展中国家觉醒的发展理论范式；第三，现代城市化理论是基于后现代的、后工业的城市，此时的城市化变得更为复杂，全球与地方相联系，发展中国家的城市也在西方与本土文化的双重作用下杂糅着迈入城市化进程。

2.2.4 三种特性重叠发生、密不可分

上述三种当今社会生产特征也是三个并行发生的过程。尽管任意一个过程都是一个相对独立的过程，但是这个过程不可避免地与其他过程相重叠，对某一过程的研究结果总是和其他过程中的目标、层次、水平以及调查的领域，有着某种直接或间接的联系。对于这三个特征的研究也因为参与者、相关文献的杂糅而变得重叠。因此，将这三个特征、过程作为一个整体进行研究是现实而必要的。研究它们作为社会生产对于社会空间的影响，研究作为它们产物的城市空间，并且把城市当作研究三者重叠的透镜，从而以新的视角来看待全球化、信息化对城市中不同规模空间的塑造，这成为解读开发区空间的工具。

2.3 当代社会生产下城市空间的特征

借助马克思的生产方式理论与社会形态理论，列斐伏尔将迄今为止的空间化历史过程理解为如下几个阶段：①绝对的空间——自然状态；②神圣的空间——埃及式的神庙与暴君统治的国家；③历史性空间——政治国家、希腊式的城邦，罗马帝国；④抽象空间——资本主义，财产的政治经济空间；⑤矛盾性空间——当代全球化资本主义与地方化意义的对立；⑥差异性空间——重估差异性的与生活经验的未来空间。[11]目前，我们正处于矛盾性空间的历史过程之中，以全球化、信息化与城市化为特征的当代社会生产所生产的空间正是"当代全球化资本主义与地方化意义的对立"。卡斯特理论中，与之相对应的当代社

会城市空间特征就是流空间与地方空间。

　　卡斯特在其名著《网络社会的崛起》中探讨当今社会生产的全球化、信息化特征时，将"流空间"这一概念定义为"在信息社会中支持统治性过程和功能的物质形式"，是"通过'流'来工作的共时性社会实践的物质组织"。[59] 回顾本章先前章节中所讨论的当今社会生产特征之一的全球化概念，我们可以发现"流"是全球化的表达与表现——流意味着全球化的过程性，流超越了之前相互分割的政治、经济、文化领域之间的界限，从而使得全球化成为可能。流空间①作为一种全新的、综合的以及动态的全球化中"流"的物质载体，就是全球化这种社会生产的空间对应。同时，流空间又是"在信息社会中支持统治性过程和功能的物质形式"，不难看出流空间是信息化社会生产所引发的，信息化的全球网络正是其生产力基础。新一轮的城市化与全球化和信息化交织相伴，其重新塑造城市空间的过程将城市与流空间的发生发展紧密地联系在一起，使城市以节点或中心的形式承载着流的运动，叠合着流空间的各个维度。

　　和流空间的逻辑相对应，卡斯特同样为地方空间定位，这种地方空间形成了"历史性的，根植于我们通常经历的空间组织"[53]。而与"流空间"相对应的"地方空间"也与以全球化、信息化、城市化为特征的当今社会生产密不可分。流空间和地方空间是全球化背景下出现的两种截然不同又相互依存的空间形式。显然，两者是一组相对的概念。在新经济社会中，基于全球经济一体化背景产生了一个以全球城市为节点的全球空间——流空间。与此相对应，以区域为尺度基于区域经济一体化背景下区域空间规模尺度的空间则为地方空间。卡斯特把地方空间定义为：地方乃是一个形式、功能与意义都自我包容于物理临近性界线之内的地域（Local）。全球化之下，地理空间总被看成是一个无疆界的流的空间。但是，全球的经济和社会活动仍然是通过有边界的空间来构筑的，因而地方空间仍然是一个重要的范畴，不同的地方依旧在影响着、改变着全球背景下的流以及流空间。因此，当今社会中的地方空间是全球化之下的地方空间，没有全球化就没有与流空间相对立的地方空间的存在。同时，城市化也是以地方空间为基本的，地方空间作为载体，城市化才能够得以推进、实施。

　　尽管卡斯特承认我们大多数都生活在地方空间，但是流空间的逻辑和过程却统治了我们的生活。卡斯特在他的理论中是这样描述流空间和地方空间之间的重要的空间双重性："流空间在网络社会中并没有渗透到整个人类经历的领域。实际上，大部分人，无论在进化的高级社会，还是在之前的传统社会，都是生活在地方之中的，因此他们的空间是以地方为基础的。"地方是本地性的，根植性的，人们从这种根植性中获得意义。卡斯特试图将地方浪漫化，试图强调承载流与地方，全球与本地之间的矛盾，他反复强调"人们还是生活在地方之中"，哪怕地方的意义已经被网络和流的逻辑所改变[96]。

　　尽管流空间与地方空间的作用方式、存在形态、发生强度千差万别，但是它们却交织

---

① 在夏铸九等人翻译的《网络社会的崛起》中文翻译版一书中，"space of flows"被译作流动空间，但是笔者认为该短语中的 flow 应该被理解为名词，即各种各样的"流"（信息流、资本流、劳动力流等等）所占据的空间。若翻译成流动空间，则容易引起歧义，和建筑学中常用的"流动空间"概念相混淆，而后者指密斯开创的通透的、可穿插渗透的建筑空间。因此，在本文中，涉及"space of flows"的概念均被译作"流空间"。

在一起，相互关联，相互作用，共同成为以全球化、信息化、城市化为特征的当今社会生产之下的空间特征，渗透到空间的每一重层面之中，主宰着我们的世界。

2.3.1 流空间

卡斯特于1989年出版了《信息化城市：信息技术、经济结构与都市区域过程》(The Information City：Information Technology, Economic Restructuring, and the Urban Regional Process) 一书，在该书中"流空间"这一概念被首次提及[78]。但是，"流空间"这一概念并非以明确的姿态出现的，严格意义上而言它只是一种抽象的说法，更多的是一种意识形态上的表述。在其名著《网络社会的崛起》中卡斯特探讨当今社会生产的全球化、信息化特征，将这一概念定义为"在信息社会中支持统治性过程和功能的物质形式"，是"通过流来工作的共时性社会实践的物质组织"。[59]卡斯特认为："我们的社会是由流构成的：资本流，信息流，技术流，组织作用流，形象、声音和象征流，流不仅仅是社会组织中的一个要素；它们是对统治我们经济、政治和象征主义生活的过程的表达。"[59]同时，"因为新社会的自然属性，是基于知识，围绕网络组织，并且部分的由流构成，所以信息城市不是一种形式而是一个过程，一个以对流空间结构性的统治为特征的过程"，因此，对于流空间的认知可以从四个方面来进行。首先，流空间作为"物质形式"与"物质组织"，流空间具有自身的物质支持；其次，流空间中流是重要的要素，并且围绕网络展开，网络与流的关系成为理解流空间的关键；第三，作为城市化为特征的社会生产产物，城市与流空间密不可分，网络城市也成为流空间特征下的城市对应；最后，流空间与以往空间特征重要的区别在于流空间改变了空间与时间的关系，无限时间成为可能。

2.3.1.1 物质支持

首先，卡斯特从三个层面来描述了流空间的物质支持。

1）电子交换电路，包括微电子仪器，远程通信，计算机运行，广播，系统，信息高速公路，这些形成了我们所观察到的在当今网络社会中极为重要过程的物质基础。[59]格雷厄姆和马尔温对这个层面进行了描述，在很大程度上，伴随着它对城市形式的不同作用，电子电路这一层面常常被日常生活所掩盖。

2）流空间的节点或者中心。[59]这些网络中的节点和中心是"策略性重要功能"的承载地。因此，卡斯特以世界城市为例，认为世界城市是一种节点，在资本流之上的节点，在涵盖于流空间的网络之中的节点。这些世界城市已经被一些包括萨森在内的作者详细描述了。[87]

卡斯特特别指出："这些节点（或是中心）的特征是依赖于既定网络表达功能的类型。"正如所有的工业城市并没有遵循曼彻斯特的特征一样，"信息城市也没有完全复制硅谷"[59]。

3）统治管理精英的空间组织。[59]这些统治的精英，被卡斯特称为世界主义者，相对他们而言，其他的住民都是本地的，二者在空间上形成两种不同的方式。其一，通过世界主义的包围，其二，通过创造"生活方式和为了统一遍布世界精英们的象征性的环境而设计空间形式，因此影响了每一地区当地的历史特征"[53]。

城市为这三个特征提供了联系，作为它们物质证明的一个场所。因此，它们之间的相互作用在像开发区这样的信息城市区域，和建筑，和各种过程，和那些建构这些特征的人们在一起，成为本书研究的核心问题。流空间的节点城市，和全球流空间网络中的其他节点或是中心通过电路交换相联系；管理精英正在逐步意识到那里新的空间形态。伴随着历史的、社会的、政治的根植于城市地方空间的文脉，出现了建筑的物质结果。

2.3.1.2　网络和流

正如前文所述，流空间的基本要素就是网络和流，并且二者的概念是一个整体："流空间是时间分享社会实践的物质组织，这些社会实践通过流来作用。"[97] 但是，在卡斯特眼中，网络是一系列的点（points）、中心（hub）、节点（nodes）——这些可以是人、城市、商业、国家——通过不同种类的流联系在一起。这就是它复杂性的一部分。其实，早在 1991 年全球流的概念已经被阿帕杜莱清晰地表达过，尽管他的概念并没有被卡斯特提及，但是他们的观点有着惊人的相似。阿帕杜莱试图思考全球化的问题，他将整个世界概念化为一系列交织的、分离性的或是同型的流。他共列出 5 种，并给出了注释，来描述各种景观的形象：包括所有的小山、村庄、圆丘、突起等等，将它们分别称为人类景观（ethnoscapes）、经济景观（finanscape）、技术景观（technoscape）、意识景观（ideoscape）、媒体景观（mediascape），分别对应人流、资金流、技术流、意识流和媒体文字流。阿帕杜莱认为这些流是混乱的，在速度和强度上各不相同，并且相互重叠，相互吸引和制约。此外，它们并不是像卫星那样围绕着地球旋转，它们会着陆，而且它们着陆的地点，着陆的结果都是不可预期的。它们着陆的地点就形成了网络的节点。着陆的方式不同决定了不同类型网络节点的存在，其中的一些节点更容易控制某些流，例如通过拒绝人口的流入，或者封锁一些媒体。"强"的节点能够像磁铁那样作用，吸引一些流，同时排斥一些流，或者偏转它们。另一些节点相对"弱小"，无休止地作为登陆点被冲击或是击打。阿帕杜莱和卡斯特一致认为，那些发生复杂过程的节点就是我们所熟悉的全球城市。

网络节点与流的速度紧密相连。因此，流空间的一个重要特征就是和时间的关联：时间由流空间所描述。这就创造了卡斯特所说的无时间的时间。正如评论家哈维（David Harvey）所说，这就是时间对空间的毁灭，或说时空压缩。譬如全球通信流导致了空间缩水，甚至消失；我们对空间的经历，对距离的体验，也往往由时间来控制：旅行时间使我们感受到地点的远近，同时也造成我们对交通方式的依赖——喷气式飞机的世界往往比足下的世界要小。同样的感受也发生在通信领域：一封寄至美国的信件耗费数天到达，而一封 Email 转瞬即至。因此，流空间有着各不相同节奏：快的流犹如喷气气流，慢的流则如蛇逶迤。节点的性质很大程度上影响了流的速度：有些节点是黏性的，可以降低流的速度；有些节点是弹性的，可以使流反弹。

流空间不仅仅是流混乱地与地球碰撞、反弹或旋转，卡斯特指出流空间"把地方作为工具网络中的节点联结起来"，并且"这些地方对其自身来说是无意义的，但是作为网络的节点"，流在哪里着陆，怎样着陆以及怎样再次离开才是有意义的。[97] 但是地方不仅仅是作为节点的地方，它还有其他含义，譬如对于工人而言，地方能够被关闭，也能够被绕行。卡斯特曾说过，"资本是全球化的，而劳动力是本地的"，因此当工人被视作劳动力，这些联系就变得很清楚：无论从自我组织的角度还是本身属性的角度，这些地方的"节点"在一定程度上都有提供劳动力资源的功能。当条件许可，流就会到来，但是如果条件不充分，流就会离开。卡斯特还认为，"全球化是高度选择性的"，所以"流空间"这种新地理是与网络权利相关的，并非是权力的网络。

2.3.1.3 网络城市

与城市化过程相对应的流空间的体现就是网络城市，也是当代城市空间生产的物质载体。正如前文所述，所谓的全球城市是流空间的原始节点或中心。全球城市崛起对卡斯特而言，是一种有趣的谜语：无论网络社会的非嵌入特性，还是来自地理特征时空压缩的"自由"人，或者关于"连线生活"新方式的未来学，都引发了城市的消亡。在这种情况下，为什么城市还要存在？而且不仅存在，整个世界还呈现出愈演愈烈的城市化的趋势，其中的原因究竟是什么？卡斯特认为对这个问题的回答部分来自网络逻辑：网络需要节点，否则它将变成纯粹的流，而城市的存在保证了节点的存在性。卡斯特在之前与霍尔的共同工作中提到"科技园区"（technopoles）作为解释的另一部分：这种"创新环境"（milieux of innovation），在众多因素的作用下（包括管理的博弈，多方力量的共同作用，各种附加价值的积累），围绕着城市而集结，致使城市成为创新基地的必然条件，而创新成为城市存在的支撑。[6]这种现象吸引了广泛的关注，包括学术界及政府部门。人们试图揭开现象背后的规则，即如何使城市对创新者和创业者更富吸引力，如何发动新的城际竞争，城市如何提高自身来吸引更多的财富和人才。

流与城市之间的关系并非所谓的鸡生蛋的问题，而是创新基地吸引了创新者和创造者，以及其他的基础工人，服务于这些环境的基础设施，包括消费空间、品位文化等等，又吸引了更多的人流、资金流……。卡斯特认为："全球城市正在试图建立一种建筑的模式，一种大都会美学的形式，一系列适于全球精英生活模式的设施——提供寿司的餐馆，或是提供一定阶级使用的'VIP'空间。"因此，流空间是"联结围绕着共同存在，同时发生的社会实践"地方的网络，同时也是经济、社会、政治活动的集群地点，而城市则成为这些社会实践与各种活动的容器。[98]

卡斯特关于网络社会中的全球城市还有很多富有洞察力的评论。其一是"全球城市是基于世界上许多城市的片段而构成"[98]。他认为"全球城市不是一个地方，而是一种过程"[59]。这个过程在一定程度上是反嵌入的：全球城市强调它们与其他全球城市的相互联系，但是却轻视它们自己的相邻腹地，导致了卡斯特所谓的大都市的两极性。一些全球城市功能单一，在某种意义上，当它们作为整个网络的组分，这种单一性不再成为问题。不过和以前的单一工业城市一样，统治性的功能会导致这类城市易碎，特别是在它们身旁变化着的流在其他地方找到了更好的功能载体。因此，城市间的竞争和城市的双重性是全球网络城市的两个特征。卡斯特认为，流空间对城市形态的影响和对城市功能的影响相似，使之同时产生了集聚和分离：没完没了的城市、郊区以及城市外部的蔓延，边缘城市、大城市是他所谓的信息城市的不同表现；这些新的城市形态，意味着"21世纪最大的城市悖论是我们生活在一个没有城市的城市统治世界"——也就是说，所生活的世界并非是我们现今所认知的城市。

巨型城市（megacity），是流空间的复杂而重要的节点，卡斯特后来将其重新命名为巨型都市区域。往往人口超过千万，也是全球经济的首要节点："集中了所有全球权力指导性的、生产性的，管理性的上层功能；它们对媒介进行控制；是真正的权力政治；能够创造和传播资讯的象征能力……巨型城市清晰地表达了世界经济，将信息网络联系了起来，并且集中了世界权力"，它们是全球性的联结，与地方性相叠加，形成不同规模城市和市镇的集聚。[59] 一个典型的例证是中国的珠三角地区，卡斯特认为珠三角会继续迅速发展，将会形成香港、深圳、澳门、珠海这样的大都会区域体系，人口总和将超过 5000 万。根据未来学，卡斯特再次预言了这种集聚的大都会区将成为 21 世纪最具代表性的城市形态，尽管它们自身的问题不断增加，诸如不足的交通基础设施，因为人们现在实际通勤要多于远程联络。我们正在见证卡斯特的预言，"多重形式的大都会机动性地出现"，诸如工人往返穿梭的通勤模式，个人化的工作模式，这一切都使得工作渗入我们生活的其他部分。流空间中网络化的机动性成为大城市的日常生活的特征："网络连接到我们所做的每一件事，物理上的移动成为人类经历的新领域，我们未知的新领域。"[59]

2.3.1.4 无限时间

伴随着全球化对时空的压缩，流空间也体现了无限时间。空间和时间总是在网络和流的逻辑中紧密相连的。在哈维时空压缩的论述中，空间是被时间所"毁灭"[99]；在吉登斯的时空分离中，时间和空间的联结是被降低了[100]；卡斯特则讨论了流空间和无限时间的关系。无限时间有多重含义。其一，也是最明显的，它意味着加速。加快速度是信息时代最基本的需求，加速导致事物自身甚至可以产生相反运动（countermovement），或是产生在"慢速生活中"的文化交融。因此，即时性是无限时间的一个特性。其二，另一个特性，卡斯特称之为反序列（desequencing）：伴随着对生活流和档案材料的无限接近，反序列成为一种在多媒体时代生活的结果。这是一种令人惊奇的叙述或者描绘未来的方式，我们被暴露在一种从临时文脉中攫取出的即时拼贴之中——过去，现今和未来被分解与再次组合。我们就正如后现代评论者所说的那样，在一种"永恒的现今"中生活：未来总是先于我们的设想而来临，过去就是迟于我们话语而逝去："我们生活在……经验历史的百科全书中，我们所有的时态在同一时间出现，在我们的幻想或兴趣创造复合中被记录。"更多的设备可以记录我们的生活，比如通过数码摄影，当我们回顾和编辑我们过去采集和储存的事物时，这种体验得到增强。

除了个人体验之外，卡斯特认为无限时间在全球市场的瞬间金融交易中是显而易见的。此外，在所谓的精准打击的"即时战争"中，在生命周期的技术转型中，在新的生产性技术，在低温学——延迟死亡的方法中都得到了体现。因此我们有一种奇怪的混合：短暂的文化和永久的文化。卡斯特称之为打乱的"节奏"，并且猛烈地批评了它的表现形式和动机。卡斯特同时也注意到大部分人还是生活在生物时间和时钟时间之中；在流空间中，无限时间就是占据统治地位的社会群体和网络社会功能的特征。但是，在精英生活的外围还是存在着多样的情况，例如，电视在无限地重复着过去，在"反未来主义"（Retrofurturism）中，在不断增长的美容外科手术过程中，或者在"工作生活平衡"的政策概念上，无限时间占据着重要的地位。

流空间的这四个特征不仅成为人们认识流空间的认知途径，也将成为认知当今社会空间中具体抽象的途径，成为在空间的各个层面中理解后开发区时代开发区空间生产的途径。

2.3.2 地方空间

和流空间的逻辑相对应，卡斯特同样为地方空间定位，这种地方空间形成了"历史性的，根植于我们通常经历的空间组织"[53]。尽管卡斯特承认我们大多数都生活在地方空间，但是流空间的逻辑和过程却统治了我们的生活。卡斯特在他的理论中是这样描述流空间和地方空间之间的重要的空间双重性："流空间在网络社会中并没有渗透到整个人类经历的领域。实际上，大部分人，无论在进化的高级社会，还是在之前的传统社会，都是生活在地方之中的，因此他们的空间是以地方为基础的。"地方是本地性的，根植性的，人们从这种根植性中获得意义。卡斯特试图将地方浪漫化，试图强调承载流与地方，全球与本地之间的矛盾，他反复强调"人们还是生活在地方之中"，哪怕地方的意义已经被网络和流的逻辑所改变。[96]

正如布福尼（Laura Buffoni）所说的那样，这种"'双重城市'的思想或者'分割城市'——在都市区域中的贫困或是富裕的对应区域——是都市社会学中经典的主题"[101]。卡斯特创造了与流空间相对应的地方空间概念，建立了相应的二元论。一个是基于流空间排他属性的反乌托邦论述；另一个既是流空间的参与者又是被发展的新信息模式的统治结构逻辑归纳为相对或是绝对晦涩的论调。索加评论道，卡斯特的关于流空间的特征是"极为二元论的和极为整体性的"，并且"试图将流空间的反对性力量表述为一种预见性的压倒性的力量"[46]。在经济领域中，必然有一些因素比其他因素更加全球化一些，同样的，流空间中，也必然有一些参与者在决定地方空间与其对应的几何形式之间的关系时具有更加重要的作用。

但是，在卡斯特的理论模式中，并没有提出存在更加复杂的流空间和地方空间同时发生作用的可能性，或是说二者相互作用的可能性。这就是阿帕杜莱所谓的分离场所的假说，与卡斯特的理论模式相比，这种假说允许个体在不同空间中更加自由地游走，无论在物质或是精神层面上。

在之后的著作及访谈中，卡斯特稍微修正了自己的见解，把流空间和地方空间视作是相互联结的，或是叠加在一起的，他甚至称之为"生控体系统城市（Cybory Cities），或说由流和地方相互交织而形成的混合城市"。卡斯特同时也看到了自己以前关于流空间著作中的缺陷——仅仅关注技术精英，但是实际上流空间现在更注重电子交往，"不同的人希望做不同的事情，他们占据了流空间，并且用流空间来满足不同的目的"。对此，卡斯特提出了一个重要的补充——流空间中的"草根"阶层（grassrooting），通过社会运动，诸如反全球化示威，草根阶层利用流空间达成了自己的目的。在《互联网星系》（The Internet Galaxy）一书中，他进一步指出越来越多的对流空间的使用建构了一种新的公共空间，一种集结的场所，在此对于任何事情可以公开地进行讨论。这些空间有的是"政治的"，有的是"进步的"。他认为，不应该因为一些非进步的网络内容，就采取更严厉的控制或是对网络的检查制度，"互联网带给我们面对面的审视，因此我们更应该思考自身的工作，而不是关闭网络本身"。

在对中国开发区的研究中，地方空间的历史特殊性决定了，或者至少对城市空间的重塑起到了相当巨大的作用，是流空间物质支持的一部分。这种历史特征也是格雷厄姆和马尔温所关注的技术网络塑造的重要方面。中国开发区的实例表明，当地参与者对流空间和当地情况的利用，在很大程度上决定了网络形态，并且进一步重塑了开发区的建成环境。

2.4　当代社会生产之下苏州高新区的流空间与地方空间

2.4.1　全球化与苏州高新区

苏州高新区的诞生与全球化密不可分。在英文版维基百科中，我们可以看到对其最基本的描述："……苏州高新区于 1992 年 11 月 18 日由中央政府设立，是中国第一批为了吸引 APEC① 国家外资投资的工业园区。它成为中国技术相关服务输出与产品出口的基地。2003 年，新区的总产值为 251 亿人民币。工业销售为 700.6 亿元人民币。地方预算收入为 15.3 亿元人民币，出口 87.6 亿美元。直至 2003 年，该新区已经吸引了总计超过 800 个外资项目，包括 40 多个跨国公司。外资已达 60 多亿美元，同时实际利用外资已达 34 亿美元。该新区吸引了不同类型的产业，包括消费电子、信息技术、精密仪器、生物技术及医药企业。……" [102] 该段描述首先提供给人们几个基本信息：其一，苏州高新区的建立是为了吸引外资；其二，苏州高新区吸引了国际企业进驻；其三，苏州高新区输出与技术相关的服务以及产品出口。这就涉及了全球化过程中几个关键因素：资本流、贸易流、产品流、人力资源流，使得苏州高新区直接参与到新国际劳动分工之中，汇入全球化的经济流之中。而该段描述中提及的 APEC 组织则是一种新的政治组织在全球化的新自由领域中开始实施，是全球化政治流中的一个代表。因此，可以认为，苏州高新区就是全球化过程的一个产物。

全球化也直接促成苏州高新区的转型，使之进入后开发区时代。全球化直接引发中国加入世界贸易组织。随着中国"入世"进程的不断推进，我国的对外开放进入了一个新阶段。加入 WTO 以后，经过 5 年的过渡期，中国全方位的对外开放格局基本形成，从此，开发区在我国对外开放中的地位和作用已经显著下降，苏州高新区也受到影响，开始了其转型之路，进入后开发区时代。

2.4.2　信息化与苏州高新区

顾名思义，苏州高新区就是基于信息技术的高新技术产业区。在卡斯特与霍尔合著的《世界高技术中心：20 世纪的工业制造》（*Technopoles of the world : the making of twenty-first-century industrial complexes*）[103] 一书中，将法语词汇"technopole"移植到英语中，用于描述高技术创新及产业集中的地区。"technopole"在该书的中译本《世界的高技术园区》[104] 中被译作高新技术中心。在书中，卡斯特和霍尔认为高新技术中心包括科学园

---

① APEC, Asia Pacific Economic Co-operation, 是亚太经济合作组织的英文简称。

(science park)、科学城 (science city)、国家科技园区和技术带 (national telenopoles and telenobelt)。其中，成立科技园成为地方或是区域经济发展的有效政策。"科技园目标是在选定的区域中集中相当数量的高科技公司，用以提供工作和技术，最终获得良好的经济效益并且维持一定的经济增长，从而在新形势下，在信息化生产的国际竞争中获胜。……往往强调信息化生产，也会强调信息化生产过程中的研发。……"[103] 科技园是一个世界范围内普遍存在的现象，总的说来，科技园更偏向成为一个新型的工业区。苏州高新区正是这样一种由政府策划与推动发展，为了吸引境外投资的科技园。信息技术不仅渗透在苏州高新区的生产与研发之中，同时也渗透到了社会生活与社会空间。

2.4.3 城市化与苏州高新区

本书前文曾经提及开发区是区域产业发展和城市化的有效方式，是信息化生产的集聚地。集约化的土地利用效应，单位面积的高产出率以及高度的资金集聚使得指定区域迅速从郊区、城市边缘区跃升为城市工业区，乃至城市核心区。2006 年底，苏州高新区的土地开发率已经达到 97.66%[①]。

事实上，城市化直接导致苏州高新区进入后开发区时代之后，向新城区转向。从苏州市 1986 ~ 2000 年、1996 ~ 2010 年以及 2006 ~ 2020 年的 3 次城市总体规划中就可以看出苏州高新区向新城区发展的城市化进程。

1）城市边缘区阶段（1992 年以前）：苏州高新技术产业区成立以前，其所在位置是古运河以西的原永和、星火、曙光 3 个村。那时的苏州城区基本上保持着古运河以东的老城区的规模。随着人口的迅猛增长，原有的古城区规模已经无法满足需求，而拥挤的交通和人流也在逐步毁坏苏州古城的风貌。苏州城市规模亟须扩张，而一河之隔的古运河以西地区成为苏州市城市化发展的首选。

2）"一体两翼，双城核心"阶段（1992 ~ 2000 年）：1992 年，苏州市政府做出"依托古城，开发新区"的决策，成立了苏州高新技术产业开发区；1994 年中新两国政府决定在苏州合作建设工业园区，这两项决策给苏州的发展带来历史性的转变。"东园西区"的迅速崛起，使得苏州跳出古城区的局限，实现了扩容增量的蜕变，形成了"一体两翼"的全新城市格局。其中苏州主城城区由高新区与老城组成，主要承担城市生活服务中心和市域政治、文化中心职能；苏州东部新城城区即苏州工业园区，从而形成"双城"格局。此时的高新区是苏州市一体两翼的"翼"，也是"双城"核心之一。苏州市希望通过高新区的建设，整合新老城区的公共设施、交通设施，从而对古城区的人口与功能进行疏解，起到新的城市核心作用。因此，高新区成立伊始就担负着特殊的使命，不同于一般的高新技术开发区。

3）"五区组团"阶段（2000 年以后）：2001 年，苏州市城市总体规划进行了调整，由"一体两翼"发展到了"五区组团"。"东拓、南延、西优、北控、中疏"的战略部署大大

---

① 评价范围为经国务院审核通过并予以公告（国家发展和改革委员会 2005 年第 30 号公告）的开发区界线范围内的全部土地，总面积 6.8km²。

加快了苏州市城市化的进程。2000 ~ 2006 年，苏州市区建成区面积由 86.53km² 提高到
177.17km²，增加了一倍之多。"西优"的高新区在城市规划中的发展目标是"调整、优化
西部高新区现有产业结构和用地结构"，"先进制造业主要向浒望片区拓展"，"建设以居住、
旅游为主的现代生态型城市组团"。"退二进三"成为高新区适应苏州城市规模扩张和蔓延
的主要发展方向。可见随着苏州城市发展及规划调整，高新区定位业已由当初"开发区"、"工
业集中区"转变为"中心城区"。[105]

2.4.4 苏州高新区的流空间

以全球化、信息化与城市化为特征的当代社会生产所对应的空间正是列斐伏尔提及的
矛盾性空间——当代全球化与地方化意义的对立，也就是卡斯特阐释的流空间与地方空间。
在全球化、信息化与城市化成就了苏州高新区的发生与发展，融会到苏州高新区的生产与
生活，成为苏州高新区社会生产的特征的时候，对高新区城市空间的讨论，就无法回避流
空间与地方空间这样一对相互依存而又相互冲突的矛盾体。

人流、资金流、技术流、意识流和媒体流在全球范围内流动，相互叠加，相互吸引，
相互制约，并且在苏州高新区着陆，形成了全球网络中的一个节点，形成了流空间中的
苏州高新区。这些流着陆的方式不同决定了苏州高新区这一节点在全球网络中独特的品
质，各种流相互作用的复杂过程呈现出异彩纷呈的城市建成环境，或说城镇景观（urban
landscape）；流空间改变了全球网络的距离，缩短了作为网络节点的苏州高新区与其他
节点之间的时空距离，使之与其他节点之间的交流与反馈更加便捷与敏感，硅谷（参见
附录 A）这样更高级别节点在信息化之下形成的新生活方式与美学标准在流空间之中实
时渗透到苏州高新区的领域之中；作为科技中心，苏州高新区正在并试图更好地利用其
基础设施，包括消费空间、品位文化等等，去吸引了更多的人流、资本流……，从而成
为对创新者和创业者更富吸引力的新城区。

2.4.5 苏州高新区的地方空间

在流空间的全球网络中，有许多节点位于所谓的"北半球"或是"发达国家"，同
时位于"南半球"或说"发展中国家"的节点数量在不断增长。但是目前的研究理论
更多的是把"西方"城市概念衍生出的理论立场作为出发点的，对于发展中国家，特
别是中国这样发展中大国的研究相对匮乏。这种匮乏往往与对这些地方空间研究的缺
失相关。

地方空间是人们生活的基础，是实在的历史文脉、建成环境和生活土壤。无论流空
间的逻辑和过程怎样统治了我们的生活，我们的生活却永远根植于地方空间。物质空间
是新的发展模式的产物，并且是新城市形成的重要组成部分。因此，从物质空间着手，
是理解苏州高新区地方空间的关键，也是整合全球化、信息化和城市化社会生产在苏州
高新区空间投影的关键。

当全球化、信息化与城市化席卷我们生活的这个星球，已经成为当代社会生产的特征，
流空间与地方空间便成为城市空间的特征。美国硅谷因其在信息化生产中的核心地位也

成为当代城市空间的范本，并从城市的空间表征、空间实践与空间再现辐射、影响着其后的追随者（参见附录 A）。苏州高新区在卷入全球化、信息化与城市化的过程时，也生产出自身的流空间与地方空间，并且映射到自身的城市空间表征、城市空间实践与城市空间再现。

正如列斐伏尔所述，"人们通过自己所缺乏的或者通过自己认为缺乏的事物来表达自身。在这种关系中，想象有更大的权利"[22]。苏州高新区的城市意向依靠并且加强了这种想象。同样的，在这种想象中的暗示，这种意向反映了某些参与者所感受到的"缺乏"。通过观察那些意向被使用，由谁使用，为谁使用，怎样使用以及在何处使用，苏州高新区意向和硅谷意向之间的关系，建筑师和建筑之间的关系才能够填充他们自己或他人的"缺乏"。

2.5 本章小结

城市空间的社会生产就是以城市为载体，社会所对应生产方式的空间分布及过程，不同的社会生产对应着其相应的空间。全球化和信息化以及城市化是当代社会生产的三个关键特征。

全球化作为当今社会生产方式的特征之一，是一种运动，一种循环，一种相互交织的流的综合，这些流或是资本，或是贸易，或是人群，或是符号象征。全球化同时在经济、政治、文化三个分领域中进行，在这三个分领域中，流都是重要而不可或缺的媒介。当今社会中流在强度上同之前的流不可同日而语，并引领全球化走向第三阶段——以信息化为特征的新阶段。信息化是当今社会生产方式的又一特征，与全球化相伴并相互作用。信息化是由信息技术主导的过程，这些技术已经改变了我们所处这个世界的经济和社会关系，并且减少了文化和经济壁垒。当今的信息化带来了经济、技术、社会三个范畴中的转化。信息化从根本上改变了资本主义的操作方式，成为一种新的社会生产方式。当今社会生产方式的第三个特征是城市化。与全球化、信息化相同，城市化是一个正在进行的过程，并且由前面的两个过程所推动。根据对城市化认知的阶段，可以将城市化的探讨分为现代主义的、世界城市的、后现代城市的三个层次。在对城市化认知逐渐加深的过程中，发展中国家的城市也在西方与本土文化的双重作用下杂糅着迈入城市化进程。这三个特征往往与其他特征的过程相重叠，因此需要统一地、整体地加以把握。

当今的社会生产特征也产生了当今的社会空间。根据列斐伏尔的空间化历史过程划分，我们正处于矛盾性空间的历史过程之中，以全球化、信息化与城市化为特征的当代社会生产所生产的空间正是"当代全球化资本主义与地方化意义的对立"。在卡斯特理论中，与之相对应的当代城市空间特征就是流空间与地方空间。流空间是在信息社会中支持统治性过程和功能的物质形式，是通过流来工作的共时性社会实践的物质组织。对于流空间的理解可以从物质支持、网络和流、网络城市以及无限时间四方面进行。而与流空间相对应的地方空间是历史性的，根植于我们通常经历的空间组织。尽管流空间的逻辑和过程统治了我们的生活，我们大多数还是生活在地方空间。流空间和地方空间相互联结，或是叠加在一起形成"生控体系统城市"（Cybory Cities），或说由流和地方相互交织而形成的混合城市。

　　全球化、信息化、城市化的社会生产同时也造就了苏州高新区的城市空间，流空间、地方空间渗透到了苏州高新区城市空间的每一个层面。这就为本书进一步对苏州高新区狮山路区域的空间生产研究奠定了基础，在后续的章节中，本书将进一步探讨流空间、地方空间在狮山路区域空间表征、空间实践以及再现空间层面中的作用。

3 狮山路区域城市空间表征

在《空间的生产》中，列斐伏尔明确指出空间三重属性中的空间表征是"概念化的空间，科学家、规划者、城市规划专家、技术专家和社会工程师的空间，具有科学倾向的某种类型的艺术家的空间……"[11]毫无疑问，在城市中的空间表征就是被包括规划师、建筑师在内的社会精英阶层构想成为城市的规划设计与建筑设计等等。这个层面的城市空间一方面体现了城市空间的社会生产——体现了生产关系，乃至上层建筑的意志，是社会关系的具体化表达；另一方面，城市空间表征直接指导、限定了城市空间的空间实践，影响驾驭了城市再现空间，其主体成为城市物质空间的策划者、管理者，甚至破坏者、颠覆者。

在研究城市空间表征时，一方面要考量其中的参与者（actors），或说参与机构。关注建筑师、城市规划师和规划机构、地产开发商、政府与政府机构，研究他们的目标是怎样的，他们的策略是如何形成的，他们的预期是如何实现或者改变的。另外一个非常重要的方面，是要关注过程（processes），包括建筑实践、城市规划、地产开发、管理与管治，以及形象企划。过程是历时性的，通过时间的作用，过程将呈现给研究者一

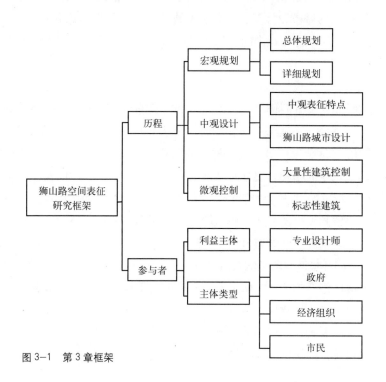

图3-1 第3章框架

种动态的，由此及彼的反馈，从而将空间与时间双重特性紧密地联系在一起，将空间与社会过程联系在一起。因此，城市空间表征展现了一种社会视角下的城市空间形态。

3.1 城市空间表征的研究架构与切入点

3.1.1 城市空间表征研究架构

列斐伏尔将空间表征定义为科学家、规划者、城市规划专家和社会工程师所创造、传播以及理解的概念化的空间，是体现了上层建筑意志的抽象城市空间，是城市规划师与建筑师所表达的城市空间。这样一个表征空间是如何被建构的呢？这种涉及科学家、规划者、工程师的空间表征已经形成了完整的体系框架，包括城市规划、城市设计、景观设计、建筑设计等。对于城市空间表征的研究应从梳理体系框架开始。

传统的城市规划和城市设计属于建筑学的一个分支，其很多方法都源自建筑学。工业革命前，城市功能不复杂，环境建设工程简单，专业工种没有细分，建筑师往往承担城市建设中的各项设计工作。城市空间的视觉形象是传统城市规划和建筑设计所关注的焦点。西方进入近现代社会以来，社会、经济、政治、文化、技术、物质等多方面的因素促成了现代城市规划的产生，不同于以往历史时期的现代意义的城市于此时产生，城市规划的主体产生了变化，城市规划也在为自己的脱胎换骨，成为一种专门职业甚至是学科作准备。进入 20 世纪以来，由于城市的迅速发展，城市问题的巨系统性、高复杂性促进了城市规划成为一门独立的综合性学科，它的内涵和内容早已远远超越了建筑学的范畴，并且一直在不停地发生变化。[106] 20 世纪 60 年代，现代城市设计作为明确的学科从城市规划和建筑学中分离出来，研究对象是城市形体环境，根本目标是塑造高质量的城市空间环境，以"人—社会—环境"为核心的城市设计复合评价标准作为准绳，综合考虑各种自然和人文要素，强调包括生态、历史和文化等在内的多维复合空间环境的塑造，区别于注重空间美学和视觉艺术的传统城市设计。

虽然城市规划和城市设计都脱胎于建筑设计，三者都以城市空间为研究客体，但是它们对城市空间的研究角度各有侧重，从而建构起完整的城市空间表征框架。城市规划以土地使用为核心问题，对城市空间的研究主要是从影响空间的经济、生态和社会等因素出发的，偏重的是二维的用地规划。[107] 城市规划从某种意义上讲就是一种空间地域的规划，其总任务是为各种活动提供空间结构，它涉及城市的外观形式、性质、产业发展与布局、社会发展与设施、规模投资及城市各部分的组成、管理、政策等；[108] 而城市设计则偏重于从艺术原则和人的知觉心理角度出发来塑造城市的三维空间形体及可视环境，立足于对城市空间的全面分析，对建筑物之间的城市公共空间进行研究和设计，主要关注的是建筑物之间的关系及其对城市空间环境产生的影响；建筑设计、景观设计通常是以整体的城市空间为背景，进行建筑单体或群体组合的创作，研究对象是个体建筑或景观。通常情况下，建筑设计是在城市规划的前提下，根据建设任务要求和工程技术条件进行全面设想，解决室内空间的使用、经济、美观的要求，并根据其功能具体确定建筑物的空间组合形式，同时在外部形体上，具有一定时代特性风格的前提下与周围环境、城市历史文脉及城市控制性规划相协调。

城市规划是城市空间表征中确定空间结构的过程，显然是宏观的过程。建筑设计是整体城市空间背景下的建筑个体或者景观，是微观的过程。从广义而言，城市设计是对城市生活的空间环境设计，是贯穿宏观与微观的过程。[109]然而在实际工作中，城市设计联系着城市规划和建筑设计，起着承上启下的作用。同时，由于城市的重点地段是城市形象的代表，又因其土地"寸土寸金"而被开发商所看好，为了实施有效控制，这种以城市重点地段为研究对象的专项城市设计研究和咨询成为目前国内城市设计的主流。因而可以将城市设计作为城市空间表征的中观层面。由此可见，城市空间表征架构是由三个层面组成：作为宏观层面的城市规划，作为中观层面的重点区域城市设计，作为微观层面的建筑设计以及景观设计。

宏观方面，我国的城市规划编制体系由城镇体系规划、城市规划（镇规划）、乡规划、村规划构成。其中城市规划又细分为总体规划与详细规划，详细性规划包括控制性详细规划与修建性详细规划。[110]本次研究的对象是苏州高新区狮山路区域这样一个开发区之中的较小尺度区域，影响该区域的宏观城市表征涵盖至苏州高新区、苏州市域更大范围，并且作为宏观城市表征的城市规划可以从总体规划和详细规划两个方面来探讨。

中观方面，苏州高新区和国内大多数城市相似，城市设计尚未贯穿从城市整体到城市局部的全过程，重点地段的城市设计成为城市规划与建筑、景观设计之间的有效衔接。作为对城市体形、环境所进行的城市设计，是在城市总体规划指导下，为近期开发地段的建设项目而进行的详细规划和具体设计。[110]苏州高新区狮山路区域进行的重点地块城市设计从中观层面上表达了狮山路区域的城市表征。

微观方面，研究区域中的建筑及景观设计以点的方式，逐渐覆盖了整个苏州高新区狮山路区域。不同时代、不同类型、不同功能的设计以千差万别的方式繁荣着整个区域的城市空间表征，这种差异性、变化性表现了城市空间表征的变迁，以及各种利益群体的碰撞。

3.1.2　城市空间表征研究切入点

本次对苏州高新区城市空间表征的研究将以历程与参与者为切入点。历程侧重空间表征中时间因素的作用，对于城市空间表征的历程研究，侧重空间表征历时性变化，并对典型案例的进程进行分析，用以折射空间表征整体。城市空间表征历程将纵向分析狮山路区域城市空间表征。参与者侧重与空间表征的认识主体。对于城市空间表征的参与者研究，将关注不同认识主体对于城市空间表征发生发展产生的作用，研究不同认识主体间的关联与相互作用，研究与主体相关的客体及认识工具，从而从横向对狮山路区域城市空间表征予以揭示。

3.2　苏州高新区城市空间表征的发展历程

严格意义上而言，以苏州高新区命名的城市空间应始于高新区被批准兴建的 1992 年。这时的城市空间已经开始脱离城市边缘的城乡结合空间，迅速地迈入城市化进程。但是，苏州高新区城市空间表征的发生却早于这一标志性时间。作为蓝图意向的开发区城市空间表征可以追溯到 1986 年——国务院关于苏州城市总体规划批复中提出"保护古城风貌，加快新区建设"的构想。这是苏州新区概念第一次被提及，也是涉及苏州高新区城市空间表征的起始点。

苏州高新区城市空间表征的演进及拓展经历了一个自上到下，自宏观到微观，自概念到具体的一个历程。其发展迄今可分为三个阶段[111]：

1）概念意向时期（1986～1992年）：苏州高新技术产业区成立以前，其所在位置是古运河以西的原永和、星火、曙光3个村。那时的苏州城区基本上保持着古运河以东老城区的规模。随着人口的迅猛增长，原有的古城区规模已经无法满足需求，而拥挤的交通和人流也在逐步毁坏苏州古城的风貌。苏州城市规模亟须扩张，而一河之隔的古运河以西地区成为苏州市发展的首选。因此在1986年国务院批复"苏州城市总体规划（1985～2000年）"，确定了"古城新区，东城西市"的总体发展格局，建立"河西新区"作为重点开发地区。

2）"一体两翼，双城核心"时期（1992～2000年）：1992年，苏州市政府做出"依托古城，开发新区"的决策，成立了苏州高新技术产业开发区；1994年中新两国政府决定在苏州合作建设工业园区。"东园西区"的迅速崛起，使得苏州跳出古城区的局限，实现了扩容增量的蜕变，形成了"一体两翼"的全新城市格局。其中苏州主城城区由高新区与老城组成，主要承担城市生活服务中心和市域政治、文化中心职能；苏州东部新城即苏州工业园区，从而形成"双城"格局。此时的高新区是苏州市一体两翼的"翼"，也是"双城"核心之一。苏州市希望通过高新区的建设，整合新老城区的公共设施、交通设施，从而对古城区的人口与功能进行疏解，起到新的城市核心作用。因此，高新区成立伊始就担负着特殊的使命，不同于一般的高新技术开发区。

3）"五区组团"时期（2000年以后）：2001年，苏州市城市总体规划进行了调整，由"一体两翼"发展到了"五区组团"。"东拓、南延、西优、北控、中疏"的战略部署大大加快了苏州市城市化的进程。2000～2006年，苏州市区建成区面积由86.53km² 提高到177.17km²，增加了1倍之多。"西优"的高新区在城市规划中的发展目标是"调整、优化西部高新区现有产业结构和用地结构"，"先进制造业主要向浒望片区拓展"，"建设以居住、旅游为主的现代生态型城市组团"。"退二进三"成为高新区适应苏州城市规模扩张和蔓延的主要发展方向。可见随着苏州城市发展及规划调整，高新区定位业已由当初"开发区"、"工业集中区"转变为"中心城区"。

这三个阶段恰好对应了开发区生命周期理论。苏州高新区的概念意向时期对应开发区的政策设立期，这一阶段我国第一批开发区相继建立，各种优惠政策措施和管理模式也随着开发区的建立而建立。苏州高新区的"一体两翼，双城核心"时期对应开发区政策优势强化期。1992年邓小平同志南行以后，党中央和国务院把建立社会主义市场经济体制作为改革的目标。自此，束缚的铁笼被彻底打开，开发区的数量迅速增加，开发区的政策优势充分发挥出来。这一阶段是中国开发区发展最快的时期，而且中国开发区与中国的改革、开放和发展相互呼应，互相促进，因而也是开发区战略地位最重要的时期。苏州高新区的"五区组团"时期对应着开发区政策优势的弱化期。这一阶段，开发区数量大幅度减少，开发区的设置被冻结，促进开发区开放和发展的优惠政策逐渐趋弱，开发区精简、高效的管理体制面临着巨大的压力，中国开发区的发展也就进入了一个新的转型期。进入这一周期之后，从整体上看，中国开发区就进入"后开发区"时代。

本书的研究虽然着眼于后开发区时代的开发区，但是在城市空间表征的分析中，特别是宏观城市空间表征的分析中，完整连续的城市空间表征历程有助于从历史的观点，历时性地研究城市空间表征的演变，以及与城市空间实践、城市再现空间的相互作用。因此，在本书的研究中，对于狮山路区域的城市空间表征，不局限于后开发区时代，而扩展至苏州高新区的整个生命周期，不局限于目标研究区域，而放大至苏州高新区全境及苏州市域。

3.2.1 苏州高新区城市空间表征的宏观规划

3.2.1.1 总体规划

具体内容参见表3-1。

1."东城西市"时期的空间表征（1986～1992年）

该时期苏州高新区雏形尚未建立，这一时期的空间表征还处于意向设想阶段。期间的主要事件为：

（1）1986年空间表征设想

1986年国务院批复"苏州城市总体规划（1985～2000年）"，确定了"古城新区，东城西市"的总体发展格局，建立"河西新区"作为重点开发地区。

（2）1991年空间表征蓝图（图3-2）

1991年苏州市政府批准"河西片区南片土地区划"，苏州新区开始启动，依托古城区原有的城市基础设计，滚动发展。

在"东城西市"时期，狮山路区域已经纳入了河西片区的规划范畴，但自身没有明确的定位。

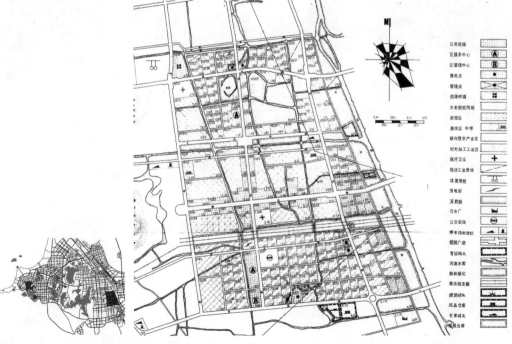

图3-2 1991年空间表征蓝图

图片来源：苏州高新区规划师五年规划图集[Z]. 苏州高新区规划分局，2007

阶段	时间节点	事件	名称	范围	用地面积（km²）	功能
"东城西市"阶段	1986 年	苏州城市总体规划（1985～2000 年）	河西新区	外城河以西，枫桥河以南，胥江以北，狮子山、何山以东，大运河两岸	无具体面积	以经济贸易、现代工业、科技为
	1991 年	河西片区南片土地区划	河西新区	东至大运河，南至竹园路，西至河西路，北至枫津河	7.34	相对独立地具有金融、商业、财贸、息、对外加工、新兴技术工业、居住等综合功能，能源充足，交通方便，力强，基础设施现代化的新区
"一体两翼"阶段	1992 年	关于在苏州建立国家高新技术产业开发区的通知	苏州国家高新技术产业开发区	京杭大运河以西，枫津河以南，天平灵岩风景区规划线以东，向阳河（横塘镇界）以北	6.8	
	1993 年	区划调整	苏州国家高新技术产业开发区		20	
	1994 年	苏州新区总体规划	苏州新区		52.06	工业要"依托高新技术和引进外资，足较高生态环境和建筑环境要求的产地"；居住要"创造具有现代设施，美的多种住宅区"，并分为高级住宅区、居住宅区、组团住宅群三种；提供足准的商业、文化、卫生、教育等
	1996 年	苏州城市总体规划（1996～2010 年）	苏州新区		52.06	
	2000 年	苏州新区十年建设评估	苏州新区			高新技术为主导的加工制造业基地，术的研发基地，以及环境优美、生活现代化居住之地
"五区组团"阶段	2001 年	苏州城市总体规划（2006～2020）	苏州新区			退二进三——调整、优化西部高新区业结构和用地结构，建设以居住、旅的现代生态型城市组团
	2002 年	苏州市政府进行区划调整	苏州高新区、虎丘区	苏州新区的狮山、枫桥，原虎丘区的部分横塘、浒关，以及相城区的通安，吴中区的东渚、镇湖组建成新的苏州高新区、虎丘区，由运河之畔延伸至太湖之滨	223	
	2003 年	苏州市西部次区域发展战略研究	西部次区域（苏州高新区、太湖度假区、相城区与吴中区一部分）	北起望虞河，南至东山、西山，东临京杭大运河，西界太湖的范围	700	适于投资、居住的区域
	2004 年	苏州高新区、虎丘区协调发展规划	苏州高新区、虎丘区		223	高新技术产业、旅游休闲观光、科技心、大型会议会展中心和高品质居住

总体规划空间表征发展历程　　　　　表 3-1

定位	规划结构	建设策略	阶段	设计单位
"古城新区，东城西市"中的"西市"——城市新区		可采用先近后远，分块进行详细规划，逐步建成的办法	构想阶段	
城市新区	新兴技术产业区、综合功能区、对外加工工业区三部分		准备阶段	
国家级高新技术产业开发区			建设起点	
			范围调整	
苏州市区的一部分		规划分近远两期：近期按城市总体规划建设用地 32km²，人口 30 万，远期按建设用地 40km²，40 万人口规模计算	新区扩展	
"古城居中，一体两翼"中的一翼；与新加坡工业园区共同构成"东园西区"的格局；成为苏州古城在空间形态上的有机生长与发展			定位提升	
须向北和向西发展，寻求新的发展空间			总结展望	清华大学
城市"东拓、南延、西优、北控、中疏"的"西优"	先进制造业主要向浒望片区拓展		优化调整	
	下辖 3 个分区，7 个乡镇（街道）		空间拓展	
西部次区域是苏州城市的组成部分，要从城市整体发展的角度考虑西部发展			区域研究	中规院、澳大利亚 COX 公司、澳大利亚丹尼斯公司、新加坡 PWD 公司
依托苏州西部区域的区位、资源和产业优势，建设融现代文化和传统文化于一体的科技、文化、生态、高效的现代化新城区	3 个片区，5 大组团		空间拓展具体化	中规院

2．"一体两翼"时期（1992～2000年）

以国务院批准在苏州建立国家高新技术产业开发区为标志，苏州高新区进入实质发展阶段。其空间表征更为复杂而多变。期间主要事件为：

（1）1992年空间表征新纪元

1992年11月18日在《关于在苏州建立国家高新技术产业开发区的通知》中苏州新区被国务院批准为国家高新技术产业开发区。这一时间被认为是苏州高新区正式建立的确切时间，高新区的空间表征也迈入新的纪元。

1993年苏州新区区域面积调整为20km²。

（2）1994年空间表征转型（图3-3）

1994年苏州高新区首次编制了区域总体规划——《苏州新区总体规划》，并颁布实施。

（3）1996年空间表征新定位

1996年苏州市城市总体规划确定，并于2000年1月10日获国务院批复，苏州高新区纳入了苏州新区总体规划。

（4）2000年空间表征转折点（图3-4）

2000年编制完成《苏州新区十年建设评估》——苏州新区经济社会、城市建设、环境保护综合评价，对过去10年的高新区开发建设进行回顾和总结。

在"一体两翼"时期，狮山路区域的城市空间表征也随着苏州高新区总体城市空间表征的变化而变化。但是，对于此区域仍没有明确的定位，城市功能依旧停留在居住、工业以及公共设施几个方面。

3．"五区组团"时期（2000年以后）

2001年苏州市城市总体规划的调整将高新区的空间表征发展推到了一个新的阶段。实际上，从这时起，苏州高新区已经逐步逐片地进入后开发区时代。苏州高新区的定位已由当初"开发区"、"工业集中区"转变为"中心城区"，逐渐同主城相融合。期间主要事件为：

（1）2001～2002年空间表征调整

2001年，苏州市城市总体规划进行了调整，由"一体两翼"发展到了"五区组团"。"西优"成为高新区在总体城市规划中的发展目标。

（2）2002年空间表征扩容

2002年9月，苏州市委市政府做出了区划调整决定，这使得苏州高新区的辖区面积达到223km²。

（3）2003年空间表征扩大研究（图3-5）

2003年9月通过国际招标编制完成了《苏州市西部次区域发展战略研究》，涉及苏州高新区、太湖度假区、相城区与吴中区一部分。

（4）2004年空间表征深化（图3-6）

2004年5月编制完成了《苏州高新区、虎丘区协调发展规划》，进一步为拓展后的新区做出了具体规划。设置苏州高新区六大功能区：金融商贸产业中心区、制造与物流业功能区、科技研发和创业区、产业次中心区、新型城市化功能区域，以及国际科技教育城。

在"五区组团"时期，伴随着苏州高新区整体向后开发区时代的迈进，狮山路区域在

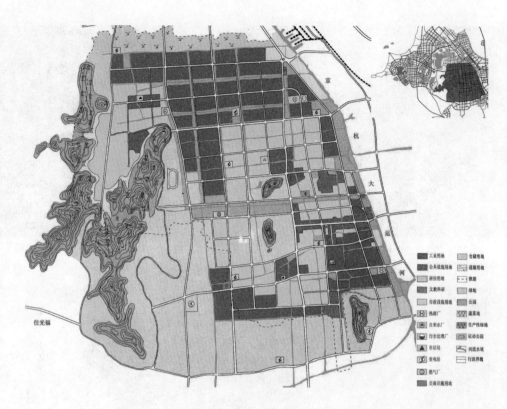

图 3-3　1994 年空间表征转型

图片来源：苏州高新区规划师五年规划图集 [Z]. 苏州高新区规划分局，2007

图 3-4　2000 年空间表征转折点

图片来源：苏州高新区规划师五年规划图集 [Z]. 苏州高新区规划分局，2007

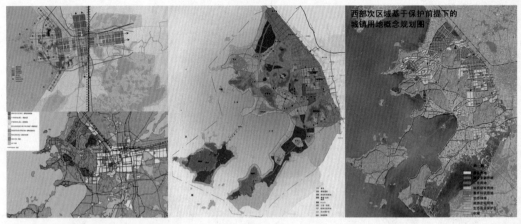

图 3-5 2003 年空间表征扩大研究
图片来源：苏州高新区规划师五年规划图集 [Z]. 苏州高新区规划分局，2007

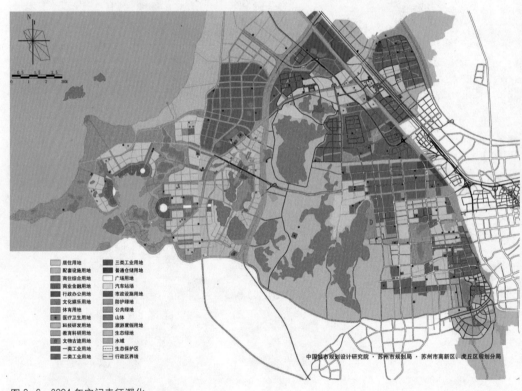

图 3-6 2004 年空间表征深化
图片来源：苏州高新区规划师五年规划图集 [Z]. 苏州高新区规划分局，2007

总体城市空间表征中进一步发展，逐渐向新城区转化，被明确定位为"中心组团——集金融商贸、文化休闲和高品质居住于一体的苏州西部都市中心"。在功能上，则遵从"退二进三"的苏州高新区发展主导方向，工业用地将逐步被置换为居住、商业服务等功能用地。

4. 小结

纵观苏州高新区狮山路区域在宏观空间表征上的历程，可以发现伴随着苏州高新区的发生、发展，一系列的变化与之相随，并且见证、反映出空间表征的历程。

（1）名称更迭

在研究中，很难将苏州高新区用具体的名称和边界加以限定。从1986年苏州高新区在苏州市城市总体规划中意向建区，关于这片区域的名称更迭多次。1986年苏州城市总体规划（1985～2000年）中被称之为"河西新区"；1992年苏州高新区被国家科技委命名为"苏州国家高新技术产业开发区"；1994年苏州新区总体规划将其命名为"苏州新区"；2002年，在苏州市政府进行的区划调整中，虎丘区的并入，使之又更名为"苏州高新区、虎丘区"。同时，苏州高新区还是ISO14000国家示范园区、苏州高新区生态工业园。尽管名称变化复杂，但是在本次研究中，我们仍然沿用该区域政府工作网站上的称呼——中国苏州高新区（苏州高新区）。

（2）范围扩展

与名称更迭相呼应的是，苏州高新区范围面积的不断扩展。1986年，意向建区的时候，范围并不是非常明确，大致在外城河以西，枫桥河以南，胥江以北，狮子山、何山以东，大运河两岸，因此也没有具体的总用地面积；1991年河西片区规划通过时，明确了用地范围为东至大运河，南至竹园路，西至河西路，北至枫津河，总用地面积为7.34km²；1992年国家科技委批准建立国家级高新区时，用地范围调整到京杭大运河以西，枫津河以南，天平灵岩风景区规划线以东，向阳河（横塘镇界）以北，面积有所缩减，只有6.8km²；随后的1993年，总用地面积增加至20km²；1994年，苏州新区总体规划中将整个区域面积猛增至52km²；52km²的用地状况一直持续到2002年，区划调整将虎丘区与新区合并，致使整个区域面积达到223km²。在新区发展的近20年时间中，区域范围总体趋势是逐渐扩大，但是在苏州高新区成立伊始，曾小幅减少过，是范围明晰后的相应调整。

（3）定位升级

从1986年意向建区到1991年河西片区规划，苏州高新区的定位是作为"古城新区，东城西市"中的"西市"，即作为疏散苏州古城人口和发展压力的城市新区；1992年，苏州高新区被命名为国家级高新技术产业开发区，此时已明确了该区域作为高新技术开发区的定位，因此要担负起孵化高新产业，吸引外资的责任；1994年苏州新区总体规划中，将其定位为"苏州新城区、国家高新技术产业开发区、经济开发区'三位一体'的具有城市功能的新市区"，其向新城区的转向已经初露端倪；1996年苏州市城市总体规划中，苏州高新区成为苏州市区的一部分，是现代化高新技术产业区，高度肯定了苏州高新区的1994年新定位，即在担负起高新区、经济开发区的功能之余，要成为苏州市区的组成部分，承担起城市化的职责；2001年，苏州市城市总体规划中，苏中高新区定位业已由当初"开发区"、"工业集中区"转变为"中心城区"，"退二进三"成为苏州高新区适应苏州城市规模扩张和蔓延的主要发展方向；2002年的区划调整将苏州高新区与虎丘区合并之后，2004年版苏州高新区、虎丘区协调发展规划将苏州高新区定位为依托苏州西部区域的区位、资源和产业优势，建设融现代文化和传统文化于一体的科技、文化、生态、高效的现代化新城区。从疏解压力的城市新区，到吸引外资，促进高新产业发展的高新区，再到肩负高新产业功能的城市新市区、城市中心区，苏州高新区在城市中的定位不断升级，职能逐渐复杂化、城市化。

（4）功能拓进

1986 年在苏州市总体规划中，苏州高新区的功能包括经济贸易、现代工业和科技；1991 年，河西新区建区时，功能延伸至金融、商业、财贸、科技信息、对外加工、新兴技术工业、居住、游乐，增加了金融、财贸、居住和娱乐功能；1994 年苏州新区总体规划将功能细化并拓展：工业要"依托高新技术和引进外资，建设满足较高生态环境和建筑环境要求的产业基地"；居住要"创造具有现代设施，环境优美的多种住宅区"，并分为高级住宅区、康居住宅区、组团住宅群三种；提供足够高标准的商业、文化、卫生、教育等设施。此时，生态环境和建筑环境被纳入对于工业的要求，居住功能则进一步细化，涵盖高、中、低三档，与之相应的配套设施则加以完善；2000 年对苏州新区十年建设进行评估时，对功能的要求是"高新技术为主导的加工制造业基地，先进技术的研发基地，以及环境优美、生活舒适的现代化居住之地"，既强调高新技术制造、研发，又强调居住功能；2001 年版苏州市城市总体规划中，提出"退二进三——调整、优化西部苏州高新区现有产业结构和用地结构；建设以居住、旅游为主的现代生态型城市组团"在高科技产业、居住功能之外，增加了旅游功能；2004 年的苏州高新区、虎丘区协调发展规划将这一区域的功能继续拓展为：高新技术产业、旅游休闲观光、科技研发中心、大型会议会展中心和高品质居住。从区域功能调整的历程中可以看出，苏州高新区的城市功能在逐步增多，逐步复杂化。新区建立伊始，更多地强调高科技产业功能，而后与之相适应的居住功能逐步添加并完善，最终，除了高科技生产及研发、居住之外，旅游休闲观光、大型会议会展等新型城市功能添加进去，使苏州高新区不再是单一功能区域，功能渐次复杂，渐次丰富。同时，环保、生态概念的引入是与全球化趋势密切相关的。

（5）层次分析

从 1986 年起，一共发生了针对苏州高新区总体空间表征的 11 次事件。归纳下来，可以分为 3 个层次：第一个层面是国家层面的，即 1992 年国务院委托国家科技委发布的《关于在苏州建立国家高新技术产业开发区的通知》，明确了在苏州建立国家级高新技术产业开发区的决定，并界定范围与面积；第二个层面是 1986 年版苏州市城市总体规划，1996 年版苏州市城市总体规划，2001 年版苏州市城市总体规划，1993 年苏州市区划调整，2002 年苏州市区划调整；第三个层面是苏州高新区层面，包括 1994 年苏州新区总体规划，2000 年苏州新区十年建设评估，2004 年苏州高新区、虎丘区协调发展规划。显而易见，第一层次的事件对整个苏州高新区的空间表征起着高屋建瓴、提纲挈领的控制作用，给新区以定性、定范围，并没有涉及具体的发展策略等内容；而作为苏州市域的规划或是区划调整在第一层次的基础上继续总体控制着空间表征的发展，每一次范围面积的扩大，每一次定位的升级都是在这一层面的空间表征中得到确定；苏州高新区规划这一层面的空间表征是宏观的具体，即在宏观空间表征中给出具体的发展策略，明确功能，同时为更高层面提供决策基础。可以说苏州高新区宏观空间表征的 3 个层面是一个随着城市复杂性的增加，从构想到实现，从概念到实施的一个过程。

3.2.1.2 详细规划

苏州高新区还处于建区意向阶段的时候，在 1986 版苏州市城市总体规划中就提到"可采用先近后远，分块进行详细规划，逐步建成的办法"。但是由于总体规划的变迁，使得苏州高新区中的详细规划并不能及时对应这些变迁。因而，苏州高新区在空间表征的这一层面一直存在一定程度的缺失。直到 2007 年，覆盖全境的控制性详细规划才基本完成。这些控制性详细规划包括中心片区的狮山片控制性详细规划、枫桥片控制性详细规划、横塘片控制性详细规划；浒通片区的浒通片控制性详细规划、浒关工业园控制性详细规划、出口加工区控制性详细规划、保税物流中心控制性详细规划；湖滨片区中的苏州科技城总体规划及科技城详细规划、通安产业园控制性详细规划、镇湖社会主义新农村规划。从苏州高新区总体而言，详细规划有着自身的特点。

1. 总体特征

（1）分区规划迟于总体规划

10 个片区控制性详细规划基本覆盖了苏州高新区与虎丘区合并后的 223km² 的新区规模，完成于 2003 ~ 2007 年间，略迟于苏州市政府进行区划调整的 2002 年。这一方面说明 10 个覆盖全区的控制性详细规划是在总体规划的指导下完成的；另一方面，说明控制性详细规划缺乏持续性，在总体规划发生变化的情况下，就必须出台新的控制性详细规划，而不是在总体区域范围面积调整时，仅增加新增范围的控制性详细规划就可以的。

（2）单一型早于综合型完成规划

10 个片区规划中有 6 个属于与产业相关的功能较为单一的片区。包括 4 个产业型片区——横塘片区、出口加工区片区、浒关工业园片区、通安产业园片区，1 个物流型片区——保税物流中心片区，1 个研发型片区——科技城片区。产业型片区规划基本上于 2003 ~ 2005 年期间完成。10 个片区规划中有 4 个片区是综合型功能片区，包括狮山片区、枫桥片区、浒通片区以及镇湖新农村规划。综合型片区的规划于 2006 ~ 2007 年间完成。单一型片区由于功能单一，而且和既定项目关联较大（譬如保税物流中心），所以完成时间要早于功能相对复杂，牵扯利益方较多的综合型片区规划的完成。

（3）用地面积规模差异大

规划片区面积最大的是浒通片区，规划面积为 60.16km²，面积最小的是保税物流中心，面积仅有 87.7 万 m²，面积相差悬殊。总体而言，综合型片区面积较大，平均为 25.1km²，单一型片区面积较小，平均为 7.5km²。造成这种现象的原因和单一型片区与既定项目的关联直接相关。同时，开发较晚的片区面积相对较大。中心片区开发的时间最早，而浒通片区和滨湖片区纳入苏州高新区版图的时间较晚，因而同种类型的片区，浒通片区和滨湖片区的面积更大。

这些特征最终直接或间接地影响了狮山路区域的控制性详细规划。

2. 狮山路区域——狮山片控制性详细规划（2007）

（1）规划背景

狮山片区是苏州高新区的发端，因而经历了近 20 年的变迁，随着苏州高新区总体空间表征的变迁，其功能定位在不断变化与调整。2007 版狮山片控制性详细规划是以 2004 版苏州高新区（虎丘区）协调发展规划为指导而修编完成的。其出台目的是为了合理引导苏州高新区狮山片区的城市更新建设与规划管理。狮山片一方面为苏州高新区的最佳片区，

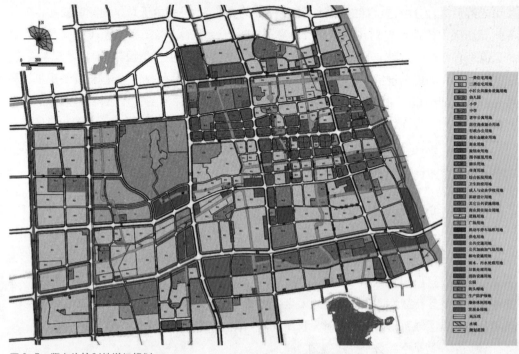

图 3-7　狮山片控制性详细规划
图片来源：苏州高新区规划师五年规划图集 [Z]. 苏州高新区规划分局，2007

历史最长片区，另一方面也是最复杂片区，多年的建设同时积累了成就与问题，因而狮山片的建设不仅关乎自身的持续发展，也为其他片区的建设提供了借鉴。虽然狮山片详细规划在已经完成控制性详细规划的片区中是较晚完成的，但是对狮山片区建设的探讨却始终没有停止过。因此，此次控制性详细规划也是对之前探讨的梳理与完善。狮山片控制性详细规划（图 3-7）是在如下的背景下出台的：

1）苏州高新区进入后开发区时代，片区向新城区转向。狮山片控制性详细规划出台时，从 苏州高新区开始进入后开发区时代已经时过 7 年，狮山路区域的城市化进程逐渐加深。尽管在总体规划层面上对其定位、功能的限定日趋明确，但是在控制性详细规划层面上具体规划却一直缺失，这使得狮山路区域城市空间表征的宏观与中观、微观层面的衔接不够顺畅。2007 年出台的狮山片控制性详细规划提纲挈领地指明了狮山片在后开发区时代向新城区的转向以及各个分项的具体纲要。

2）上一层次空间表征对其定位发生变化。苏州高新区开发伊始，狮山片是作为苏州高新区的启动区，一方面依托老城区，一方面是新区工业开发的承载。因而各类必要的服务功能为辅，工业开发功能为主。时至今日，《苏州市城市总体规划（2007 ~ 2020）》提出"中核—主城"的概念是指"老城—高新区"合核，以形成苏州市集行政、商业、文化和旅游功能为一体的综合性城市中心；而"中核主城"中的苏州高新区范围主要位于狮山片内。狮山片就要以行政、商业、文化和旅游等综合功能为主。狮山片作为苏州高新区早期开发的启动区，目前虽已汇集了苏州高新区主要的公共设施，但由于早期本片区是以工业开发启动，具有工业区的明显特征，因此处于转型期的狮山片面临着一系列的挑战。[112]

3) 自身发展过程中功能产业自发演进。狮山片凭借其良好的居住环境和区位优势，致使以服务业和房地产业为代表的第三产业得到迅猛发展。工业企业也逐渐从生产型向生产经营型转变。部分工业企业急需采取"退二进三"方式以适应这一变化，片区也迅速由生产型向服务型功能转换，片区中心度的提高和丰富的空间资源使之成为城市中心区发展的绝佳区域。

2007 年 12 月苏州市规划局组织了专家论证，根据与会专家和部门领导的意见建议，编制单位已对规划进行了修改和完善。具体规划内容参见附录 D。

（2）分析

1) 功能定位体现新城区转向。狮山片控制性详细规划在功能定位中，提出该区域是"苏州主城中心区，具有魅力的新区服务中心和宜人的居住片区"。在这一功能定位中，首先明确了该片区作为城市主城中心区的地位，不仅仅成为城市的一部分，而是还是主城的中心区，这样的定位肯定了狮山片区已经由开发区转变为新城区，并且提出了在未来城市发展中的目标；其次，在城市功能上，控规为狮山片提出了服务中心和居住片区两大功能，而在开发区发展早期的新兴技术产业、对外加工工业等功能已经不见踪迹，因此，苏州高新区，特别是狮山片已经或者正在向新城区转向，而未来的城市功能则朝着城市功能完善化、复杂化的目标前进。

2) 规划模式与其他片区相似。狮山片控制性详细规划体现并代表了苏州高新区控制性详细规划的模式。首先，规划分为 10 个部分，分别为规划范围、功能定位、规划规模、规划结构、学校规划、道路交通规划、绿地系统规划、河道水系规划、空间景观规划、市政公用设施规划。其余片区控制性详细规划与此有着相似的结构。

其中又可以分为总体控制和专项控制两大部分。总体控制包括规划范围、功能定位、规划规模、规划结构（在其他规划中还包括土地利用规划），规划范围及功能定位、规划规模都是对上一级总体规划的呼应和细化调整，规划结构确定了整个片区的发展框架；专项控制包括学校规划、道路交通规划、绿地系统规划、空间景观规划、市政公用设施规划，这些规划从不同侧面完善了中观层面的空间表征控制。

3) 水乡特色强调地方空间，生态关注顺应流空间。尽管狮山片的控规与现行其他区域在规划的基本结构与思路上差别不大，但是在具体规划内容上，该控规特别将河道水系规划单独提出进行规划。河道水系规划的专项列出是与苏州水乡特色密切相关的，也是对总体规划中"真山真水园中城"的一种诠释。这种对于地方特色的强调，反映了这一层面城市空间表征对于地方空间的重视，同时对于水体自然元素的关注与全球化流空间带来的生态渗透密切相连。

3.2.2 苏州高新区城市空间表征的中观设计

在苏州高新区 2006 年规划分局半年工作总结中，对于苏州高新区的城市设计是这样定位的："作为优化城市用地布局，塑造鲜明城市形象的重要手段，城市设计工作正在我区内全面开展。城市设计更注重于对城市空间、形态、结构和形象的研究。区域内的重要地区、重点地段，往往需要城市设计来指导未来开发建设的方向和模式。"[113] 从这段话中，可以解读出三点内涵：其一，2006 年起城市设计才逐步正式登上苏州高新区城市空间表征的舞台；其二，城市设计的侧重点在于城市空间、形态、结构和形象；其三在苏州高新区，城市设计是在重要地区、重点地段展开的。

在苏州高新区，第一个完整意义上的城市设计是完成于 2006 年的狮山路两侧城市设计（以下简称狮山路城市设计）。此后，一系列的城市设计逐步展开，在三大片区均有涉及。截至 2010 年，共完成重点片区、重点地段的城市设计 7 处，成为整个苏州高新区城市空间表征的重要组成。

3.2.2.1 中观表征特点

城市设计作为苏州高新区城市空间表征的中观层面，伴随着苏州高新区的发展也相应地发生发展，作为城市空间表征的组成部分从一个侧面表现、反映了苏州高新区的城市空间，也形成了自身的特点。

1. 介入较迟

在苏州高新区，真正意义上的城市设计 2006 年才开始出现，而此时苏州高新区已经发展了 15 个年头。因此，作为中观城市空间表征的城市设计介入城市空间发展的时间相对短暂。但是，在短短 5 年之中已经完成了 7 个设计，城市设计已经成为空间表征的一种常规方式。城市设计为什么会相对于其他空间表征方式出现较迟呢？因为它不是一种城市空间表征的传统组成。在中国，传统的设计者、规划师建构空间的方式是城市规划与建筑设计，而城市设计作为一种脱胎于这两者的新形式，引进较晚。这也和城市设计在中国的发展历程相关，20 世纪 90 年代城市设计被正式列入《城市规划法》，城市设计的影响力才真正显现，直到 20 世纪末，城市设计才作为常规的城市空间控制手段得以普及。[114]

城市设计在苏州高新区出现时间的另一个原因是与整个区域进入后开发区时代，向新城区转向密切相关的。前文曾经介绍，苏州高新区大约于 2000 年之后开始了后开发区时代的进程，因此该区域明确地向新城区转向也始于 2000 年前后。但是这种转向是缺乏具体发展指导的，尽管从城市空间表征的宏观层面已经明确了向新城区发展的目标。实际上，在苏州高新区的不同区域，向新城区转化的速度并不相同，这与具体的区位、区域原有基础设施水平，原有功能定位等诸多因素有关。因此，当新城区转向进行了 4～5 年之后，发展较快的区域会出现缺乏具体指导，快速城市化过程中的一些问题，这些问题需要相应的城市设计来解决。因此，苏州高新区规划分局于 2004 年开始着手委托设计单位对新城区转向中发展较快的重点地段进行城市设计。

2. 设计方式

苏州高新区早期的城市设计曾经是规划分局直接委托设计单位进行设计，包括狮山路两侧城市设计、枫桥中心区城市设计、科技城核心区城市设计、浒通中心区城市设计以及通安镇中心区城市设计。有些地区还会出现片区详细规划与其中心区城市设计一并委托设计单位进行关联设计，如枫桥中心区城市设计与浒通中心区城市设计均由江苏省规划设计院负责设计。这和城市设计脱胎于城市规划，或说城市设计早期在相当程度上被认为是城市规划的分支有关。城市规划对于设计单位的设计资质有着多方的严格限定，因而大部分拥有规划资质的设计单位均具有国企背景。这种国家规划设计院垄断城市规划设计市场的倾向也惯性地影响到城市设计市场。但是，随着城市设计作为一门独立的设计领域越来越广泛地被接受，也随着中国设计市场开放程度的不断增加，越来越多的民营或者境外事务所开始参与到城市设计之中。在苏州高新区的城市设计中，也越来越公开透明，各种设计事务所通过竞标的方式参与进来。

3. 评审成员

从苏州高新区规划分局的网站上可以看到对几次城市设计评审的报道。可以看出，在苏州高新区各个城市设计的评审中，评审成员由两部分组成：一部分是当地领导和政府相关职能部门工作人员，另一部分是专家(通常为 5 名)。这样的评审组成，其专业性毋庸置疑，公众的参与却无从谈起。虽然，之后城市设计在官方网站上公示，公众有参与的可能性，但是，在评审这一环节，公众参与是缺失的。

4. 区域分布

在区域分布上，三大片区中狮山片中展开的城市设计数量最多。而其他片区相对较少。这和狮山片最早纳入苏州高新区版图相关，这就意味着狮山片也是发展历史最悠久的片区。同时狮山片是整个苏州高新区区位最好的片区，距离老城最近。这些因素使得狮山片在苏州高新区进入后开发区时代向新城区转向的过程中走在了前列。因为狮山片的重点地段相对其他片区更多，而苏州高新区城市设计更偏重于重点地段的设计与开发，狮山片展开的城市设计多于其他片区也不足为奇了。

3.2.2.2 狮山路区域——狮山路两侧城市设计

狮山路两侧城市设计于 2006 年完成编制，由美国著名建筑设计事务所 PJAR 担纲设计。该区域属于中心片区狮山片，以狮山路为中心，总面积约 4.10 万 km²。设计方案对狮山路两侧社会经济、用地、交通、景观等现状进行了深入的调查研究分析，在此基础上提出了"T 形开发、南张北驰、东高西低"的总体发展思路。随后的专家评审会认为，该设计总体发展思路具有较强的可操作性，符合苏州高新区的实际情况和发展趋势，对提升中心区门户形象是非常必要和及时的。狮山路两侧城市设计作为在苏州高新区重点地段进行的第一个城市设计为此后的城市中观空间表征带来了示范效应，它的过程、内容和形式能够很好地代表整个苏州高新区的城市设计的一般性 (图 3-8)。

1. 设计过程

狮山路两侧城市设计于 2004 年 7 月启动，设计历时 1 年。该城市设计的设计过程可以分为 3 个阶段：第一阶段——调研分析阶段 (2004 年 8 月～ 10 月)，第二阶段——SWOT 研究及城市设计定位阶段 (2004 年 11 月～ 2005 年 4 月)，第三阶段——城市设计深化及地块导则阶段 (2005 年 4 月～ 9 月)。

第一阶段完成设计基地的背景资料收集，现场影像记录，交通流量测算，问卷调查，走访调研的现场调研，现场资料的整理分析，调研成果的图纸化及调研报告的撰写，以及分析短片的制作。第二阶段城市设计在第一阶段调研分析的基础上，对整个设计区域进行了 SWOT 分析。分析了土地利用和功能结构、道路交通系统、绿地系统、开放空间系统、景观系统、建筑形态以及城市形态 7 个方面宏观与微观的主要内部优势、劣势和外部的机会和威胁，使用系统分析的方法，得出一系列相应结论，并从这些结论中进一步提炼出决策性设计概念。第三阶段最终成果包含了规划目标与原则、土地利用及开发、道路交通规划、

图 3-8　狮山路两侧城市设计鸟瞰图
图片来源：苏州高新区狮山路两侧城市设计文本 [Z]. PJAR，2006

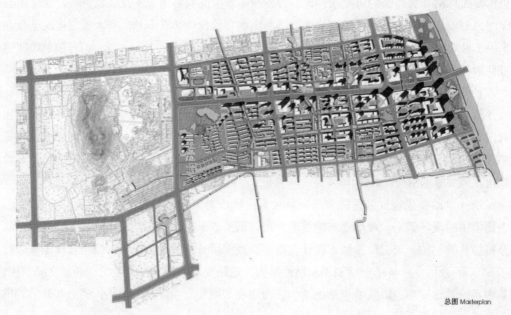

总图 Masterplan

图 3-9　狮山路两侧城市设计部分图纸
图片来源：苏州高新区狮山路两侧城市设计文本 [Z]. PJAR，2006

绿化景观系统规划、城市物质空间 5 个方面。从宏观概念到细部导则，从文字到图纸、模型，多角度定义了该区域未来的城市空间。

2. 设计内容

狮山路城市设计最终成果涵盖了对设计区域的宏观定位和分项导引。宏观定位包括城市设计目标、城市设计原则和城市设计观念。分项导引包括土地利用及开发、道路交通规划、绿化景观系统规划、城市物质空间（图 3-9）。

宏观定位中有 3 个层面。①五点城市设计目标：功能定位、土地开发、交通系统、城市配套和基础设施、景观环境。②四项城市设计原则：区域协调发展原则、生态环境最佳原则、弹性发展原则、可操作性原则。③五条城市设计观念：动态适应的发展观，以人为本的城市观，整合环境的设计观，公共政策的参与观，经营城市的制度观。

分项设计包含土地利用及开发、道路交通规划、绿化景观系统、城市物质空间四个分项。①土地利用及开发首先确定了规划目标，然后提出相应的城市设计策略，确定了开发区段，提出土地的混合利用与高度控制。②道路交通规划包含三部分内容：规划目标、城市设计策略和具体的道路系统规划以及交通设施规划。设计中提出增加次级路网，控制建筑出入口位置，整合步行系统，合理分布停车点位置等具体方案。③绿化景观系统规划包含了四部分内容：规划目标、城市设计策略以及景观轴线、景观节点设计。④城市物质空间这一分项中，提出三点规划目标，并按照宏观、中观、微观三个层次予以展开设计。具体内容参见附录 E。

3. 分析

狮山路两侧城市设计，反映了整个苏州高新区在进入后开发区时代向新城区转向过程中城市空间表征中观层面的一般规律。

（1）城市设计目标

在城市设计目标方面，狮山路两侧城市设计是多元化的，既包括物质形态方面的目标，又包括经济方面以及社会方面的目标。①在物质形态方面，总体城市设计目标就提出"将狮山路及周边地区建设成为体现发展中的新苏州形象特色的中心"。这就表明狮山路城市设计的目标在物质形态方面主要是使城市可感知、有特色、多样化、宜人化等，追求城市的高品质。②在经济方面，总体城市设计目标就是"将狮山路及周边地区建设成为苏州新区经济中心"，并具体提出各项目标。土地开发利用提出"有序控制土地开发，城市建设用地增长方式由'粗放型'转为'集约型'发展，土地开发由开发分散型转为整体型，走城市建设集约化发展道路"的发展目标。道路交通规划提出"充分挖掘现有路网的潜力，结合旧城改造完善次干道和支路系统，明确道路功能，提高运行效率，形成多元化的路网结构和捷运系统，改善整体交通环境"的发展目标。城市配套和基础设施的目标为"建设现代化的城市基础设施和高质量的公共服务配套设施，保证为城市的对外经济与文化交流功能提供完善、便捷、高效的服务"。这些目标的提出就是为了合理与高效地利用土地，繁荣地区经济，追求城市的高效益。③在社会方面的目标则是保障社会公平，使社会空间布局合理化，追求城市的高民主。这一点可以从总体目标中看出："建立协调发展的城市次中心区的现代化都市形象与居住生活环境，着力塑造城市景观及视觉环境，创造一个具有独特水乡风格和人文色彩的现代化生态复合型城区。"总之，狮山路两侧城市设计的目标是整合、协调各方向的目标，在城市发展的动态过程中寻求最优。这些目标的设定对于从开发区向新城区转型的区域而言是恰如其分而行之有效的。不仅使狮山路区域顺利地向新城区转化发展，更重要的是使狮山路区域的发展成为有品质的、有内涵可持续发展的新城区。

（2）城市设计对象

在城市设计对象方面，狮山路两侧城市设计的对象是综合性——涉及以"人"为核心的综合环境。既包括城市实体环境，如土地、道路、建筑群体，还包括实体与空间及自然相结合的环境，如景观、城市开放空间、交通等等。但是，设计对象没有延伸扩大到整个城市的政策、经济等方面。也就是说，尽管在总体目标方面城市设计涉及物质空间、经济、社会三方面，在具体策略方面却更多地关注城市物质空间，而忽略了非物质空间。究其原因，一方面，该城市设计的研究区域范围仅仅是开发区或说新城区的一个具体的小区域，范围的限制使得仅仅针对该区域的经济甚至政治政策很难单独推行，往往是依附于针对更大区域的政策来覆盖、辐射。另一方面，城市设计在我国还没有从立法角度予以确定，我国的城市设计编制缺乏体制认可和法律保障，因此造成了狮山路两侧城市设计重形式层面的"设计"轻政策层面的"管治"，控制力不足。因此在目标设定与具体实施之间存在对应缺失。

（3）城市设计技术手段

在城市设计技术手段方面，不仅仅局限于传统的建筑设计、详细规划的技术手段，而是采用多种手段。包括规划设计手段，如对市民的使用、停留与交往，交通及活动路线，街道广场与绿化，整体与局部的景观，建筑物的组群关系，声光热与小气候；也采用建筑设计手段中的室内外空间结合，空间组合与建筑造型，色彩与质感的运用，光影及明暗的安排等；艺术和美术手段，诸如协调和对比，主体与陪衬，高潮与低潮，韵律与节奏，广告与路标等。在设计中也试图引入公众参与的方法。生态环保也作为设计手段予以运用。多种多样的技术手段更多地体现出"设计性"，与建成空间环境紧密相连，与城市空间实践紧密相连，同时也关注到日常生活空间，关注到城市空间再现。

（4）城市设计类型

从城市设计类型来看，不同的分类标准，使其有着不同的归属。从城市设计研究的角度来分，狮山路城市设计属于社会政治经济层面的城市设计中的作为政策表现的设计；从城市设计的创作程序来看，该设计属于局部城市设计；从城市设计时间开展的不同取向和专业性质来看，该设计属于开发型城市设计，即城市中大面积的街区和建筑开发，属于大尺度大发展计划，其目的在于维护城市环境整体性的公共利益，提高市民生活的空间环境品质[115]。同时，狮山路城市设计也是更新型城市设计，确切地说是城市新区中的更新型城市设计。当新城区经过一定时期的发展，也有进行更新改造的可能与需要。本次城市设计就是以城市更新为目标，即建立在城市整体功能结构调整综合协调的基础上，形成增强城市发展能力，提高城市生活质量，推动社会全面进步的综合目标。这种类型的城市设计也是已经发展20余年的苏州高新区中的典型设计。

（5）城市设计主体

在城市设计的设计主体方面，狮山路两侧城市设计是直接委托美国著名建筑师事务所PJAR 进行设计的。该事务所曾经在苏州高新区湖滨新城概念规划国际竞赛中中标，在该次竞赛之后就一直活跃在苏州新区的规划、建筑设计平台之中，狮山路城市设计是苏州新区第一次引入境外设计力量进行的城市设计，也标志着苏州高新区城市设计项目逐渐开放，境外事务所的加入也拓展了苏州高新区城市设计的视野，提升了水平。

狮山路两侧城市设计反映了在开发区向新城区转向的过程中，中观层面城市空间表征是如何对于这种新城区转向进行控制与引导的。它受到上一层级城市空间表征的控制，又直接指导下一层级城市空间表征的运作，直接或间接地影响到了狮山路区域的城市空间实践，乃至城市再现空间。

3.2.3 苏州高新区城市空间表征的微观控制

罗西认为，城市是由住宅和主要元素组成。[116] 我们可以进一步地理解为，城市是由大量性的建筑和标志性建筑组成。对于苏州高新区，大量性建筑不仅仅由住宅所代表，大量的研发、高新产业建筑也成为大量性建筑的重要组成。前文已述，建筑设计可以视为城市空间表征的微观层面。那么，对苏州高新区城市微观空间表征的探究则可以从研发，高新产业建筑，特定地标建筑（纪念物）的设计切入。这些建筑一方面成为城市空间的微观基质，另一方面也建构自身的空间。

3.2.3.1 大量性建筑

苏州高新区中的大量性建筑不仅仅包括普通城市中常见的住宅，还包括与高新产业密切相关的各类研发、生产建筑。

1. 研发建筑

在狮山路区域，研发建筑仅仅是在早期苏州高新区尚未步入后开发区时代作为新兴技术工业的生产性建筑出现的，设计时间久远，并且设计较为简陋，以低层、单层面积巨大为特征，并且以现代主义风格为主，装饰较少，简约简单。

2. 居住建筑

伴随着苏州高新区的后开发区时代发展，伴随其向新城区的转向，狮山路区域由最初单纯的高新技术开发区，发展成到城市新区、中心城区。因此，在各个层级的城市空间表征中，居住功能不断被加强，居住建筑成为继产业研发建筑之外的又一大量性建筑类别，并且在此区域逐步取代了研发建筑的统治性地位而成为数量最大的大量性建筑。

具有政府背景的苏州高新集团下属的三家房地产开发企业——苏州新港建设集团有限公司、苏州新创建设发展有限公司、苏州永新置地有限公司所开发的居住建筑项目已占全区域同类项目总量的40%以上。因此，苏州高新集团开发的居住建筑很大程度代表了整个苏州高新区居住建筑中体现的微观城市空间表征。

新港名城花园于 2002 年由苏州新港建设集团有限公司开发（图 3-10）。加拿大 B+H 国际建筑师事务所设计，规划联排别墅、多层、小高层，通过水系、组团绿化、绿化小品等合理运用，诠释优美居住内涵。位于苏州新区商业金融街狮山路，毗邻华东地区大型游

图 3-10　新港名城花园设计
图片来源：新港名城花园售楼书 [Z]，2004

乐主题公园——苏州乐园。小区占地面积 191556m²，总建筑面积 191228.55m²，容积率为
1，绿化率为 43%，堪称新区较大的国际化生活小区。小区内物业形态囊括联排住宅、多层、
小高层及高层，并设置了一静一动双会所。会所有网球馆、乒乓球室、健身房、壁球馆、
游泳池。小区内有国际双语幼儿园、智能物业管理。建筑风格偏向简洁的现代主义，建筑
立面由棕红色石材、灰白色涂料，以及大面积玻璃构成，强调形体块面的搭接。

3. 小结

狮山路区域中的大量性建筑既包含了普通城市中常见的居住建筑，也包含了产业研发
建筑。居住建筑的设计以多层、小高层的集合住宅为主，少量联排别墅间或其间。不同类
型的住宅常常混合开发，在一起共享配套设施。设计者既包括国内大型设计研究院，也包
括私营设计公司、境外设计公司，因此设计水平参差不齐。整体而言，设计风格偏好现代，
以简洁为主，装饰较为简单；建筑立面也多为涂料或石材饰面，与玻璃一起形成对比；建
筑形体以板式为主，早期出现过点式形体。

产业研发建筑是苏州高新区内另外一种常见的大量性建筑。但是目前在狮山路区域已
不多见。早期的该类建筑多为产业建筑，设计往往是类似于硅谷（参见附录 A）的花园式，
建筑较低而占地面积广大。随着苏州高新区自主创新能力的提高，更多的规模不等的研发
类企业落户其中，对该类建筑的要求也日趋多样化，建筑功能、形体也随之变化发展。但是，
这类建筑设计对硅谷建筑的膜拜还是没有改变。设计概念常常与高科技相关联，比如集成
电路的意向；形体追求纯粹、简明；建筑细部追求高科技的精致。

3.2.3.2 标志性建筑

标志性建筑在罗西对城市建筑的阐释中就是主要元素。这种建筑和大量性建筑的区别
就在于主要元素是可以"发挥凝聚核心作用的特殊城市元素的整体特征"。主要元素"以
一种永恒的方式参与了城市的历史演变，并且通常等同于构成城市的主要建筑体"[116][123]。
这些建筑往往有着重要功能，位置显赫，往往和城市的历史情感相连，和城市的记忆相关，
是城市营销的名片。

从狮山路区域城市空间表征微观层面的发展过程而言，伴随着整个区域向新城区转向，
伴随着城市空间表征的宏观、中观层面逐步完善并且发挥作用，要求整个区域高品质发展，
微观城市空间表征中建筑设计的水准也不断提升。早期的建筑设计受当时经济条件、开发

区发展水平以及设计条件等因素的制约，哪怕是标志性建筑也未能展现较高的设计水平。但是，随着狮山路区域向新城区的转化，对城市品质要求的提高，建筑设计的水平也随之提高。

在狮山路区域，20 年的发展中也产生了与其整体形象密切相关的标志性建筑。标志性建筑不仅要体现地理区域优势，建筑本身还应该是出类拔萃、独树一帜的。这类建筑往往代表了城市中较高的营建、设计水准，因而成为微观城市空间表征中的重要一笔。同时，标志性建筑又是依照城市规划、城市设计的相关要求而设计，因而宏观、中观城市空间表征对其影响、制约更明显。在苏州高新区，标志性建筑既包括具有重要功能意义的建筑，也包括在形态上独特显著，成为地标的建筑。高新国际商务广场就是集上述特点为一体的单体建筑。

狮山路 CBD 核心区是苏州高新区现代化都市形象展示区，是苏州中核主城的重要组成部分。188m 超高层高新国际商务广场将成为狮山路第二高建筑，将为该区域发展成为苏州市最繁华的现代商务中心增添一个既绚丽多姿又雄伟挺拔的标志性建筑（图 3-11）。该项目由加拿大 AAI 国际建筑事务所设计。

规划中的高新国际商务广场位于狮山路北，金狮广场东侧，人才大厦西侧，利用开敞宽阔的金狮广场，直接面向苏州高新区最重要主干道狮山路。总用地面积 5242m²，总建筑面积 10.6 万 m²，其中地上建筑面积 6.8 万 m²。主楼的主要功能为商务办公，总层高 45 层，地面 42 层，地下 3 层。

高新国际商务广场主楼建筑形象现代简约，通过高大方正的四方体建筑外形和玻璃幕外墙技术，体现超高层建筑高耸挺拔和大气恢宏的建筑形象；玻璃幕外墙局部的斜切及顶部微弧的立面处理结合弧形平面造型，体现苏州特有的温润婉约气质。主楼既体现了整体形象的大气，又刻画了细部独特性和地域文脉性。

高新国际商务广场主楼内部设计时尚合理，首层为 10.2m 层高大堂，二层为会议中心，三层至四十二层均为核心筒居中结构，大开间自由间隔办公室，办公空间舒适又灵活。

狮山路区域的标志性建筑不仅仅在市场运作方面是文化活动、经济活动的一个平台，而且从功能方面来说，标志性建筑还引导一种新的活力，有一定的社会影响力，在完善城市功能方面起到了一定的推动作用。在这里，标志性建筑的设计中不仅在外形上具有一定的创新性，在功能上还具有超前性和包容性。高新国际商务广场不仅是一座功能完善的现代化综合办公大楼，而且将为创业孵化、科技研发提供良好的建筑载体。在狮山路区域，标志性建筑

图 3-11　高新国际商务广场设计
图片来源：高新国际商务广场 [Z]，2007；苏州高新区狮山路两侧城市设计文本 [2]，2006

不仅拥有自身独特的魅力，还成就了城市空间的重要布局。高耸的形象是狮山路城市空间的重要节点，成为城市空间节奏的一个高潮。标志性建筑是微观城市空间表征中的建筑主角，是环境、文化、教育氛围等各方面合力作用下的城市微观空间表征的地域经典。

3.2.3.3 微观城市空间表征特征

1. 整体水平在不断攀升

整体水平上升的原因在于：①早期的微观城市表征是在无序的环境下发生的，随着区域的发展，城市空间表征的体系已经建立，宏观、中观城市空间表征可以指导、制约、影响、控制微观城市空间表征的水平。②苏州高新区发展积累了大量的资金，可以用来改善、提高微观城市空间表征水准，比如出资举办竞赛，聘请高水平的设计实体。③狮山路区域已经从开发区转向城市新区，城市对于自身环境品质、空间品质的要求提升了微观城市空间表征水平，早期在开发区阶段，空间表征是为了提升经济效益而服务的，而后开发区时代，城市空间表征则需要满足经济、社会、文化等等方面的综合效益，间接地促进了微观城市表征水平的提升。

2. 更多地展现了流空间作用下的特征

置身于狮山路区域，很难辨别自己身处何方。这里的微观城市表征仿佛"不属于任何地方、任何文化"[59]。无论是建筑设计中的摩天楼、玻璃幕墙，还是景观设计中的广场、街头公园都是可以在任何一个被流空间控制的，或者说流空间中的节点城市中恰如其分地存在。研发建筑追求硅谷范式的科技美学（参见附录A），住宅建筑偏好现代简约风格，标志性建筑更以国际视野、国际标准而自居。千篇一律的建筑设计，似曾相识的景观设计其实正是流空间带来全球化统一的结果，是流空间的特征。作为苏州这个千年古城城市中心区的组成，狮山路区域中城市微观空间表征受到的地方空间的影响却微乎其微。

3.2.4 小结

狮山路区域城市空间表征经历了一个自上到下，自宏观到微观，自概念到具体的一个历程，其发展迄今可分为三个阶段，三个层面。三个阶段分别对应了开发区生命周期中的设立期、强化期与后开发区时期。三个层面则是宏观层面的城市总体规划及控制性详细规划，中观层面的城市设计，以及微观层面的建筑设计与景观设计。

在宏观层面，区域及城市总体规划分别经历"东城西市"时期的空间表征，包括1986年空间表征设想与1991年空间表征蓝图；"一体两翼"时期，包括1992年空间表征新纪元，1994年空间表征转型，1996年空间表征新定位，以及2000年空间表征转折点；"五区组团"时期，包括2001～2002年空间表征调整，2002年空间表征扩容，2003年空间表征扩大研究，2004年空间表征深化。在总体规划的历程中，苏州高新区名称发生了更迭，范围进行了拓展，整体定位升级，城市功能拓展，是一个随着城市复杂性的增加，从构想到实现，从概念到实施的一个过程。

狮山片控制性详细规划则作为宏观城市空间表征的另一个分层出现。总体上，控规是迟于总体规划出台颁布的，狮山片的控规出台之时，苏州高新区已经进入后开发区时代，片区向新城区转向；上一层次空间表征对其定位发生变化的情况下，自身发展过程中功能产业自发演进。因此，狮山片控规虽然规划模式与其他片区相似，但是在功能定位方面体现新城区转向，其中河道水系规划强调水乡特色成为规划的一个亮点。

在狮山路区域城市空间表征的中观层面上，和整个苏州高新区其他区域的城市设计类似，在城市空间表征中介入较迟。狮山路两侧城市设计历经三个设计过程，涉及设计目标、设计原则与分项设计。城市设计目标多元化，城市设计对象重视物质空间而忽略非物质空间，城市设计技术手段丰富，城市设计主体为境外设计单位。狮山路两侧城市设计也反映了在开发区向新城区转向的过程中，城市空间表征是如何对于这种新城区转向进行控制与引导，它的优劣成败直接影响到了狮山路区域的城市空间实践，乃至城市再现空间。

在狮山路区域微观城市空间表征层面，主要包括建筑设计与景观设计。对于前者的分析更具有代表性。建筑设计中包含大量性建筑的设计，也包括标志性建筑的设计。在狮山路区域，前者包括研发建筑与居住建筑，后者包含功能重要和位置显赫的建筑。总体而言，狮山路区域的微观城市空间表征整体水平在不断攀升，更多地展现了流空间作用下的特征，地方空间的影响有限。

3.3　苏州高新区城市空间表征的参与者

从认识论的角度来看，城市空间表征的参与者首先包括主体。主体是在认识过程中相对客体而言的主动活动的部分，即处于城市空间表征活动之中的人。对主体的界定，主体本身的认识能力、认识结构、情感意志、价值判断的变化也对城市空间表征有着非常重要的影响。从列斐伏尔将空间表征描述为"概念化的空间，科学家、规划者、城市规划专家、技术专家和社会工程师的空间，具有科学倾向的某种类型的艺术家的空间……"因而城市空间表征的主体就包括科学家、规划者、城市规划专家、技术专家和社会工程师这样的专业设计师。

但是，除此之外，在对狮山路区域城市空间表征历程的分析中，可以发现还有更多的参与者涉足其中。在城市宏观空间表征比较表（附录B）中，我们可以看到涉及的参与者主要是政府与规划设计师（团队）；在中观城市空间表征比较表（附录C）中可以看出参与者既包括政府、设计师，也包括地产开发商；在微观城市空间表征比较表中，可以发现涉及的参与者更多——政府、地产开发商、产业企业主，以及各类设计师。因此，城市空间表征的参与者除去专业设计师之外，政府、产业开发者乃至普通大众都在不同程度上参与其中。

3.3.1　参与者的利益主体划分

3.3.1.1　利益主体

"利益主体"（stakeholder）诞生自管理学。在管理学理论中，利益主体是指"任何享有特定的资源与条件，且能影响组织目标实现或被该目标影响的群体或个人"。利益主体理论既不同于只考虑供应商和消费者的生产观念，也不同于只关注所有者、员工、供应商和消费者的传统管理观念，而是将政府、社区以及相关的政治、经济和社会环境乃至非人类的因素如自然生态环境等纳入其中，将企业的社会责任和管理紧密联系起来，在公司及其他管理领域提供了一种全新的管理模式。

3.3.1.2 城市空间表征中的利益主体

英美城市学家率先将管理学的理论基础结合微观企业治理中的"利益主体"具体应用在城市规划中，把"利益主体"相关系统理论和实践经验引入城市规划建设领域的研究层面。城市规划工作相关的利益主体指的是与城市规划发生关系，在城市的规划、建设、管理和评价过程中享有利益的主体。[117] 那么，我们可以将此概念进一步延伸，城市空间表征的利益主体指的是与城市空间表征发生关系，在其发生过程中享有利益的主体。具体说来，利益主体涉及城市空间表征的创造者、决策者和享用者等，且不同时期、不同区域的利益主体的构成并非一成不变的。

利益主体具有分享城市空间表征的权利和创造利益的义务，在他们创造和享受城市物质和非物质环境的过程中，彼此之间利益相互影响。市场经济体制下，各利益主体的理性行为愈加突出，表现为典型的"理性经济人"，即人们以经济利益为目的，总是在城市规划相关工作中选择能够为自己带来最大利益的行为。根据利益主体的不同，可以将城市空间表征的参与者分为四类：政府、经济组织、专业设计师、市民。

3.3.2 四类参与者

3.3.2.1 专业设计师——技术角度参与者

列斐伏尔将空间表征定义为科学家、规划者、城市规划专家、技术专家和社会工程师的空间。这些空间表征的主体都是接受过专业教育，具有专业素养的专业人员。因此很大程度上，这种空间是技术角度的空间。不同专业对于城市空间有着不同的理解。科学家大多以欧氏几何学空间体系来解释空间秩序，当然也包括城市空间。地理学家眼中的空间主要是指构成地表空间的各个组成部分在功能、形态上的联系和相互作用方式。社会学家从社会系统与空间的互动关系角度，研究空间秩序和空间表现形式。城市规划师将城市空间看作是人类社会、经济、文化活动及其功能组织在城市地域空间上的投影，城市空间是人类各种活动的载体。建筑师则往往从形式、资源和体制三个层次来分析城市空间及居住环境。这其中，城市规划师、建筑师对于城市空间表征的作用更为直接。在苏州高新区空间表征参与者的探讨中，可以将城市规划师、建筑师作为专业设计师的代表（以下简称设计师）。

在苏州高新区空间表征的历程中，可以清晰明确地看出专业设计师在其中的参与。无论是宏观尺度的城市规划，包括总体规划、详细规划，还是中观尺度的城市设计，乃至微观尺度的建筑设计、景观设计，以及伴随其中的各类工程设计，这些具备专业知识和职业技能，客观上享有专业优势的人群都起到极其重要的作用。他们所承担的任务既是向权力讲述真理，又是向公众宣传权威。

专业设计师一方面提供专业知识，从而建构了苏州高新区空间表征；另一方面，他们与其他参与者的沟通影响了空间表征的最终形成，并且成为联系空间生产、空间表征、空间实践、再现空间的媒介，在整个苏州高新区的城市规划中发挥重要作用。

1. 专业设计师的作用

（1）提供专业知识

作为技术人员的设计师，他们以自己认为符合规划原则的方式来处理城市问题、空间问题，利用各种新技术充实其分析手段，制定自己认为合法并且最优的规划案或是建筑方案，提供给政府或其他业主去选择。在理想状态下，对于规划师，他们认为规划代表了公共利益，在规划成果（这里指成果而不是指实施）中贯彻公共利益的原则；对于建筑师，他们认为设计不仅代表了业主的利益，同时也要兼顾公众的利益。对于包括规划师、建筑师在内的所有设计师，设计应该采用真实的资料，技术手段和合理的方法，从而使得方案是最佳的。用专业知识实现职业理想就是建构空间表征的过程——技术理性的过程。

（2）沟通桥梁

但实际上，设计师并不能以理想状态建构城市空间表征。与建构空间表征相伴的还有一个修正的过程，即设计师采取一些技巧和本领来与政府官员，规划或设计所涉及的单位、团体或个人沟通的过程。这种沟通的过程往往以其严密、综合、有远见的分析、推理之类的过硬本领来建立技术威信，取得政府和顾主的认同，达到整合规划的目的。[118]这种沟通使得设计师自身认为代表的公共利益（或者业主利益），能够更加贴近真正的公共（业主）利益，更大程度上得到公众（业主）的认同。建立在沟通基础上的空间表征更进一步契合空间实践。

2. 狮山路区域专业设计参与者的特点

在苏州高新区的发展过程中，专业设计师的构成结构也正在不断变化。从中我们可以看出：在苏州高新区建立之初，参与空间表征的设计者更多的是具有国企背景的大型规划院、设计院，但是随着苏州高新区的发展，越来越多的私营、境外背景的设计单位介入到各类设计之中，也就是越来越多地参与到苏州高新区的空间表征之中。这与整个国家的开放过程是一致的，与设计市场的渐次开放是一致的，与中国加入 WTO 的进程是一致的。

但是，与城市规划、城市设计与建筑设计、景观设计的设计主体的构成并不相同，在苏州高新区城市规划一直是由事业单位背景的规划设计研究院所垄断，因而城市规划的设计主体是有着政府背景的设计实体。这是因为在我国，规划设计研究部门属于行政事业单位建制，隶属于规划管理部门，并且城市规划实践的"一些重大问题的解决都必须以国家有关方针政策为依据"[118]，甚至一些重要的城市规划（如城市总体规划）需要规划师与规划管理部门联手编制，因而选择政府背景的规划设计研究单位，有利于规划编制的顺利完成，也形成了我国的特色。建筑设计、景观设计往往由于业主的多元化，涉及利益的多元化，对设计师的选择也呈多元化态势。在苏州高新区，相当一部分具有外资背景的企业更乐于选择境外的设计实体彰显其企业文化。而城市设计，作为中观的城市空间表征，虽然其设计的委托方多数为政府或其下属开发实体，但是进入后开发区时代之后其设计主体也越来越多地引入境外的设计实体参加设计和咨询。这和地方政府的城市营销密不可分，苏州高新区向新城区转向时，希望借助高新区名称优势塑造外向的、硅谷式高效、科技的城市形象，因此适当引入境外的设计实体有利于城市特色的形成，有利于城市的对外宣传。

3.3.2.2 政府——政治角度参与者

从政治角度看，城市空间是重要的资源，是实施政治控制的重要组成部分，而城市空间表征是政府运用公共权力而进行资源的权威性分配的过程，政府是城市空间表征深度参与者。事实上，政府所代表的权力结构直接影响着空间表征的形成。所谓权力结构，由指向、层次和时间性三要素构成[119]。首先是权力指向可以理解为权力的导向，即权力的价值取向。空间的利用有一定的秩序，这也就是城市空间表征的一种理想形态，但当空间表征与权力指向发生矛盾时，必定优先服从于权力指向。第二是权力运作的层次，即权力主体作用于客体的间接性。由于空间的信息具有高度的场所特点，权力层次多必定导致对空间信息把握失真的问题。因此，空间表征管理层次的设置、运作与空间资源管理的水平密切相关。层次太多，信息失真，控制力不够；层次过于简单，信息量庞大，管理工作繁重，也不利于控制。第三是时间性。政策执行往往随时间推移而改变方向，下一层次权力机关基于权力本位和地方利益就会出现反权力倾向，导致权力缺乏延续性。例如，总体规划审批往往久而不决，等规划审批后，城市建设的情况又发生了变化，时间过长影响了规划的严肃性。因此，政府影响空间表征很大程度上取决于权力结构的影响。

1990年4月1日《中华人民共和国城市规划法》明确规定了城市政府作为城市规划管理的法定主体地位，城市规划成为政府的一项重要职能。而城市规划恰恰是城市空间表征的重要组成。同时，城市空间表征的另一组成——城市设计作为政府对重点地区整体空间、形象的控制，也毫无例外地涉及政府的参与。至于建筑设计、景观设计则均需要政府相关职能部门的审批与监督。因而，政府在城市空间表征中的作用及影响是无处不在的。

1. 参与方式

政府对空间表征的参与主要体现在以下几个方面：

（1）组织编制

政府首先是城市空间表征的编制组织者和审批者。各类专家设想下的城市空间表征不是自发地被构想出来，而是有序地有组织地被建构出，并且这些城市空间表征在审批的过程中又不断被调整。对于城市规划及城市设计而言，地方行政机构是地方性政策法规建议的主要来源，也是执行的主导机构，地方的城市规划、城市设计由地方政府组织开展编制；在编制过程中，地方政府有职责将客观有利于本地社会经济全面发展的，代表广大公众根本利益的意见和建议传达给编制人员，与具体的设计、编制人员讨论并交换意见。而对于建筑设计、景观设计，在设计项目立项之初，地方政府就通过"一书两证"参与其中。"一书两证"是对中国城市规划实施管理的基本制度的通称，即城市规划行政主管部门核准发放的建设项目选址意见书、建设用地规划许可证和建设工程规划许可证，根据依法审批的城市规划和有关法律规范，对各项建设用地和各类建设工程进行组织、控制、引导和协调，使其纳入城市规划的轨道。[120]

（2）法律保障

政府对城市空间表征的参与还表现在能够赋予城市空间表征以一定的法律效力。控制性详细规划以上级别的城市规划，城市设计之中的法定图则，都是在政府的保障之下以城市规划建设法律、法规的施行和政令的形式得以畅通颁布执行。城市规划、城市设计一旦确定,就具有法律效力,在政府的监督和管理下,各相关单位、团体或个人按城市规划编制内容实施操作,不得违背。

(3) 决策方案

政府对城市空间表征非常重要的作用就在于政府对城市空间表征具有相当大的决策权,特别是对于城市设计及城市规划。这种决策是通过政治精英和技术专家来实现的。规划行政主导和"规划龙头"的地位赋予专业官员极大的权力。《城市规划法》实行以来,城市规划的组织编制、审批、监督检查的主体都是政府(及相关行政主管部门),由于政府还具有管理经济、社会等综合职能,加之城市规划管理的专业性很强,城市政府规划管理的主要任务就落到规划行政主管部门身上。虽然《城市规划法》明确规定了规划分级审批制度,但从总体规划到详细规划,实际上是规划行政主管部门代理行使规划管理权,各级人大行使的只不过是规划形式上的审批权。从某种意义说,规划行政机关的权力超越立法机关。政治精英或称"行政阶级"(Mushkat,1982)专享规划决策绝对优势,甚至对政府高层官员最为有利。政府高层官员实际扮演双重的角色,他们既是政策制定者,也是政策执行者。技术专家分为两类,第一类为纯粹的专业学者,第二类兼有技术专家和官员的双重身份,也可以称他们为政府规划师。技术专家通过各类方案评审会表达自己的偏向,最终和政府中的政治精英一起决定城市空间表征过程中方案的去留,或者修改。

(4) 执行成果

政府对于城市空间表征的另一种参与在于保障城市空间表征成果可以被执行。城市空间表征向城市空间实践转化的过程中,政府对其成果的执行延续了城市空间表征。这样一个执行过程也就是对城市空间表征进行管理的过程。有了城市规划、城市设计不等于城市自然而然地建设好,还必须通过城市规划、城市设计实施管理,使各项建设遵循其要求组织实施。城市空间表征由于各种因素和条件的制约,需要通过城市空间表征管理协调处理好各种各样的问题。城市空间表征不断加以完善、补充和优化。因此城市空间表征管理既是城市空间表征的具体化,也是城市空间表征不断完善、深化的过程。城市空间表征与城市空间表征管理是相辅相成的。例如,地方政府对地区内"国有土地"的控制和分享就是很重要的一部分,围绕城市建设之源"国有土地",依照审批通过的城市规划合理配置和利用国有土地资源,引导和协调城市建设活动等。地方政府具有通过国有土地使用权出让或拍卖等手段吸引投资,获得财税收入从而用得到的经济回报去支持城市建设发展,为市民提供更多的公共服务以提高生活工作环境水平等职能。[121]

2. 狮山路区域城市空间表征政府参与者的特点

苏州高新区的地方政府就是苏州高新区管理委员会(简称新区管委会)。管委会自身特点不仅决定了整个苏州高新区经济运行,也直接影响到苏州高新区的空间表征。同时,关于总体层面的空间表征是由更高一层的地方政府——苏州市政府组织并参与的。

(1) 管理架构

在开发区中,通常有一个管理主体和一个开发主体。管理主体代表政府,通常是管委会,而开发主体往往是企业化的组织,通常是开发公司。因此,两种的关系是合二为一还是清晰分开，即决定着开发区的管理架构是政企合一还是政企分开。[122] 在 1999 年以前，苏州高新区管委会和苏州高新区开发总公司就是政企合一，到 1999 年以后，苏州高新区进入后开发区时代，两者分开，苏州高新区朝着政企关系更明晰的方向发展。早期的政企合一模式行政效率高，调动资源的能力强。但是，这种早期模式易导致政企不分，管委会管理权力过分集中，使管委会精力分散，降低管理的效率。因此，在 1999 年苏州高新区管委会和开发公司政企分开之后，优势是明显的，它体现了"小政府、大企业（社会）"的原则，充分发挥了管委会和开发公司各自的优势，这种模式更适用于后开发区时代的苏州高新区，使之能够充分地发挥政府的行政职能。这种高效的行政管理架构使得苏州高新区政府在对城市空间表征的参与过程中，能够积极、快速引领并反馈各种信息，并且能够及时与空间表征的其他参与者交流，保障城市空间表征推进效率。

（2）重视服务

苏州高新区管委会是服务型政府，实践着"亲商"理念。政府变管理为服务，为企业提供"全过程"服务，覆盖了产前、产中、产后的各个环节，实行了"一站式办公"、"一门式服务"外，还建立定期走访制度、专人负责制度等。[122] 为此，苏州高新区管委会专门设置派出机构——苏州高新区行政服务中心。根据苏州高新区管委会的授权，履行对进驻部门集中进行审批、收费事项的组织协调、监督管理和指导服务的职能。为了规范行政服务行为，简化办事程序，提高行政效率。苏州高新区规划分局也在此进驻，接受建设项目建设工程验线审查手续，项目设计方案审查申办，建设项目规划验收合格证申办，联合审批项目申办，建设项目选址意见书申办，建设工程规划许可证申办，建设用地规划许可证申办的事项办理。对服务的重视提升了政府参与空间表征的效率，便于更多企业参与者的引入，也方便了公众或者专业设计者对于城市空间表征的参与。

（3）专家程序

前文已述，政府对城市空间表征的参与往往在于对方案的决策，政府对城市空间表征的决策方式也是各不相同。苏州高新区政府往往通过固定的专家评审程序来帮助完成决策的。对于城市设计等重要项目，通常会组织一个评审小组，对各类设计进行抉择或提出进一步发展的建议。这样一个评审组往往由参加论证会政府官员、相关职能部门工作人员及 3 ～ 5 人专家组成，也就是由技术官员和专业学者共同构成的。政府中的技术官员，属于政府中的专业设计人员，但是更多地拥有政府属性，成为政府专家程序中非常重要的一员。固定的专家程序模式有助于政府公平、公正地参与城市空间表征，也成为苏州高新区政府参与城市空间表征的一个特点。

3.3.2.3 经济组织——经济角度参与者

1. 参与者分类

城市经济组织是城市中从事生产经营活动的基本组织单位，它是城市发挥经济功能的主体，是城市财富的主要创造者，城市经济组织奠定了城市发展的经济基础。[118] 当前，我国城市经济组织构成极具多元化。从所有制形式分，有国有、集体、民营、个体企业等；从经营形式分，有国资、外商独资、中外合资、股份制企业等；从行政隶属分（改革前），有中央企业、地方和部队企业，等等。城市经济组织对城市空间表征的参与日益增强。根据苏州高新区经济组织参与开发目的的不同，可以将其划分为两类：房地产开发类经济组织，以及其他非房产开发类经济组织。

（1）房地产开发类经济组织

房地产开发类经济组织，或称房产开发商是以作为土地投资作为获益手段的经济组织，其经营运作对城市土地利用产生直接影响。房产企业通过市场竞争获得开发土地，政府从土地市场中获得巨额财富，再用于城市公共领域投资。城市土地使用制度改革以来，城市建设速度超过以往任何历史时期，这是与房地产的贡献分不开的。房地产企业的经营活动占据了大量的城市用地，使城市用地范围不断扩展，用地的开发强度增大。房地产企业所提供的各种功能的建筑和设计，不仅满足了市场的需求，而且为发挥城市的综合功能提供了物质空间保障。开发商在空间扩展和城市更新中，代替城市政府或与政府合作进行具体的操作，解决城市发展中物质空间不足和某些社会问题（如住房缺乏等），而且开发商的经营活动丰富了房地产市场，使城市中的不动产也都在使用价值之外具有潜在的市场交换价值。[118]

房地产开发商对城市空间表征的参与是直接而多样的。一方面，房地产开发商是建筑设计或是景观设计这类微观城市空间表征直接的组织者、授意者，而获得最大化利益是其追求的目标，因而对土地的垄断使用，对建筑产品利润的追逐直接影响到专业设计者对城市空间表征的建构。另一方面，土地的稀缺性以及不可移动的特点，使得房产开发商也会对宏观、中观城市空间表征施加其影响力：在建设项目选址、开发强度等方面已拥有不可忽视的发言权，他们希望在城市规划制度的形成过程中获得表达意愿的机会，以便实现其权力和利益的最大化。

（2）非房产开发类经济组织

作为城市的经济组织单元，总是以最小的成本投入换取最大的效用，这构成企业在城市中选择空间区位的基本原则。每一种产业都有其自身空间布局的经济规律，不同类别的经济组织对资本、劳动力、技术、土地等等生产要素的需求会表现出特定的方式。这在诸多城市经济学的论著中都有涉及。以技术进步为基础的产业活动空间在城市整体的空间格局中占有支配的地位，因此，企业是城市空间系统发生结构演变的重要促动者。

非房产开发类经济组织对于城市空间表征的参与，一方面在于其发展的经济规律影响了产业的城市空间布局，进而影响了宏观的城市空间表征。他们对与自身投资建设密切相关的城市规划工作抱有极大的热情，关心城市产业布局在规划层面的可行性、效益性和重要性等问题，更加希望能通过参与其中，以期获得最大限度的经济效益。希望通过对城市空间表征的参与，获得更好的城市资源，包括优越的区位条件，富足的生态承载力和良好的产业氛围及基础设施等。另一方面，非房产开发类经济组织自身建设的需求，直接影响到微观城市空间表征。他们企业文化的偏好，自身营销的需求都直接反馈到微观城市空间表征之中。

2. 狮山路区域城市空间表征经济组织参与者特征

（1）高新企业强势话语权

苏州高新区成立之初就确立了"促进高技术成果的商品化、产业化，对调整产业结构，推动传统产业的改造，提高劳动生产率，增强国际竞争能力"[123]的战略目标。完成这一目标很大程度上依赖于对外资的引入，对国外高新技术企业的引进。到 2005 年，苏州高新区已经累计吸引外资 185 亿美元，世界 500 强企业落户 53 家。而苏州高新区由于自身资金的短缺，早期开发一直采用"穷开发模式"。"所谓穷开发模式，是指开发区启动开发资金并不充裕，比较'穷'，这决定了其开发行为必定是'逐片开发'、'滚动开发'，即用初期有限的资金先开发一小片土地，等其有了收益，再用收益投入到下一片土地的开发中去。"[122]在这样的情况下，拥有充足资金的跨国企业对于城市空间表征就拥有了相当多的话语权，涉及从选址到用地范围的多重因素。我们可以看出像华硕、明基、罗技这样的跨国公司区占据了条件优越、产业氛围浓厚、基础设施完善的土地，并且用地范围可观，足以证明这些企业在城市空间表征中强势的话语权。

（2）全球化建筑风格偏好

在苏州高新区这样一个国家级高新技术开发区中，相当数量的经济组织具有高新科技背景，并且兼具全球化背景。因此，高科技产业的发源地硅谷的城市空间、建筑风格也成为苏州高新区企业的偏好（参见附录 A）。一方面，许多在苏州高新区发展的企业是总部设立在发达国家高科技企业的分支，其建筑风格受总公司的影响，呈现出类似硅谷的城市空间意向。另一方面，硅谷作为全球高新产业区膜拜的范本，其外在的风格被模仿。因而，在苏州高新区的经济组织往往以硅谷所呈现出的全球化建筑风格为范本，在建筑风格上更偏好简洁、精致。特别是苏州高新区建设早期，进驻苏州高新区的高科企业按照"花园式工厂"模式建设，公共绿地面积大，建筑系数偏低。

（3）房产企业开发比重大

在苏州高新区，生产型用地仅占全部可开发用地的 27.48%，第三产业用地高达59.12%，基础设施用地约占 13.4%。据研究，苏州高新区仅就工业用地效益而言，苏州已经超过了理想值。但是，苏州高新区的生产型用地比例远低于其他高新区。对于开发区这样的生产集中区，工业用地比重应该是越高越好，但是对于城市用地，工业用地比重应该是 15%～25%，苏州高新区正好符合这个比例。而且，苏州高新区建设用地利用结构中没有任何产出的居住用地高达 36.7%。这充分表明，在苏州高新区房地产类经济组织在经济组织总量中所占的比重比其他同类区域要高很多，从而反映出房产开发企业对土地的直接开发比重大。

3.3.2.4　市民——公众角度参与者

市民是城市空间表征参与者中一个重要而又数量众多的构成要素，是指不代表政府和经济组织的一般意义的城市居民。[118]市民作为城市已建成和将要开发的环境的最为广泛的"用户"，对其自身利益的诉求就体现在关心城市空间表征本身和相应的城市空间实践等方面，关心他们是否符合其生活工作需要、审美情趣和发展的可持续要求等。没有人不希望自己的生活环境质量优越，特别是在人们生活水平提高的今天，市民更加在自己能力允许范围内，选择力所能及的最佳环境，或者通过自身参与来优化环境。

1. 市民参与者特征

参与城市空间表征的市民，从地域范围上划分可以分为三种：其一，城市空间表征范

围内生活、工作、游憩或者流动的人，空间表征对他们生活工作的环境产生直接影响，或
变更，或修改，或保持等；其二，不直接参与城市规划范围内生活、工作等活动的人，但
间接受到城市规划对物质环境和社会经济等诸多方面的辐射影响；其三，目前不属于该城
市规划范围之内，但是以后会进入该范围的不确定性的群体。参与城市空间表征的市民，
从与其关联程度上划分，又可分为与特定的城市规划关联度相当高，关联度一般和关联度
甚微等三种人。

市民表现出在主观上有参与城市空间表征过程和影响其结果的强烈愿望。从城市空间
表征的生产过程开始，就以个体或者共同利益团体的身份给予全程充分关注和参与，迫切
要求把好空间表征"质量"关，广大社会公众对城市空间表征提出严格要求。但是，市民
对城市空间表征的参与并不是平均的。对于宏观空间表征，市民的关注总体上集中在城市
发展定位、交通规划、生态环境等方面。[124] 对于中观城市空间表征，市民参与者往往关注
外部空间塑造、功能配置、建筑高度、形态色彩、交通可达等方面。[125] 但是由于市民群体
在文化层次、教育背景、从事职业、年龄等方面的差异，决定了对总体城市空间表征关注
各异。在宏观、中观层面上，市民的参与往往是被动的，一般是通过成果展览、网上公示、
调查问卷的方式参与。对于微观城市表征，由于具体的建筑设计、景观设计与市民的实际
生活关系密切，市民的参与往往是主动的。一方面，市民可以直接参与方案的选比，选出
喜爱的设计方案。同时，可以对直接影响自己生活的项目，比如住宅设计提出自己的意见
和建议。另一方面，其他参与者在建构微观城市表征时，会对市民的偏好做出反应。因而，
市民在微观城市表征的参与更多一些。

2. 狮山路区域城市空间表征市民参与者特征

（1）政府网站公示建立长效机制

在苏州高新区规划分局网站上，设有规划专题的专栏。专栏中有对各个层次城市空
间表征中重点项目的公示介绍，包括宏观层面的总规和片区规划，以及详细规划，也包
括中观层面的城市设计，微观层面的建筑、景观重点项目介绍。这些介绍有选择性地向
市民展示了苏州高新区的城市空间表征。网站中还设有规划新闻专栏，专栏不仅实时更
新当下城市空间表征状况，而且还定期上传规划分局的工作小结与计划，更有利于市民
对城市空间表征的参与。

（2）市民参与规范文件缺乏

《苏州市城乡规划管理实施办法》第十三条规定了城市规划应有公众参与，即市民对
于城市空间表征的参与。遗憾的是，苏州高新区尽管在实践操作上都较以前更加重视市民
的参与，却在将这些措施上升为规范性文件方面做得不够。作为苏州城市规划最高效力的
《苏州市城市规划条例》对市民参与只字未提。《苏州市城乡规划管理实施办法》无法覆盖
市民参与城市规划的完整内涵，未能将其中公众参与的原则性规定具体化。对如何保证市
民参与城市规划的整个过程也未明确，法律和政府也不认可给予规划调研期间的公众群体
以规划后期的决策权。等到规划完成公布后实施时，按照现行的城市规划法规定，一般市
民只有被告知权、提议权和执行权。对于城市空间表征的其他层面，更缺乏相应的法律及
规范的确认，这势必影响市民参与的进一步深入。

3.3.3 小结

城市空间表征是被构想出的城市空间，是科学家、规划者、城市规划专家、技术专家
和社会工程师的空间。但是这并不意味着对于城市空间表征的参与仅限于各类专业规划师、
建筑师，或者工程师。政府及各类经济组织、市民都不同程度地参与了城市空间表征的建构。

专业设计师作为城市空间表征的技术角度直接参与者，直接决定了城市空间表征的品
质，他们的活动将城市空间表征与城市空间实践紧密地联系在一起。专业设计人员用自己
的专业知识建构城市空间表征，同时专业设计师通过自己的工作与城市空间表征的其他参
与者沟通，均衡各方利益。在苏州高新区，随着整个国家的渐次开放，随着入世的逐步深入，
参与城市空间表征的专业设计师的组成也日益丰富。全球化的影响，硅谷城市空间的示范
作用，直接或间接地影响专业设计者的眼界与思路（参见附录 A）。对专业设计师进行细分，
不同类别的城市空间表征对应不同类别的设计师，不同类别的专业设计师联系着不同的参
与者，共同影响了城市空间表征整体。

政府作为政治角度的参与者在城市空间表征中的作用及影响是无处不在的。政府参与，
可以组织城市空间表征的编制，可以为城市空间表征提供法律支持，同时也把握着城市空
间表征方案的决策权，并最终运用政治权力保障成果的执行。在苏州高新区，政府通过对
管理架构的改善来逐步适应日益壮大的苏州高新区，从政企合一变为政企分离，提高了管
理的效率，也提高了对城市空间表征的参与效率。伴随着全球化的进程在苏州高新区的一
步步加深，伴随着更多的外资涌入苏州高新区，伴随着高科技企业在苏州高新区孵化成长，
苏州高新区政府的服务意识也随之提高，成为服务型政府，反映到城市空间表征之中，就
是政府以更加虚怀若谷的方式参与其中。评审组评审城市空间表征项目是苏州高新区政府
参与空间表征的一项重要程序，并且以制度的形式固定下来。这种专家程序有助于保持一
个相对公正公平，保证政府参与城市空间表征的稳定性、一致性。

经济组织作为经济角度的参与者部分地参与了城市空间表征。房产开发经济组织以土
地为载体，直接参与到城市开发之中。这类经济组织一方面以雇佣关系直接影响城市空间
表征微观层面，另一方面，为了谋求更多的利益，房产开发经济组织通过各类渠道运作，
间接地参与到宏观城市空间表征。非房产开发类经济组织通过对城市空间表征的参与，而
获得更好的城市资源，包括优越的区位条件，富足的生态承载力，良好的产业氛围及基础
设施等，同时自身的建设也会直接影响到微观城市空间表征。在苏州高新区，经济组织参
与者中，高新企业特别是有着国际背景的大型企业拥有对城市空间表征强势的话语权。经
济组织整体偏好全球化建筑风格，作为企业形象的推介。与同类开发区相比，苏州高新区
的经济组织中房产类经济组织占据的比重更大一些。

城市空间表征参与者中人数最多的群体就是市民，他们是公众角度的参与者。但是，
在目前的苏州高新区，市民对于城市空间表征的参与度却是最微弱的。市民从自身利益或
是公众利益的角度出发，参与热情很高，不仅关注城市空间表征的微观细节，也关注城市
空间表征的宏观布局。但是渠道缺乏畅通性，制度的不完备都制约了市民对城市空间表征
的参与。在苏州高新区，已经建立了通过政府网站发布城市空间表征信息的长效机制，但
是对于市民参与城市空间表征的规范性文件仍然缺乏，从而削弱了市民的参与。

3.4 狮山路区域城市空间表征中的"流"与"地方"

3.4.1 流空间与狮山路区域城市空间表征

3.4.1.1 流空间为狮山路区域城市空间表征提供物质基础

卡斯特在《网络社会的崛起》一书中，指出流空间提供了由电子交换回路构成的物质支持……电子技术以及高速运输共同形成我们信息社会之策略性关键过程的物质基础。[59] 这种基础也成为狮山路区域城市空间表征提供了最基本的物质基础。无论进行城市规划、城市设计、建筑设计或者景观设计，无论在最初的资料收集、土地丈量，还是在意见交换、信息交流，或者在科学家、规划者、城市规划专家、技术专家和社会工程师等科学精英建构空间表征的过程之中，或者在不同参与者之间的相互反馈的过程之中，电子信息、互联网络、电话电视、DV 记录、卫星航拍、GIS 数据支持，一切的一切都以流空间中的流为基础。

流空间就是这样渗透在狮山路区域城市空间表征中的每个环节与步骤，参与影响每一步历程与每一个参与者。

3.4.1.2 流空间为狮山路区域城市空间表征的发展创造机遇

从研究区域城市空间表征发展历程而言，流空间为其创造了发展机遇。

1. 引发空间表征的扩张、升级

作为覆盖全球的空间特征，流空间不可避免地成为狮山路区域城市空间表征发生的背景。流空间使得苏州高新区成为全球网络中的一个节点，苏州高新区的发生与发展都在各种流发生作用的流空间之中。首先，信息流、技术流、资金流在苏州高新区登陆，直接促成了苏州高新区的建立，以及苏州高新区空间表征的形成。当高新技术产业借助全球化、信息化兴起，并在全球范围内寻求劳动力与市场，苏州高新区就成为借助技术流、资本流而带动地方发展的空间拓展。从此，苏州高新区的空间表征也开始形成。其后，随着流空间的进一步发展，各种流在此发生的强度不断增大，苏州高新区这个节点在流空间网络中的地位也得到提升，相应的苏州高新区空间发生扩张，其定位发生升级。这些扩展与升级首先是以空间表征的形式出现，即空间表征预见并且引领了整个苏州高新区空间的拓展。因而苏州高新区空间表征的扩张及升级与流空间的运动及作用是密不可分的。

2. 促进空间表征城市化转型

流空间带来的全球网络总是希望突破国家、区域间的壁垒，使得流在全球的范围内自由通行。这种突破在中国的标志性事件就是中国加入 WTO 组织，并且承诺实行更加普遍的、深入的开放。这一事件改变了苏州高新区这类开发区在整个国家范畴中对外开放的特殊性，使得苏州高新区在全球网络中由一个特殊政策保护的节点变为一个更具普遍意义的节点。由此，苏州高新区开始在改变中寻找自己的新出路，走进后开发区时代。此时的流空间不仅为苏州高新区带来了技术流、资金流，也为苏州高新区带来了"一种建筑的模式，一种大都会美学的形式，一系列适于全球精英生活模式的设施——提供寿司的餐馆，或是提供一定阶级使用的'VIP'空间"，这些就是流空间中，城市作为包容性更强的、更有效的节点而存在的另外意义。因此，流空间直接或间接地推动了整个苏州高新区城市空间表征在后开发区时代向新城区的转化。并为城市空间表征的新城发展制定了目标。

3.4.1.3　流空间影响狮山路区域城市空间表征的水准与品质

从研究区域城市空间表征的参与者而言，流空间的存在影响、改变了他们对于城市空间表征的认知水平与能力。流空间为苏州高新区带来技术流、资金流等等的同时，也带来了最新的资讯与知识，带来了全球网络中其他节点的示范。这些都深刻改变了城市空间表征参与者的认知能力与水平。

1. 带来即时资讯与理论

流空间通过全球网络，即刻地、实时地将网络中发生的事件，产生的资讯以及最新形成的理论，通过流的作用，传输到每个节点。这种新鲜的学习影响到了每位空间表征的参与者，无论是专业的设计师，还是政府参与者，或是非专业的经济组织以及市民参与者。在建构城市空间表征的过程中，专业设计师往往会自觉地汲取最新的专业知识，结合最新的背景信息做出专业的判定与企划；政府参与者则会根据流空间提供的各类经济、政治讯息综合平衡城市空间表征与其他政策方针之间的关系；经济组织参与者则通过流空间关注与自身利益密切相关的动态，来调整自身在城市空间表征中的倾向与影响；市民参与者则直接或间接地为流空间带来的相关或不相关信息的影响，并与对城市空间表征的认知相联系，从而改变自身在建构城市空间表征中的作用与地位。

2. 网络节点范式的示范

硅谷是流空间中最重要的节点之一，"硅谷神话"成为流空间网络中的节点范式，它的成功吸引了众多膜拜者与追随者。在城市空间表征方面，硅谷模式也成为仿效的范式（参见附录 A）。从城市空间表征机制，到表面的城市空间表征形式，到城市空间表征背后的日常空间，硅谷模式也影响到了苏州高新区城市空间表征参与者的判定与价值观。

3.4.2　地方空间与狮山路区域城市空间表征

3.4.2.1　地方空间限定了城市空间表征的体系与参与方式

在苏州高新区，城市空间表征的体系构成是与我国现行的土地所有制度、城市规划制度、建筑设计制度以及相应法规密切相关的，同时也与地方相应政策、法规关联紧密。可以说，在苏州高新区地方（包括广义的中国与狭义的该辖区）空间中的政治制度、法律制度等规章制度从根本上限定了城市空间表征的构成与层次。比如城市规划的编制体系在我国《城市规划法》中明确以法律的形式予以确立，因而在城市空间表征中城市规划这一宏观层面上的具体构成就也随之确立。

另外，这种地方空间中的规章制度也规定了城市空间表征中参与者的参与方式。比如，参与者中的市民对城市空间表征的参与可能通过人民代表大会，或者某项工程的公示以及听证会等等。这些方式的确定往往是国家或者地方的法律规章所约定的。

因此，在地方空间中，既有的国家、地方制度、法规从根本上限定了城市空间表征的体系以及参与者的参与方式。

3.4.2.2　地方空间提供了城市空间表征所根植的文脉

尽管流空间已经成为空间逻辑的主流，但是地方空间始终是城市空间表征深处的场所。城市的历史与现今都是城市空间表征所根植的文脉。在宏观方面，1986 年苏州市总体规划明确了苏州高新区的建立初衷是为了疏解千年古城所面临的人口激增、经济快速增长所带来的压力而建立的新区，此后的每轮规划都会以古城与新区的相对关系为出发点；在中观层面，从狮山路两侧城市设计中也可以看出，对既有文化与生活的尊重成为设计的基础与着眼点；在微观层面中，无论在建筑设计还是环境设计之中，地方的特征、地方的风情总是或多或少地被提及，被融合。因此，地方空间表达了历史，表达了环境，表达了文化，并且一直作为苏州高新区城市空间表征赖以存在的文脉而作用。

3.4.2.3 地方空间营造了城市空间表征参与者的共同经验

地方空间提供了一个场所为苏州高新区城市空间表征的参与者营造了共同的经验。这种共同经验也许是基于历史，基于文化，基于风俗，但也许是基于流空间在地方的作用，基于技术的冲击，基于资本的流入，基于流空间生活方式的侵入。无论何种经验，都是发生在此时此地的地方空间之中的真实的体验。尽管每类参与者对于这种体验感知的角度不同，认知的倾向与水平不同，但是，这种体验毕竟构成了他们共同的背景，形成"集体无意识"[116]。这种共同体验也成为城市空间表征参与者参与苏州高新区城市空间表征建构的基础。

3.5 本章小结

对于狮山路区域城市空间表征的研究应从梳理架构开始。在本次研究中，城市空间表征由宏观、中观、微观三大层面构成：宏观方面城市空间表征的城市规划可以从总体规划和详细规划两个方面来探讨；中观方面城市空间表征从重点地段的城市设计着眼研究；微观方面，建筑及景观设计以点的方式，逐渐覆盖了整个苏州高新区狮山路区域。在具体的研究中，对于苏州高新区狮山路区域城市空间表征的研究将以历程与参与者为切入点。

在历程方面，狮山路区域城市空间表征经历了一个自上到下，自宏观到微观，自概念到具体的一个历程，其发展迄今可分为三个阶段，三个层面。三个阶段分别对应了开发区生命周期中的设立期、强化期与后开发区时期。三个层面则是宏观层面的城市总体规划及控制性详细规划，中观层面的城市设计，以及微观层面的建筑设计。

在参与者方面，专业设计师、政府、各类经济组织、市民都不同程度地参与了城市空间表征的建构。专业设计师作为城市空间表征的技术角度直接参与者，直接决定了城市空间表征的品质；政府作为政治角度的参与者在城市空间表征中的作用及影响是无处不在的；经济组织作为经济角度的参与者部分地参与了城市空间表征；城市空间表征参与者中人数最多的群体就是市民，他们是公众角度的参与者。

流空间与地方空间作为当今社会生产下社会空间的特征，也存在并作用于狮山路区域城市空间表征之中。流空间为狮山路区域城市空间表征提供物质基础；流空间为狮山路区域城市空间表征的发展创造机遇，引发了空间表征的扩张与升级，促进了空间表征的城市化转型；同时，流空间影响狮山路区域城市空间表征的水准与品质，为参与者带来即时资讯与理论，其中的网络节点范式为狮山路区域的城市空间表征提供了示范。地方空间限定了狮山路区域城市空间表征的体系与参与方式，提供了狮山路区域城市空间表征所根植的文脉，营造了城市空间表征参与者的共同经验。

在社会空间生产的过程之中，城市空间表征是一个起着承上启下作用的层次，它直接受到社会生产特征的作用，同时又直接指导并影响了城市空间实践与再现空间。后续章节将进一步讨论城市空间表征与城市空间生产中空间实践、再现空间之间的关系与作用。

4 狮山路区域城市空间实践

　　空间实践表现为可感知的物理意义上的环境，体现人们对空间的利用、控制和创造，是"日常现实（日常惯例）和城市现实"。因此，城市空间的空间实践更多地体现在物质空间。哈维认为，城市空间的实践是一种建成环境（Built Environment），是包含许多不同空间元素的复杂混合商品，是一系列的物质结构，它包括道路、码头、沟渠、港口、工厂、货栈仓库、下水道、住房、学校教育机构、文化娱乐机构、办公楼、商店、污水处理系统、公园、停车场等等。这些城市建成环境要素混合构成的一种人文物质景观，成为人为建构的"第二自然"。

　　城市空间实践背后隐藏的是城市空间的社会属性。哈维曾经对资本主义生产关系下的城市空间实践做出如下阐释："……城市建成环境的形成和发展是由工业资本利润无情驱动和支配的结果，是资本按照自己的意愿创建了道路、住房、工厂、学校、商店等城市空间元素。在资本主义条件下，城市空间建设与再建设就像一架机器的制造和修改一样，都是为了使资本的运转更有效，创造出更多的利润。由于城市空间资本主义殖民化，现代资本主义已经从一种在空间背景中生产商品的系统发展到空间本身成为一种商品而被生产的系统，这样一来，城市空间的组织和变化就与资本主义体系有机联系起来。"这就充分揭示了城市空间实践和社会本质与生产关系之间是表达与被表达的关系，前者是后者直接的物质载体。

　　另一方面，城市空间实践是城市空间表征直接的实践结果。从城市诞生之日起，城市规划对城市物质空间的作用就从未间断过。从中国商周时期的《周礼·考工记》中对城市的寥寥数语的规划概括，到现代社会方兴未艾的各种城市理论，其最终目的就是在城市物质空间中的实践。同时，城市空间实践的结果往往又反作用于城市的空间表征，反作用于城市统治阶层的构想空间，作为修订，否定乃至颠覆的因由。

4.1 城市空间实践的研究对象与方法

4.1.1 城市空间实践的研究对象

　　空间实践表现为可感知的物理意义上的环境，体现人们对空间的利用、控制和创造，是"日常现实（日常惯例）和城市现实"。城市空间实践是城市中可感知的物理意义上的环境，是人们在城市中对空间利用、控制和创造的结果。因此，城市空间实践更多地体现在空间的物质性。人们对城市空间的利用、控制和创造这样的社会活动，在城市空间中留下的印记，通过具体的空间形态比如建筑类型、街道和房屋的空间安排、土地的利用模式得以呈现，也可以通过形成这些形态的具体活动来体现。

哈维认为，城市空间实践是一种建成环境（Built Environment），是包含许多不同空间元素的复杂混合商品，是一系列的物质结构，它包括道路、码头、沟渠、港口、工厂、货栈仓库、下水道、住房、学校教育机构、文化娱乐机构、办公楼、商店、污水处理系统、公园、停车场等等。这些城市建成环境要素混合构成的一种人文物质景观，成为人为建构的"第二自然"。[126]

对于城市建成环境的理解可以分为两个方面：其一，实存环境，即通常所说的建筑、小品、构筑物、家具等人造物所界定的可视的空间环境；其二，建成环境的概念中还包含非物质性的因素，即人们心目中关于理想环境的概念模型，它指向集体性关于环境的理解，与自然观、宇宙观及心目中理想化的环境意向，与对美好生活的定义有关。

本次研究中，将城市空间实践分为两个层次。第一层次，是城市中的实存环境，是物质形态，包括土地、道路交通设施、建筑、构筑物、景观、小品及其空间安排。第二层次，是城市中的活动实践，是非物质实践，包括交通、人的活动与人对其理解。

4.1.2 城市空间实践的研究方法

4.1.2.1 康泽恩学派研究及其方法

对于城市物质形态，特别是中观、微观范畴的城市物质形态，德裔英国地理学家康泽恩（M.R.G.Conzen）所开创的城市形态学研究"康泽恩学派"提出了一套完整的研究方法。1960年出版的《阿尼克：城镇规划分析研究》（Alnwick：a Study In Town-plan Analysis）是康泽恩的代表作，通过对纽卡斯尔（Newcastle）北部的小城镇阿尼克（Alnwick）进行的详细的城市平面分析，初步建立了城市形态学研究的基本方法与研究框架。康泽恩学派的城市形态研究更加强调对城市外在物质形态的研究，尤其以城镇平面分析（Urban Plan Analysis）为其主要特点，强调对城市平面形态的大比例尺研究、类型学（Typology）和形态发生学（Morphogmesis）分析等。[127] 康泽恩学派的研究领域虽然是城市形态，属于地理学范畴。但是，其创始人康泽恩的城市规划从业背景，使其研究方法从一开始就推动了英国城市形态学研究与城市规划的交流融合。这种大比例的城镇平面分析，这种对城市物质形态研究的强调，和城市空间实践所涉及的研究对象有所重叠。因而其研究方法也可以在对城市空间实践的研究中予以借鉴。

康泽恩对城市（城镇）的研究主要着眼于可以直接观察的城镇景观的三个要素——城镇平面、建筑类型、土地利用，其中城镇平面（Urban Plan）是城市形态学研究的核心要素，因为它提供了基础框架。研究的核心——城镇平面由三个基本内容构成：道路和道路系统，地块和地块的镶嵌格局，建筑布局。平面分析成为这一学派的主要特点。除此之外，康泽恩的研究采用了在历史发展过程中研究城市形态演进的方法，进行历史变化过程分析；以独立产权地块为最小的平面分析单元，注重大比例尺城市形态研究；同时建立了一系列城市形态学重要的概念术语。[127]

4.1.2.2 研究方法的借鉴

康泽恩学派对于城市形态的研究方法更强调城市的二维空间，而城市空间实践在城的三维空间中也有所表现。康泽恩学派的研究方法更多地强调城市实存静态物质环境，而城市空间实践还涉及产生物质环境的活动。因此，在借鉴康泽恩学派研究方法的同时，对于城市空间实践的研究还应有所变异与拓展。

在本次研究中，采用的研究方法以康泽恩学派对城市形态的研究方法为基础。①对研究区域的城市平面进行分析，分别研究道路及其系统，地块及其切分，建筑布局；②研究区域内的土地利用，各种类型土地的分布状况；③研究区域内建筑的类型，包括功能、平面、形体与细部；④研究区域内开放空间以及其中的小品及构筑物；⑤研究区域内人行及车行活动；⑥研究人对区域环境的认知。其中，①②③是对康泽恩学派的借鉴，④是在城市三维空间方面的补充，⑤是在动态城市空间方面的补充，⑥是在空间认知方面的补充。

4.2 狮山路区域作为城市空间实践的研究载体

4.2.1 地区概况

狮山路是苏州高新区发展骨架之首，也是苏州重要的交通要道。苏州高新区曾经的政府大楼等重要设施和建筑分布其中，因此，狮山路区域也是地区形象的集中体现。

狮山路区域随时间的发展不断地变化。从其城市空间表征中可以看到，在过去的二十多年的发展过程中，狮山路区域历经"开发区"、"工业集中区"转变为"中心城区"，最终定位为"苏州主城中心区，具有魅力的新区服务中心和宜人的居住片区"，这种区域定位的历时性变化也增添该区域的复杂性与可研究性。

狮山路沿线地区是苏州高新区最初发展的启动地块，至今仍是整个苏州高新区的区域中心。在苏州高新区步入后开发区时代，狮山路区域成为率先向新城区转向的先导区域。因此，狮山路区域的建设对苏州高新区战略性整体发展有着明确的带动和示范作用，它所积累的建设经验和研究成果，直接影响着苏州高新区空间生产的后续发展，同时，也为苏州地区及整个华东地区的开发区建设和城市化发展提供了样板参照。

4.2.2 研究时间节点的选取

狮山路区域于 2000 年前后开始引领整个苏州高新区进入后开发区时代，也同时开始了规模化的新城区转向。从这一时间节点开始至今，狮山路区域的发展可以根据受到城市空间表征的作用而划分为两个阶段：2000～2004 年，以及 2005 年至今。在前一个阶段，狮山路区域处于自发的新城区转化阶段，相关城市空间表征尚未明确其城市化的目标以及具体措施；在后一个阶段，随着 2004 年《苏州高新区、虎丘区协调发展规划》中对于狮山路区域的定位明确，2006 年《狮山路两侧城市设计》对该区域城市化发展进行具体设计，以及 2007 年出台的《狮山片控制性详细规划》成功地衔接城市空间表征的宏观与中观层面，狮山路区域在后开发区时代向新城区的转向变得更加理性与有序。因此，本次研究的时间节点分别选取两个阶段中的 2004 年以及 2010 年。

在本次对于狮山路区域城市空间实践的研究中，由于该区域从开发区建立到 2004 年的空间实践是一个从无到有的过程，而 2005 年至今的空间实践是一个矫正、润色的过程，因而从量上面看 2004 年的狮山路区域城市空间实践已经完成了大部分的建设。因此，研究中以 2004 年城市空间实践为基础，2010 年的则作为发展的比较。

4.3　2004 年狮山路区域的城市空间实践

4.3.1　城镇平面

在康泽恩的研究中，城镇景观可被分为：城镇平面（Town Plan）、建筑形态（Building Form）、土地利用（Land Use）。康泽恩认为城镇平面占有更加重要的地位，它"形成了"（研究）其他人工构筑物的必然框架，一方面提供了它们之间的物质联系，另一方面提供了城镇已经存在的物质场所（Site）。这种方式，街道、街道体系的分布，地块（Plots）、街区（Street-blocks）的结合，建筑或者更为详细的建筑平面，已经成为一种标准来梳理现实中的复杂性，从而更便于管理。[33] 同样的，在城市空间实践的分析中，城市局部平面分析也是所有物质分析的基础，成为研究的第一步。

4.3.1.1　道路和道路体系

道路是城市中重要而特殊的空间。就形态而言，道路所承载的空间呈线形；就功能而言，道路空间不仅担负着交通的职责，也可能承担集会交往（中国传统街道）、商业交易的功能；就空间联系而言，道路形成视觉走廊。从整个城市或城市区域来看，道路的集合形成城市空间的线形基础。在城市空间实践的平面研究中，道路及其构成的道路网络成为平面的骨架。

1. 区域外部路网架构

对外交通道路网：苏州高新区距上海虹桥国际机场 90km，距浦东国际机场 130km；距上海港 100km，距张家港港口 90km，距太仓港 70km，距常熟港 60km。沪宁高速公路、312 国道、京沪铁路、京杭大运河和绕城高速公路从境内穿过，建设中的太湖大道横贯东西（图 4-1）。

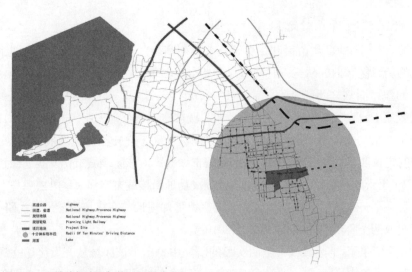

图 4-1　区域外部路网架构（2004 年）

苏州高新区的道桥建设始于1989年狮山大桥的建成。2000年前后，随着苏州高新区进入后开发区时代，一方面道路施工重心开始向苏州高新区西北部新增区域转移，一方面对原有区域路网局部细化，另外对较早建成的道路进行改造。总体而言，苏州高新区的道路系统逐步向城市化发展。

在苏州高新区内，干道之间距离为0.5～1.0km，主干道全宽40～60m，次干道全宽16～24m。狮山路、何山路、马运路、竹园路、长江路、珠江路、金枫路、建林路、通浒路等道路为苏州高新区的交通主轴，全宽40～60m。竹园路和何山路为城市快速通道，分别位于研究区域的北面、南面（图4-2）。

2. 区域内部道路体系

研究区域中的道路共分为六个级别，宽度从60m到10m。具体级别见表4-1所列。

从路网架构来看，区域内结构性干道为狮山路、长江路、塔园路和滨河路，宽度在40～60m之间。道路间距分别为：长江路距塔园路800m，塔园路距滨河路1000m，汾湖路距长江路500m，金山路距狮山路400m，狮山路距玉山路600m，玉山路距竹园路

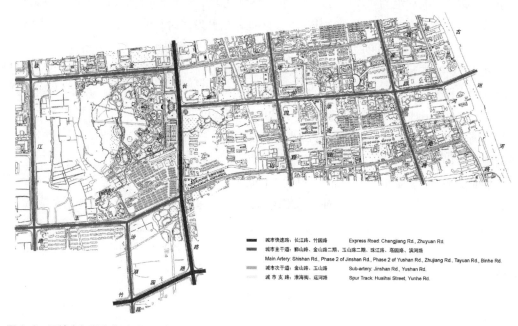

图4-2　区域内部道路体系（2004年）

区域内道路及分级　　　　　　　　　　表4-1

道路级别	道路宽度（m）	路名
城市快速路	60	长江路、竹园路
城市主干道	50	狮山路、玉山路二期
	40	塔园路、滨河路、汾湖路
城市次干道	24	玉山路、金山路
城市支路	16	淮海街、运河路
小区内道路	10	略

650m。因此在研究区域中，道路体系的间距基本在 500m 左右。但是，在苏州旧城，道路架构之间的距离仅有 100 ~ 200m。苏州工业园区干道之间的间距往往也在 500m 左右，但是在其核心地带，往往有恰当的支路填充，支路间距离为 100 ~ 200m。道路间距过大是一般开发区的普遍特征。

根据道路的建设模式，道路系统的发展可以分为两种，一种是生长式，一种是填充式。所谓生长式，就是道路以较为均匀的密度随着城市的发展而不断发展，生长式道路建设模式往往发生在旧城，没有严格城市规划的区域，苏州旧城的道路建设就是这一模式的缩影；填充式道路建设模式是重要干道先行建设，之后伴随城市的发展，支路逐渐填充，这种道路建设模式往往发生在新城或者城市新区。苏州高新区的道路建设就是采取了后一种模式。这种模式往往有利于开发区在开发初期资金不足的状况，道路往往和城市基础设施捆绑在一起，所谓"七通一平"、"九通一平"就是指道路及其捆绑的基础设施。这些条件是吸引开发企业的基本条件，道路和基础设施的先行开发才会得到开发企业和资本的眷顾。较大的道路间距，使得分摊到单位面积上的政府先期投入减少，有效地减轻了政府在开发初期的负担。因而，大间距的道路模式是城市新区特别是初期资金不充裕的情况下的一种选择。正常情况下，这种早期的开发模式应在开发区进入后开发区时代的开发中逐渐通过支路的添加而逐步完善，但是 2004 年在狮山路区域这种完善并没有得到有效的印证。

从 1991 年的苏州市城市旅游地图中，我们可以看到，在研究区域中就有狮山路、河角路（金山路）、索山路（玉山路）、塔园路、滨河路及运河路的存在．此时，河西新区已经成立 5 年，刚刚更名为苏州高新区。时至 2004 年，仅仅在 1991 年道路的基础之上增添了淮海街。从 2009 年的 Google earth 提供的该区域航拍图可以看出，此时的研究区域中，道路结构中仍然没有较大的变化，基本保持了 2004 年格局。

从道路网密度来看，狮山路区域内主干道为 $1.02km/km^2$，次干道密度为 $1.4km/km^2$，支路密度为 $0.5km/km^2$。对于苏州这样的中等规模城市而言，主、次干道的密度是适宜的，但是支路的密度明显不足（标准应为 $3 ~ 4km/km^2$）。支路不足导致的效率低下将会随着今后的发展逐步显露出来。从道路用地与城市建设用地比来看，该地区约为 11%，也较为适宜（标准为 8% ~ 15%）。

3. 道路中的细节

（1）截面（图 4-3）

此外，就典型道路的车道数、道路宽度而言，狮山路区域道路的设置也是基本合理的。但是玉山路，在短短的 2km 内 3 次变化截面形式及车道数量，不仅影响了交通流量，还影响了道路景观。这与研究区域建设早期缺乏统一规划，在建设过程中不断受开发利益影响是对应的。

（2）交叉口形态（图 4-4）

在研究区域中，道路交叉口形态分平面与立体两种，其中平面式又可以分为展宽式信号灯平面交叉口、信号灯管理平面交叉口、不设信号灯管理平面交叉口以及平面环形交叉路口四种。其中塔园路与金山、玉山路交口处，狮山路与运河路的交口处和玉山路二期与长江路的交口处为展宽式信号灯平面交叉口，狮山路与滨河路交叉口为平面环形交叉路

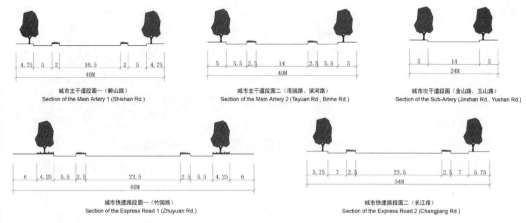

城市主干道段面一（狮山路）
Section of the Main Artery 1 (Shishan Rd.)

城市主干道段面二（塔园路、滨河路）
Section of the Main Artery 2 (Tayuan Rd., Binhe Rd.)

城市次干道段面（金山路、玉山路）
Section of the Sub-Artery (Jinshan Rd., Yushan Rd.)

城市快速路段面一（竹园路）
Section of the Express Road 1 (Zhuyuan Rd.)

城市快速路段面二（长江路）
Section of the Express Road 2 (Changjiang Rd.)

图 4-3　道路截面示意图（2004 年）

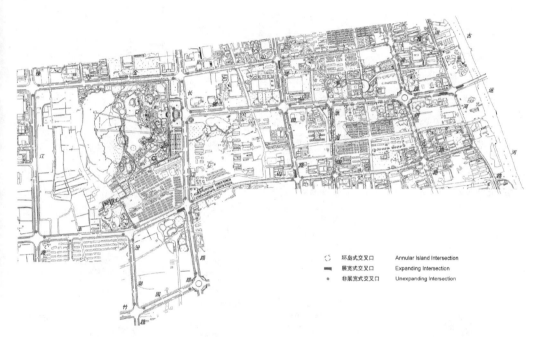

○ 环岛式交叉口　　Annular Island Intersection
▬ 展宽式交叉口　　Expanding Intersection
• 非展宽式交叉口　Unexpanding Intersection

图 4-4　交叉口形态及分布（2004 年）

口，其他交叉口为信号灯管理平面交叉口。

　　道路交叉口一方面是道路交通节点，另一方面也是城市空间的节点。交叉口改变了道路空间的节奏，成为转折、高潮。研究区域中的道路交叉口均为平面式，因而对道路空间的影响更多地体现在二维尺度上。

4.3.1.2　地块和地块模式

1. 地块特征

　　为了叙述方便，研究中将由道路、河道等天然边界划分的地块称为天然地块，而将同一权属的地块称为权属地块。在研究区域中，影响地块边界的因素除了道路之外，还有苏州地区特有的与道路网络相间的水系网络。区域中道路的间距在 500m 左右，纵横的河道间距也大约在 300～400m 左右。由于道路的稀疏间距，因而道路与河道天然围合出的天然地块尺度较大，并且面积相差较多，从 4 万 m² 至 30 万 m² 不等。

从整个区域的开发过程来看，苏州高新区成立的目标就是加快外资的引入，加速建设，集中建设，提高资本的运作效率。这些都要求用一种快餐式的、模式化的开发方式进行大规模的土地开发与利用。而狮山路这种不甚明晰的开发区段划分就是在这样的状况下形成的。反映了开发早期急迫的开发心态——在规划没有成型的情况下，急于"卖地"以获取宝贵的早期开发资金。因而土地的批租往往根据实际项目的需求而定，这就造成了权属地块不仅大小相差悬殊，而且边界不规则。地块形状不规则、尺度相差悬殊成为研究区域中地块的重要特征。

此外，在研究区域，天然地块与权属地块之间往往不是一一对应的。一方面，天然地块尺度巨大，往往由不同的土地权属者来划分；另一方面，某些大型项目会跨越某些天然边界（如河道）而涉及两个以上的天然地块。最终导致不同用途的土地利用方式不得不混合在同一自然地块中。

2. 地块模式

具体看来，地块可以分为以下几种模式（图 4-5）。

模式一：天然地块与权属地块边界合一。

这种地块模式所对应的功能往往是工业用地。在苏州高新区开发早期，一方面整体定位为高新技术开发区，城市功能单一；另一方面，早期开发对资本的需求迫切，对于那些可以带来巨额投资的跨国企业更是求之不得。因此，早期大面积的天然地块由这样类型的企业独自享有。并且，形成了相应的低密度低容积率的土地利用模式与花园式的建筑布局。苏州飞利浦消费电子有限公司所使用的地块为此类地块模式的典型。

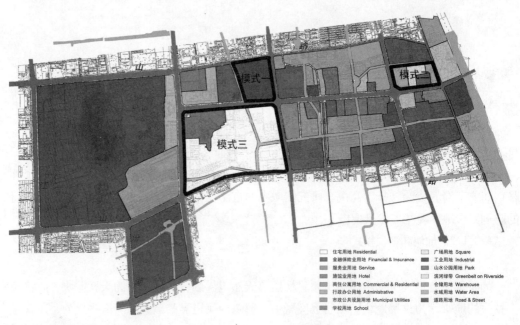

图 4-5　地块模式分析（2011 年）

模式二：天然地块包含多块权属地块。

这种地块模式在研究区域中较为普遍。在前文地块特征中分析过这种地块模式的成因。并且，由于价值规律的作用，狮山路沿线，商业价值较高，因而对地块的划分较小——可以使更多的使用者分享较高的商业价值。而远离狮山路的区域，则与之相反，权属地块的面积较大。因此，权属地块的面积与其距中心道路狮山路的距离往往呈负向关联。此类地块模式的典型为金河大厦、新城花园酒店所共属天然地块。

模式三：权属地块跨越天然地块。

权属地块跨越天然地块的情况只是跨越河道，道路对地块的划分是绝对性的。并且这种跨越情况的土地利用性质仅仅局限在住宅。河道对于居住这样的功能并没有隔绝的负面作用，相反河道作为景观可以提升居住的品质。大规模的居住开发使得大面积的地块成为适宜地块。在研究区域——苏州高新区的核心区，特别是临近狮山路这样商业价值极高的区域获得土地批租的居住项目有两类。一类是开发较早的住宅项目，如锦华苑；另一类是开发商具有强大政府背景的项目，如名城花园，是由苏州高新开发公司下属的新港建设集团有限公司所开发。

4.3.1.3 建筑与建筑布局

1. 影响因素

研究区域的建筑布局和地块模式息息相关。地块模式的不同直接影响到建筑的类型与建筑在地块中的位置及布局。地块模式一中，用地面积大，使得建筑布局较为自由与灵活；地块模式二中，临近狮山路等价值核心区域的地块用地面积较小，建筑布局多铺满用地，并且向高空发展，至于远离价值核心区域的地块中，建筑布局与模式一相类似；地块模式二中，往往和特定的功能联系在一起，所以也和特定的建筑布局相联系。

影响建筑布局的另外一个因素是建筑的功能（土地的功能布局）。工业用地和仓储用地中的建筑布局往往在用地的端部会有大面积的空地作为物流或临时仓储使用，低层大面积的建筑实体往往布置在地块中部。商业用地（包括金融保险业、服务业）为了充分利用土地价值，建筑密度往往较高，并且会有塔楼向高空发展。研究区域中的行政办公用地和旅馆业用地往往在用地中会留有大面积的广场绿化用地，建筑则退居地块中后部。而居住用地中的建筑以多层建筑与中高层为主，建筑布局遵循一般规律，建筑均匀分布在地块中。

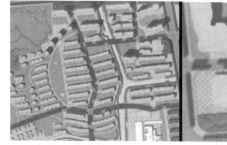  

中密度布局 高密度布局 低密度布局

图 4-6 建筑布局分析（2011 年）

2．建筑布局（图4-6）

（1）高密度布局

高密度建筑布局即建筑的基底面积覆盖地块的大部。在研究区域中，高密度的建筑布局主要出现在地块模式二当中，因而地块面积相对较小，同时临近商业价值的吸引点（线），如淮海街、狮山路，土地价值高。为了更充分地利用相对昂贵的地价，更大建筑密度，更高的容积率都是与此相呼应的。建筑的功能对应多为商业、金融、服务业等。其典型代表为新地中心的建筑布局。

（2）低密度布局

在研究区域中，低密度的建筑布局有两种情况：低层低密度与高层低密度。前者主要出现在地块模式一当中，功能为工业或者仓储。在工业用地中，大面积绿化、广场与低矮的建筑共同效仿了硅谷范式，成为知名跨国公司的追求（参见附录A）。仓储用地中，大面积的室外场地则为露天堆放、物流流转的场所。研究区域中，高层低密度的建筑布局出现在地块模式二中较大的地块，或者是地块模式一当中。功能往往是行政办公和旅馆业。低密度是为了营造更好的环境品质，而高层建筑成为自我彰显的标识。

（3）中密度布局

中等密度的建筑布局包含多层、高层住宅，也包含一些学校、商业建筑，分布在地块模式三与地块模式一当中。居住建筑往往以一种均质的方式出现在地块之中，其建筑密度由于建筑层数的增加而减少。研究区域中的学校也与居住建筑类似，以小体量较为均质的分布方式出现。

4.3.1.4 小结

2004年，狮山路区域的城镇平面中的点、线、面基本格局已经铺就，后续的发展都是在此基础上的改善以及润色。①在由"线"构成的道路体系中，形成了间隔约500m左右的路网框架，并且与区域外部的路网一起构成了一套四通八达、高效的开发区模式的道路系统。但是，在狮山路区域向新城区转化的过程中，道路体系并未随着改变，相对稀疏的道路在城市化的过程中成为一种劣势，阻碍了城市中的交通发展。②在由"面"构成的地块模式中，地块面积大小相差悬殊，出现了天然地块与权属地块边界合一，天然地块包含多块权属地块，以及权属地块跨越天然地块多种情形。这些情况主要出现在研究区域在苏州高新区发展早期，与当时开发区发展急需资金而以投资企业的需求为急务有关，与当时具体的开发规划缺失以及执行不力有关。这种情况在2000年之后得到逐步的改观，通过土地置换，大面积的地块得到进一步分割，地块模式逐渐统一。只是在2004年的狮山路城市空间实践中，仍然看到较为混乱的地块模式，其实这是伴随着苏州高新区的新城区转向，由混乱向合理转化过程中的一个阶段。③在由"点"构成的建筑布局中，地块模式与建筑功能成为影响的关键因素。在狮山路区域向新城区转向的过程中，开发区原有的工业功能仍然存在并将逐渐减少，而与城市相适应的商业、居住等功能则在转化的过程中得到加强。这些变化在狮山路区域的城市空间实践中得到体现，在2004年建筑布局处于开发区与新城区之间的过渡状态。

4.3.2 土地利用

4.3.2.1 总体特征

土地利用指城市中工业、交通、商业、文化、教育、卫生、住宅和公园绿地等建设用地的状况，反映城市布局的基本形态和城市内功能区的地域差异。 城市土地在未经开发建设之前只具有自然属性，包括土地的肥沃程度、坡度大小、坡向、土地承压力和透水性等。开发建设提高了土地的使用价值，土地的经济属性在很大程度上决定城市的土地利用。[128]

土地利用是城市建成环境的物质载体，是城市三维空间的二维基本。不同的土地利用性质，不同的功能结构模式决定了不同的城市建成环境的特征与城市空间的形态。因此，土地利用也成为研究城市空间实践的基础。

1. 类别分析

通过十余年的开发，在研究区域，土地的用地类型相对繁杂。仅仅 $4km^2$ 的面积中就涵盖了居住、公共设施、工业、道路广场、市政公用设施、绿地及水域七大类用地。其中，主要的用地类型又集中在居住、公共设施、工业三类。进一步细分，可分为十五小类（图 4-7）。

繁杂的用地类别与开发早期的资金缺乏有关，只要能够促进研究区域的发展，能够带来丰厚的投资，各类用地类型均可以较少限制地出现。繁杂的用地类别还与苏州高新区建设以来在总体规划中的定位以及自身规划的变迁有着密不可分的联系。苏州高新区建立伊始，面积仅有 $6.8km^2$，功能定位为高新科技开发区。这就意味着，在有限的面积中，必须容纳足够的功能，因此工业、商业、行政办公等功能就会混杂在一起。随着苏州高新区进入后开发区时代被定位为城市新区，狮山路区域成为城市核心区的一部分，这种繁杂的土地利用现象将通过置换而逐渐消失。

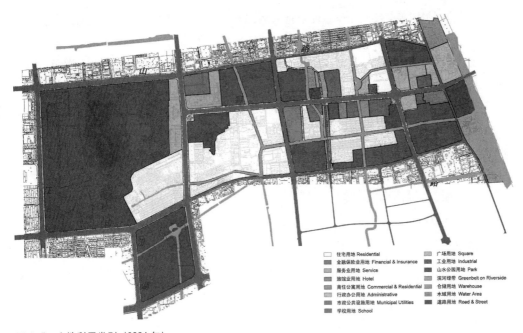

图 4-7 土地利用类别（2004 年）

125

2. 结构层次

这些不同类型的用地在平面分布上体现出一种自发的结构层次性：用地以狮山路为中心，依次分别向南北两侧大致呈现出三个层次：①公共设施用地（包括金融保险业、服务业、旅馆业、行政办公、市政公共设施、高等学校）；②居住用地；③工业用地。这样的分布也在一定程度上暗合了价值规律——从沿街向腹地地价的衰减（图4-8）。

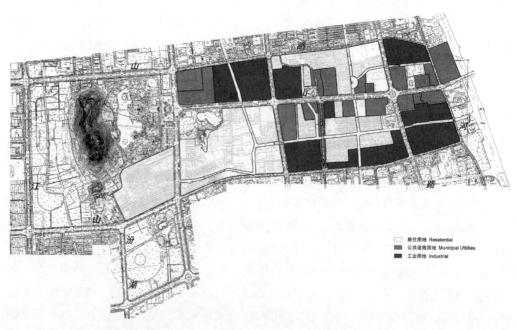

图4-8　土地利用结构层次（2004年）

但是，这种横向的层次性在靠近京杭大运河的一侧较为典型，靠近苏州乐园的部分则不再遵守。一些工业用地和居住用地直接比邻狮山路。居住用地中往往会开放临街界面为商业、服务业所用，也算对结构层次的一种呼应。工业用地则彻底打破了这一规律，以至于从土地利用、空间形态、城市界面各个方面均成为城市空间中的异质。

3. 混合利用

土地的混合利用，是指城市界内某块土地或外部空间在每天的占有率保持均衡。所谓"混合"不仅要"混"——有合理的多样化的土地利用，更着眼于"合"——各种用地在时间、空间上的整合。而狮山路区域内现存的土地利用状况只能称之为"混杂"——只是各种用地散布在一起，缺乏相互之间的有机联系及秩序。这种"混杂"状态的出现也是早期无规划开发，自发形成的结果。

总体而言，研究区域在土地利用上的多样性、层次性以及混杂性并非在系统的、动态的城市设计、城市规划的指导下形成的，它们的形成带有更多的随机性、自发性以及无序性。

4.3.2.2 具体功能

在本次研究的狮山路区域，用地功能涵盖了金融保险业、服务业、旅馆业、中型及大型行政办公，同时还包括居住、工业功能。在城市空间上，功能的分布呈无序、分散状态，功能布局缺乏有机整体感。虽然功能的恰当融合有助于激发城市全天候的活力，但是过于随意、分散的布局将不易形成群体形象以及对外吸引点。

具体土地功能的特征表现在以下几个方面：

1. 商业功能缺乏

作为苏州高新区的核心区，作为苏州中心城区的一部分，研究区域中却没有必要的批发零售用地。无论是城市级别的商业中心还是区域性质的商业配套都严重缺乏。研究区域中居住用地中附属一些商业设施，即只是小区内部有一些零星的生活性商业设施，沿玉山路有一些临街店面，核心道路狮山路上严格意义上没有一处商业设施，致使这一地区中的购物极其不便。但是，住宿餐饮用地与商务金融用地配备相对较为充足（图4-9）。

2. 工业选址不当

在狮山路西部北侧，有3家电子工业企业的工业用地临街而建，致使沿街土地价值没有被充分利用，同时这种功能所带来的封闭式建筑空间布局也在城市空间层面上形成变异，致使其沿街空间、景观、界面等等与周围空间不够协调。如前文所述，工业选址不当与早期的资金需求以及规划的变迁相关（图4-10）。

3. 文体娱乐与公园绿地

严格意义上，研究区域中只有一处成规模的文体娱乐用地——妇女儿童活动中心，设施设置明显不足。从使用上而言，场地使用参与者也寥寥无几，并未能满足普通人群的使用需求。

研究区域中，存在着相当数量的公园及绿地，拥有中国最大水上乐园——苏州乐园。玉山公园、索山公园也是免费对公众开放的公园绿地。总体而言，在研究区域中的文体娱乐用地与公园绿地更多的是服务于区域之外的民众，服务区域内的设施却有所缺失（图4-11）。

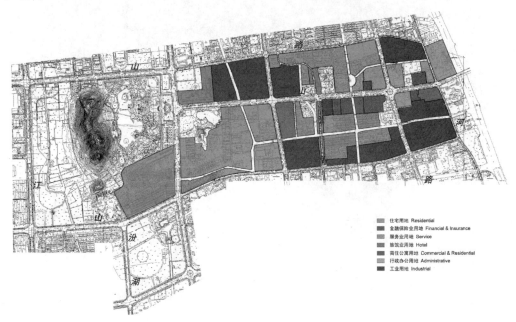

住宅用地 Residential
金融保险业用地 Financial & Insurance
服务业用地 Service
旅馆业用地 Hotel
商住公寓用地 Commercial & Residential
行政办公用地 Administrative
工业用地 Industrial

图4-9 商业功能分布（2004年）

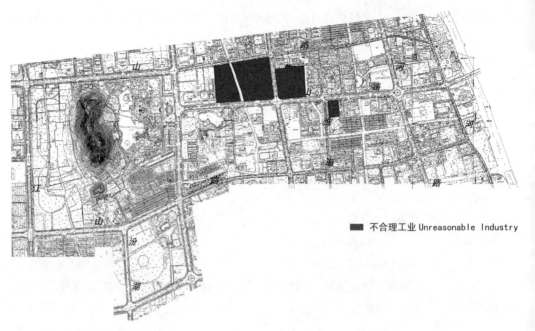

图 4-10　不合理工业布局（2004 年）

图 4-11　文体娱乐与公园绿地布局（2004 年）

4. 多层次的居住功能

居住是研究区域中非常重要的功能，居住用地覆盖了整个区域面积的20%。这些住宅由于开发时间、开发性质的不同，造成目标客户（居住者）以及售价上的差异。开发的时间越近，目标客户层次越高，售价就更贵，营销理念更加时尚。这种规律在狮山路沿线两侧表现得更加明显。狮山路区域的居住用地既包括苏州乐园南侧的农民动迁安置房，也包括早期开发的中等档次的锦华苑这样的住宅项目，同时还有御花园这样开发初期就定位高端外籍客户的居住小区（图4-12）。

4.3.2.3 小结

2004年的狮山路区域在土地利用方面，已经形成了丰富的用地类型；在结构层次上，体现出一种自发的结构层次性：用地以狮山路为中心，依次分别向南向北大致呈现出三个层次；总体呈现出"混杂"的用地状态。研究区域这种在土地利用上的多样性、层次性以及混杂性并非在系统的、动态的城市设计、城市规划的指导下形成的，它们的形成带有更多的随机性、自发性以及无序性。从具体用地功能而言，商业功能缺乏，工业选址不当，文体娱乐与公园绿地未能满足需要，居住功能层次较多。土地利用功能方面的这种状态也呈现出从开发区向新城区转向的过渡状态——开发区中特有的功能尚未消失，新城区中的功能已经出现并且逐渐加强。

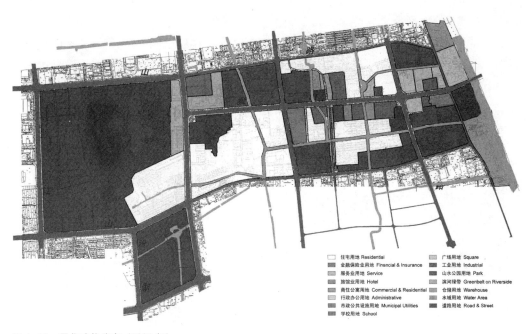

图4-12 居住功能分布（2004年）

4.3.3 建筑类型

建筑类型是构成城市环境的基本，是城市空间实践的构成要素，它们是与社会生活模式相关的。高新技术开发区的定位使得经济和技术成为早期影响研究区域建筑类型的首要因素。全球化的影响、硅谷建成环境的示范作用带来了花园式、低层、扁平体量的，充满着巨幅 LOGO 的高科技工业建筑的类型（参见附录 A）；新区核心的定位，金融、服务企业的驻扎，又需要地标式的纵向发展塔楼来凸显自身的存在；伴随着居住功能的不断完善，新的社会生活模式也逐渐被建立，这种新的生活模式对应的建筑类型又一点点将研究区域改变。

4.3.3.1 影响因素

建成年代和使用模式直接影响到建筑类型。建筑类型体现了历史的记忆，时间或说时代在类型中打上了深深的烙印，不同建设时代的文化、风尚左右着建设者与受众的价值取向，这种价值取向在建筑的内在及外在中都得到了相应的体现，因而决定了建筑类型。使用模式与建筑的用途息息相关，不同性质的建筑功能用途决定了建筑的使用模式。"用"作为建筑最最根本的目的，体现了建筑存在的根本，因而既影响建筑内在的结构构成，也影响建筑的外在形态。

1. 建成年代

研究区域中的建设历经十余年，而这期间又恰逢中国建筑界敞开大门，吸纳国际各种建筑思潮的重要时期，从开始的拿来主义，到后来的兼收并蓄。在研究区域中，不同的建设年代非常明显地在建筑类型上留下印记。苏州高新区成立伊始（20 世纪 90 年代），研究区域中的建筑以金融服务、产业建筑为主，居住建筑也作为配套而在研究区域出现。这一时期，国内建筑设计界创作的建筑在风格上与当时国内主流建筑相似，简单体量以及少量装饰，建筑材料运用单一。进入 21 世纪，海外建筑师的参与伴随着全球化的风潮对研究区域中建筑设计的影响愈演愈烈。这一时期的建筑设计品位逐步提高，追求文化内涵，追求精品，追求个性，硅谷建筑中所体现的科技感以及完美细节也成为研究区域中一些高品质建筑的追求（参见附录 A）。

2. 功能性质

建筑功能性质对建筑类型的影响也是显而易见的。研究区域中的建筑功能比较混杂，以写字楼、公共服务办公建筑、居住建筑为主，还有少量酒店娱乐及工业建筑。建筑最初的功能类型直接决定了建筑的使用模式，从而决定了建筑的体量、布局乃至造型、风格。

1）办公建筑：是研究区域中出现较多的建筑类型。这种建筑类型追求标志性和精致品位，因而多用"全球化"、"高技术"风格，形式简洁，随着时代的变化，建筑材料的使用以及建筑细部处理发生了变化。通常都是使用较高的塔楼来实现自我标识。

2）居住建筑：是整个研究区域中建成数量最多的建筑，但是又因面对消费群体不同，呈现出不同的风格。既有简单实用的居民动迁安置房；也有中档适于工薪阶层购买的商品房，实用兼具宜人环境；更有以日韩等境外居民为目标客户的高档小区，追求低调造型、品质生活。

3）酒店：酒店建筑是城市形象中的焦点，也是城市社会文化活动的窗口。在任何一个城市或景区中，酒店建筑都是当地经济发展和社会文明的一种标志。酒店建筑和其他公共民用建筑既有性质上的区别，也有形象上的不同，那就是无论楼房高低，距离远近，其外观都要设法传达出一种非常明确的酒店功能信息。研究区域中的酒店包括阿雷大酒店、苏州乐园酒店、新城花园酒店。前两者属于波普风格，后者则为新古典主义风格。前两者为经济型酒店，后者为星级酒店，酒店的定位不同决定了其建筑风格乃至功能布局的差异。

4）工业：研究区域中的多为苏州高新区成立早期引进的国内外知名企业，都是以电子工业为主的轻工业。大面积绿化、广场与低矮的建筑共同效仿了硅谷意向（参见附录 A），成为知名跨国公司的追求。建筑层数 2～3 层，体量低矮而庞大。

5）餐饮娱乐：研究区域中的这类建筑颇有类似拉斯维加斯式的后现代风格，某些形式怪异夸张，巨幅霓虹招牌透露出欢愉与诱惑。这类建筑类型往往追求个性及自我宣扬。体量会根据营业目的与用地范围来调整，但总体以低矮小体量为主。

4.3.3.2 类型表现

研究区域中的建筑类型差异表现在建筑高度、建筑风格、建筑材料与细部构造几个方面。

1. 建筑高度

研究区域中的建筑高度从两百多米到十几米参差不齐，源于开发年代、建筑性质、风格趋向等多种原因，从低层建筑到高层摩天楼，每一个高度级别都有相应的代表建筑物。结合《民用建筑设计通则》以及研究区域公共建筑、居住建筑、工业建筑混杂的现状，可以将已建成的建筑依照高度划分为：低层建筑（10m 以下）、多层建筑（10～24m）、高层建筑（24～100m）、超高层建筑（100m 以上）。

1）低层建筑：低层建筑多为工业建筑和餐饮、娱乐类建筑。工业建筑代表为春兰、飞利浦、明基电通。一方面，工业建筑的功能使用（如设备、工艺）要求建筑的体量低矮而单层面积广大；另一方面，研究区域中的工业建筑均为苏州高新区开发之初进驻的国内外知名企业，进驻之时恰逢苏州高新区缺乏资金急于招商引资的时期，因而获得了大面积、成本低廉的土地，使其建造低层低密度、花园式建筑成为可能；此外，对于高科技企业而言，硅谷范例一直是一个可以追逐、仿效的偶像，低矮、花园式正是硅谷建筑的一个重要特征（参见附录 A）。因而在研究区域中，工业建筑的建筑高度是较为低矮的。研究区域内的餐饮、娱乐建筑是指完全意义上的，而非附带餐饮、娱乐功能的其他功能为主的建筑。如狮山路西侧靠近苏州乐园福记好世界、阿雷大酒店，还有餐饮一条街——淮海街沿线的餐饮建筑，这类建筑的建筑高度也是与其功能密切相关。餐饮、娱乐建筑低层部分，确切地说是底层的利用率最高，层数越高对客人的吸引力越差，因而这类建筑一般情况下都是以低层为主（图 4-13）。

2）多层建筑：多层建筑主要是一些住宅小区，如狮山新苑、新港名城花园，和少量金融、办公类建筑，如苏州高新区供电局、工商银行等。住宅小区在土地成本不是很高的情况下，多层住宅的综合成本比较低，因而在研究区域中早期建成的住宅小区中多层建筑成为主流。

图 4-13　低层建筑

图 4-14　多层建筑

图 4-15　高层建筑

早期建成的金融服务性机构办公建筑也以多层建筑居多，这些机构是上一层级机构在苏州高新区的派出机构。因而在苏州高新区成立之初，规模较小，多层建筑即可以满足功能需求。此外，日本人学校、苏州实验中学等教育建筑也和其功能相适应采用多层建筑的形式（图4-14）。

　　3）高层建筑：包括研究区域中的中高层、普通高层住宅和办公类建筑。住宅中的新港名城花园、吴宫丽都等新建住宅中部分为中高层。这些住宅建成时间较晚，而且位于小区的北侧，开发商出于提高土地利用率的考虑，将这部分建筑设计为中高层、高层建筑。此外，早期开发的一些金融服务机构的办公楼也为高层建筑，如中国银行（12层）、中国

图 4-16 超高层建筑   图 4-17 办公建筑

人民保险公司（17 层）、华福大厦（17 层）等。高层办公类写字楼建筑，包括金狮大厦（25 层）、农业银行（24 层）等曾经在建设之初属于研究区域中的地标性建筑，随着更多更新更高建筑的崛起，才逐渐退居第二阶层高度（图 4-15）。

4）超高层建筑：研究区域中的超高层建筑都是 2000 年苏州高新区进入后开发区时代之后建成，包括苏州第一高层——新地中心（54 层），也包括金河大厦（42 层）。这类建筑以办公写字楼、酒店功能为主，不仅成为研究区域中的地标建筑，也成为整个苏州高新区，乃至苏州市域的地标建筑。在城市中的象征意义超出普通建筑，成为城市营销中浓重的一笔，也凸显了狮山路研究区域作为苏州高新区门户的地位（图 4-16）。

2. 建筑风格

研究区域中几乎所有的建筑建成于 20 世纪 90 年代以后，建成建筑风格一直都以现代风格为主。但是由于建成年代的不同以及使用功能的差异，所呈现出的建筑风格也变化丰富。这些新建建筑，风格简洁现代，以玻璃幕墙为主，强调整体造型和轮廓，以纯净的形象出现，较少有形体上的穿插、扭曲，强调精致，强调标志性。简洁体量寓意了高效、快速的生活工作模式，成为全球化城市的一个缩影。其典型范例为农业银行、苏州高新区管委会大厦（图 4-17）。

在全球化的影响下，研究区域中的居住建筑所体现的建筑风格与其他中国城市并没有什么差别。不同年代建成的居住建筑体现时代的烙印更明晰些。这样的建筑风格，在苏州工业园区，在上海，在台湾新竹等各个地方都可以看到。新港名城花园是目前狮山路沿线最大的小区，它和百合花公寓、吴宫丽都，以及正在兴建中的住宅建筑，立面处理上比较强调个性。如百合花公寓就采用了少量欧陆风的元素，而新港名城花园则采用构成主义，强调色块和材质。比较早建成的住宅如狮山新苑，造型简单，基本以方盒子的形式出现，造价节省，没有装饰，是典型的现代主义风格（图 4-18）。

研究区域中较早一批建成的建筑主要为工业建筑和一些公共服务部门的建筑，如明基电通、春兰、飞利浦、苏州供电局、东吴证券等。这些建筑较少考虑装饰的因素，以实用为主，开窗的方式以典型的现代主义风格横向条窗为主。工业建筑受到功能等因素的影响，特殊的形体成为整个区域中的异质（图 4-19）。

图 4-18　居住建筑

图 4-19　早期建筑

图 4-20　建筑中的地方隐喻

　　研究区域一些建筑在简洁现代风格之中，融入了新古典主义的手法，用屋顶或立面的细部处理来呼应对于地方文脉的尊重。新城花园酒店、金河大厦、金狮大厦，乃至第一高层的新地中心（香格里拉酒店）都是用了抽象化的坡屋顶来隐喻吴侬文化的传承；而苏州乐园酒店则将完整的体量化整为零，从建筑的尺度上暗合苏州传统建筑的意象；金河国际在建筑的顶部装饰中采用了传统建筑窗棂的抽象。这些地方文化的反映提醒人们身处于苏州这样一个传统文化悠长的区域（图 4-20）。

　　3. 建筑材质

　　研究区域中，建筑的色调多以浅色为主，除了玻璃幕墙外，都是白色或浅黄色、灰色饰面，随着建设年代的不同，材质也有所变化（图 4-21）。

图 4-21　建筑材质

最早一批建筑一般用黄色、褐色、蓝色反光玻璃，并且采用横向条状玻璃，与白色贴面相间，如东吴证券、飞利浦、新创大厦、管委会大厦等。

之后的一批建筑逐渐用透明玻璃代替反光玻璃，贴面也较为细致，色彩和形式也较为多样，如百合花公寓、中国人民保险公司、中国邮政等。

21 世纪初建成的新港名城花园采用玻璃、涂料等多样材质，立面形象也更加丰富多变，注重细部的设计。

较晚建成的新地中心、汇豪国际、狮山峰汇采用全玻璃幕墙，为狮山路增添新的地标。

4.3.3.3　小结

在建筑类型方面，2004 年的狮山路区域出现了不同年代建设，功能性质不同的多种风格的建筑。在影响因素中，功能性质是与该区域处于开发区转型过渡期有所关联，建筑建设的时期也是影响的关键因素。同时，非常重要的是狮山路区域作为开发区的组成，其建筑风格受到硅谷范式的影响，展现出科技感、现代感，奠定了该区域建筑类型的基本风貌，甚至在狮山路区域向新城区转向后，这种风格的偏好仍没有改变，只是表达手法随着时间的推移而发展。

4.3.4　开放空间

对于开放空间的研究侧重于城市空间实践中的三维空间，它是城市中最有活力的部分，是城市生活和城市记忆的重要发生器。城市开放空间及景观因尺度的不同可以划分为宏观、微观两个层次。宏观层次主要指以群体形态出现的建筑聚落之间的空间及景观。微观层次主要指开放空间的质感，主要指近人尺度范围内，人们可以直接感受到的空间环境。

4.3.4.1　宏观层次

宏观层次开放空间会受到其中建筑风格、体量等因素的影响。景观要素从大的布局对其进行渗透，形成丰富、稳定、可靠的公共空间的层次，有利于提高公共空间品质，激发更多人、更深入的活动和享受，带动城市社会生活的发展和城市面貌的优化。根据研究区域中公共空间的大小、开放程度等因素，可以对研究区域内公共空间进行系统分级（图

4-22）。

1. 空间层级

（1）游乐园公园

宏观层次中开放空间包括城市级别的苏州乐园，也包括区域性的索山公园。它们既是良好的景观绿地，又是重要的大型开放空间。位于狮山风景区的苏州乐园不仅风光秀美，而且是国内著名的游乐场所。索山公园位于狮山路与长江路交叉口东南侧，面积达 $8hm^2$，是一座免费对大众开放的市民公园。大面积的公园作为开放空间为都市丛林增添了更多亲近自然的机会（图 4-23）。

（2）街头广场

狮山路沿线的广场较少，形式也较为简单，缺乏趣味性，分布不均。主要包括狮山新苑前广场、妇女儿童中心前广场、狮山路、滨河路转角广场（图 4-24）。

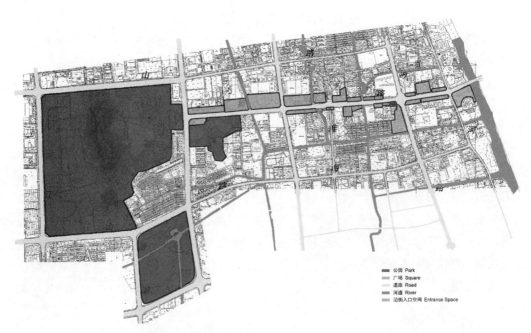

公园 Park
广场 Square
道路 Road
河道 River
沿街入口空间 Entrance Space

图 4-22 开放空间层级（2004 年）

图 4-23 索山公园

狮山新苑前广场：位于狮山路北侧，淮海街以西，面积 8000 多平方米，并且面向狮山路开口，对公众免费开放。其内部有花坛、树木、座椅，尺度宜人，是路人良好的休憩场所，也是周围居民休闲娱乐的场所，并且作为狮山路中段的一个节点和淮海街的休闲功能对应。

妇女儿童中心前广场：位于运河路东侧，狮山路南侧。入口在运河路，标高比相邻的狮山路低，可达性较差。配套有康乐设施、凉亭、座椅及康乐设施，环境精致，但使用频率较低。

狮山路、滨河路转角广场：位于狮山路，滨河路转角处，面积为 2 万多平方米，对公众免费开放。该绿地以植被为主，点缀有少量座椅、山石。沿主干道狮山路开口较为局促，而在城市支路沿运河路一侧较为舒展，行人的使用率不高，附近的小区居民使用较多（图4-25）。

（3）线形开放空间

研究区域中的街道、河道组成了线形的开放空间。

1）街道开放空间（图 4-26）：在道路体系中曾对于街道空间一般特征进行描述，在研究区域中淮海街是较为特殊的线形空间。作为唯一餐饮、娱乐业功能为主的商业街，淮海道的尺度较小，但与路旁建筑比例适当，成为研究区域中难得的适宜步行的街道。

图 4-24　狮山新苑广场

图 4-25　狮山路、滨河路转角广场

图 4-26　街道开放空间

围合型入口空间　　　　　　　　　　　　　　开放型入口空间

图 4-27　典型入口空间

2）河道开放空间：研究区域身处水乡苏州，河道纵横。河道作为天然形成的线形开放空间与街道开放空间相互交错。

研究区域东端是京杭大运河，宽度约为 60m，水质较好，逐渐形成了宜人的生态景观廊道。此外研究区域中还存在着南北向 4 条河道，以及东西向 2 条河道，宽度为 20m 左右，水质较差，污染严重。这部分河道除流经小区的区段作为小区环境的一部分精心设计之外，其余部分缺乏人性化设计，最多种植一排柳树。并且这些河道没有与路网一起形成连续的步行体系。

（4）建筑入口空间

研究区域建筑入口空间主要有两种形式（图 4-27）：

一种用栏杆围合，形成私有的院落，用于绿化或停车。这样的入口空间对公众的开放性有限，并没有很好地起到从道路空间到建筑空间的过渡作用。典型的入口围栏空间是狮山路北侧明基电通、苏州春兰、飞利浦工业园。单调的围栏将路上的行人隔绝在外。同样的，运河路东侧，狮山路北侧，苏州高新区管委会楼前设有大块绿地，属管委会内部用地，环境怡人，但不能为公众所利用，致使滨运河绿化带在此不能连续。

另一种是建筑入口部分与道路空间衔接处形成的小的入口广场和公共停车位，使入口空间的功能多样化，形成从公共到私有的过渡，丰富了沿街空间。这种小型入口广场的典型是位于研究区域西侧的苏州乐园酒店和阿雷大酒店。

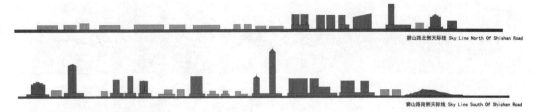

狮山路北侧天际线 *Sky Line North Of Shishan Road*

狮山路南侧天际线 *Sky Line South Of Shishan Road*

图 4-28　东西向天际线轮廓（2004 年）

（5）城市天际线（图 4-28）

城市天际线轮廓是开放空间外围形态描述的要素。研究区域中的城市天际线可以分为东西与南北两个方向。其中，南北向的城市天际线为苏州老城进入新区可以观察到的景象，即为苏州高新区的门户天际线。

总体而言，研究区域的城市天际线落差悬殊且缺乏连贯性。建筑高度的迥异变化使得同向天际线呈现不连贯、大落差状态。此外狮山路两侧南高北低天际线轮廓差异也很大，缺乏相互呼应。道路北侧的建筑多为低层餐饮娱乐和工业建筑，辅以滨河路、运河路周围小高层为主的建筑；道路南侧建筑则以小高层和高层为主，特别是超高层建筑新地中心缺乏呼应，显得突兀。

2. 空间界面

研究区域中，狮山路是苏州高新区的门户道路，但是街道界面却缺乏统一设计，因而界面断续，不完整。道路两侧由于功能性质的不同，开放空间界面也呈现出两种不同的质地与形态。道路南侧，界面相对紧凑、连续，而北侧则呈现界面模糊、断续的情形。

3. 空间节奏

研究区域中，早期规划的不完备，不同时期规划的变迁与衔接的缺失导致各个地块建设各自为政，缺乏全局的指导，造成建筑退界的参差不齐以及缺乏适当的公共空间。从狮子山开始，塔园路以西，低矮的花园式工业厂区使得开放空间显得过于空旷；新地中心使空间收紧，形成了视觉上的第一次高潮，但没有相应空间与之呼应；淮海街的空间尺度适宜步行，给人闲适、亲切的空间感受；淮海街以东，建筑以小高层和高层为主，建筑退让也渐渐变小，节奏变得紧张起来，行至滨河路交叉口时，金狮大厦、金河大厦、汇豪国际，以及路口中央的大雕塑，形成了视觉上第二次节奏上的高潮。总体而言，狮山路沿线的空间节奏尚未形成收放有序的节奏感（图 4-29）。

4. 空间形态

整体而言，狮山路沿线的空间形态成不均匀、不平衡分布。苏州乐园以东至淮海街，北侧开阔，南侧拥挤。淮海路以东的部分，两侧建筑高度相差不大，空间相对均衡（图 4-30）。

局部而言，相邻建筑之间并没有建立围合、呼应、协调的关系，各个建筑相对孤立，建筑之间被动形成的空间要么从属于某个建筑，对外呈现不友好的状态，要么支离破碎，没有形成积极的公共空间。总之，空间缺乏有机的规划整合。

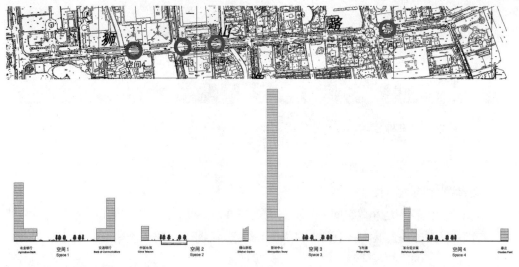

图4-29 空间节奏示意（2004年）

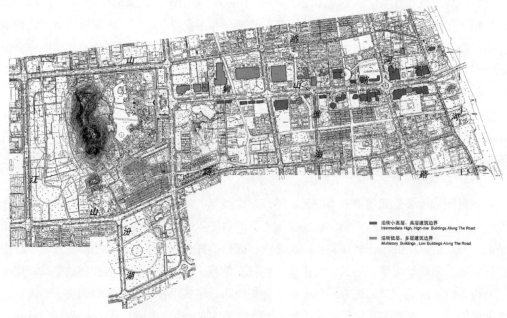

图4-30 沿街空间形态（2004年）

4.3.4.2 微观层次

微观层次主要指开放空间的质感，主要指近人尺度范围内，人们可以直接感受到的空间环境。在研究区域中的微观层次既包括建筑的近人界面，包含其中的材质与细部形式，也包括植栽绿化、环境艺术与公共设施。

1. 近人界面

近人界面是指建筑在近人尺度范围内，人们可以直接感受到的建筑物的质感。通常指建筑从地面至两三层高这一段建筑立面带给人们视觉甚至触觉的感受，往往和建筑的材料、

图 4-31　植栽绿化

细部做法密切相关。但是，遗憾的是，在狮山路区域的建筑设计中整体缺乏相应的考虑，一方面远离人行道难以形成相关体验，另一方面设计粗糙、施工粗糙带来近人界面的不快感。

2. 植栽绿化

研究区域受气候等自然条件的影响，植栽具有地域性，乔木以香樟为主，灌木以冬青、夹竹桃为主。狮山路道路绿化分为三个层次：快慢车道之间，乔木和灌木共同组成封闭绿篱；自行车道与人行道之间，以行道树相隔，隔而不封；人行道与周围建筑用地之间，以种灌木为主，围合出建筑内部的领属感。道路绿化存在三个问题，首先，行道绿化显得单薄疏松。由于道路尺度和植被的问题，地块中缺乏真正意义上的林荫大道，行走和穿行的舒适感、趣味性也因此减少，其二，行道植被缺乏地方特色而显平淡。第三，植栽的搭配太过图案化，对使用者的考虑欠缺，表现在草地及灌木过多，遮阳乔木不足（图 4-31）。

3. 环境艺术

由于研究区域建设的历时性，不同阶段规划的跳跃性，无论是城市小品、城市家具，还是公共设施，都存在着相同的问题——缺乏统一的、品质优良的环境设计。从而使得城市在物质层面上的意向缺乏个性和艺术性，削弱了地方性，无法有效地建立与居民或访客之间的情感交流。

（1）城市家具

1）路灯（图 4-32）。狮山路上路灯间距约为 33m，快慢车道之间，自行车道与人行道之间各设一排，形式不同，长江路、狮山桥采用帆式路灯，其他道路上路灯形式更为简单。

2）垃圾箱（图 4-33）。狮山路南侧垃圾箱的间距约为 50m，共计 20 个；北侧间距约为 90m，共计 12 个，均为方形不锈钢外壳，形式统一而缺乏设计。

3）雕塑（图 4-34）。在索山公园入口处及滨河路、狮山路交叉口有两个大型雕塑，此外在某些单位入口广场里有小型雕塑，这些雕塑形式各异，以现代风格为主，缺乏地方性。

4）围栏（图 4-35）。沿狮山路北侧的工业区外围用栏杆将街道与厂区内部隔离开，长度共达 700 多米，形式单一冗长。研究区域中还存在其他企事业机构围栏，以及施工工地外部的临时护围，这些围栏形式混乱，并且破坏了街道空间的连贯性与秩序感。

5）广告标识牌（图 4-36）。区域中的广告标识可分为三大类：其一，企业自身形象宣传；其二，商业（产品、商品）广告；其三，道路标识。前者又包括企业标牌及宣传标牌，总

图 4—32 路灯

图 4—33 垃圾箱

图 4—34 雕塑

图 4—35 围栏

图 4—36 广告标识牌

图 4-37 公共设施

体上讲，设置形式及位置不统一，显得凌乱。

商业广告主要有几种形式，一种是公交车站上的广告招牌，另一种是围墙广告，以房产工地上的房地产广告为代表。这些广告给狮山路增添了不少商业气氛，尤其给夜景增添了色彩；还有则是楼宇顶端广告牌，宾馆饭店店招，往往显得尺度巨大，形式夸张，颇有波普风格。而淮海街内的广告店招虽然丰富繁多，但制造了令人欢愉而迷惑的街道景象。

狮山路上的道路标牌将地方元素纳入设计，运用了苏州古建筑中雀替意向，提醒路人身处苏州这一拥有悠久历史的城市。

（2）公共设施（图 4-37）

1）公交车站。狮山路上每两个公交站点距离约为 500m，车站形式统一，雨棚与广告牌结合，流于全球风格，但是全部没有座椅，缺乏人性关怀。

2）电话亭。与公交站点设计相统一，北侧相当长距离封闭的工业园使得电话亭南北两侧分布不均。

3）座椅。除了几处公园和休闲用地之外，狮山路上缺乏供行人休息的座椅，道路成为行进的通道，而不能驻足停留。

4）铺地。狮山路沿线人行道和硬地广场的铺砌形式基本一致，与其他国内城市相似，采用红、黄、绿三色水泥预制砌块拼合而成，以方形为主，间或矩形小砖席纹铺设（图4-38）。只有在局部公园及各企事业单位区域出现一些设计变异。

5）灯光照明。夜色中，被灯光照亮的地段主要集中在四个区域：狮山路西端的肯德基、阿雷大酒店、福记好世界及苏州乐园大酒店的餐饮娱乐区，百合花公寓群房的商业餐饮部分，淮海街餐饮娱乐一条街，狮山路、滨河路交叉口的雕塑及周围的金河大厦、狮山大厦。总体景观照明分布在餐饮、娱乐集中的地方，且基本在低层照明，以商业招牌及部分广告为主。景观照明同样缺乏整体性。灯光设计手法相对单一，大多数高层建筑运用高电耗及引起炫光的泛光照明，大多数娱乐建筑多用原色霓虹灯。

4.3.4.3 小结

开放空间是一个包容庞杂的范畴。在 2004 年的狮山路区域，开放空间已经形成自己完整的系统。宏观上，狮山路沿线的空间形态成不均匀、不平衡分布，公园、街头广场实际使用率不高，线形开放空间中仅有部分空间比例恰当，建筑入口空间总体上与城市不协

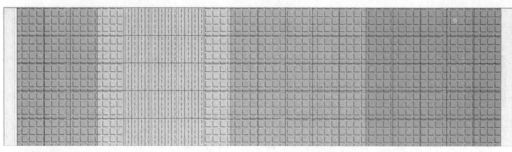

图 4-38　铺地

调，城市天际线落差悬殊且缺乏连贯性，由于道路两边的功能性质的不同，狮山路南北两
侧形成了截然不同的城市界面，空间节奏没能形成收放有序的节奏感，同时缺乏空间高潮；
微观上，缺乏统筹规划，设计品质尚待提高。这样一个开放空间的状况是一个急切发展区
域的真实写照，在狮山路区域无论早期作为开发区的开发中，还是在后开发时代向新城区
的转向中，对于发展速度的追求是一致的，因此忽略了对开放空间品质的推敲。但是，开
放空间的品质对于一个城市，特别是城市核心区而言是重要的，是关于发展与城市营销的
重要内容，因而 2004 年狮山路区域的城市空间实践表明开发区向新城区的转向任重而道远。

4.3.5　交通研究

对于交通的分析是从动态的角度研究城市空间实践。城市交通状况是城市规划对城市
建成环境作用的一种体现，也就是城市空间表征在城市空间实践的一种映射。对于交通的
分析又可以分为两种类型：静态交通，包括停车及加油站、洗车、汽配等配套服务；动态
交通，包括机动车交通、非机动车交通、人行交通等。

4.3.5.1　静态交通

1. 停车

（1）公共停车（图 4-39）

沿狮山路公共停车点比较密集。其中停车位超过 100 个的大型停车场 4 处，车位数约
1500 个，包括 170 个大巴停车位，这 4 处均为收费停车场。另外每栋商业建筑均配有相应
停车位，并配有 10 ~ 30 辆不等的地面临时停车位。狮山路沿线的公共停车点单位面积车
位为 375 位 /km²。具体停车场停车位数参见附录 F。

苏州乐园入口处有 3 处大型停车场，停车总数为 790 辆。其中有 2 处是苏州乐园专用
收费停车场，开放时间各不相同，其中一处从早上 8：00 到下午 5：00，另一处全天开放。
这两处停车场共计停车 510 辆。另外一处停车场在苏州乐园入口马路对面，停车位为 280 辆，
是免费停车场。

淮海商业街入口处和街内道路两侧分布有 190 个停车位，全部收费停车，收费标准为
小车 5 元 / 次，大车 8 元 / 次，开放时间为早上 8：00 至次日 0：00。淮海街的沿街停车
车位主要对前来就餐的顾客开放。

就数量、分布及价格而言，公共停车设置还是比较合理的。但是，有相当数量的停车
场在狮山路这样的主干道上设置出入口，干扰了干道交通，影响了城市景观。

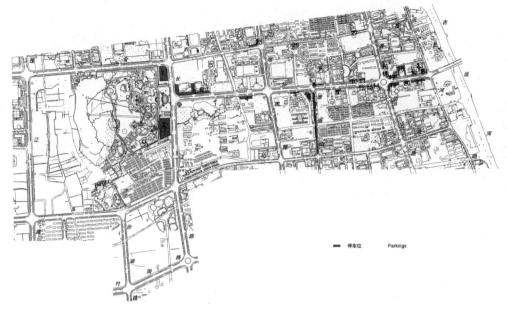

停车位　　　Parkings

图 4-39　公共停车（2004 年）

（2）小区停车

研究区域中每个居住小区都有数量不等的停车位。抽样显示，2004 年建成的新港名城花园 1150 户住房配备有 687 辆停车位，为 0.59 位／户；吴宫丽都 403 户住房配备有 286 辆停车位，为 0.71 位／户；伊莎中心二期 594 户住房配备有 477 辆停车位，为 0.80 位／户。至于更早建设的住宅小区，其停车配比就更低了。这样的停车配比是符合狮山路区域当时的社会发展状况的。

2. 加油站、洗车、汽配分布

金山路有 1 处洗车站，玉山路有 2 处加油站和多个汽配服务，按服务半径 1km 计算，地块内的加油服务已经基本充足。

4.3.5.2　动态交通

1. 机动车

从机动车车流量统计中可以看出，狮山路靠近狮山大桥一侧平均每小时车流量最大，达到 2.8 千辆／h，从而在数据上有力地支持了"狮山路是老城区进入新区的门户"这样一个命题——车辆从老城在此进入新区后逐步分流。同时，在一天的三个时段中，中午的车流量较少，早晚流量相仿，也验证了多数人朝九晚五的工作时间。从机动车类型看，小型车比重最大，其次为中型车、大型公交车（图 4-40）。

2. 非机动车

基地内长江路、狮山路、塔园路、滨河路、玉山路二期、汾湖路和竹园路的自行车道与机动车道之间有绿化隔离带。金山路、运河路、淮海街和玉山路的非机动车道与机动车道共享一个块板。车流量在晚上下班期间流量最大，自行车出行量／公共交通出行量约为 6∶1，与城市规模相符合（表 4-2）。

机动车车流量统计表　　　　　　　表 4-2

统计点	时段	方向	摩托车	自行车	私家车	卡车	出租车	公交车
a	8:30 ~ 8:40	东	5	95	47	14	32	11
	8:15 ~ 8:25	西	12	106	61	19	20	11
b	8:20 ~ 8:30	东	16	114	48	23	33	16
	8:05 ~ 8:15	西	14	52	17	9	10	12
c	8:20 ~ 8:30	南	10	110	21	6	12	0
	8:05 ~ 8:15	北	3	69	18	10	12	0
d	8:10 ~ 8:20	东	95	6	87	32	14	15
	8:25 ~ 8:35	西	165	1	100	21	23	13
e	8:40 ~ 8:50	东	90	5	75	57	12	14
	8:55 ~ 9:05	西	131	1	69	17	17	16
a	11:35 ~ 11:45	东	1	8	43	9	26	8
		西	11	29	58	15	11	9
b	11:55 ~ 12:05	东	5	20	41	26	25	9
		西	9	19	55	20	17	8
c	12:10 ~ 12:20	南	8	44	25	7	4	0
		北	3	18	14	3	11	0
d	12:50 ~ 13:00	东	11	29	61	23	18	12
		西	17	33	45	15	28	8
e	13:05 ~ 13:15	东	7	40	69	18	41	13
		西	16	40	66	20	27	10
a	16:30 ~ 16:40	东	5	34	38	12	21	12
		西	7	42	31	23	26	16
b	16:50 ~ 17:00	东	18	67	41	19	29	12
		西	12	76	59	21	34	13
c	17:05 ~ 17:15	南	11	57	15	8	3	0
		北	2	79	31	3	3	0
d	17:30 ~ 17:40	东	25	113	59	19	19	16
		西	4	119	75	19	29	12
e	17:45 ~ 17:55	东	7	205	79	46	47	18
		西	3	160	119	19	22	15

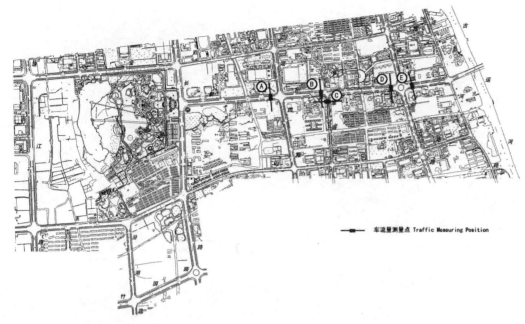

图 4-40　机动车车流量测定点（2004 年）

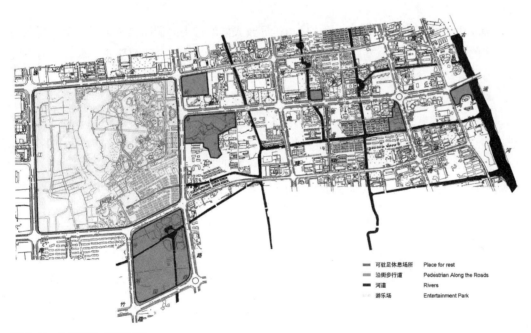

图 4-41　步行系统（2004 年）

3. 步行系统

主要道路两侧均有连续的步行道。没有设置滨河步行带致使基地内河道资源没有得到充分的利用。整个步行系统仅仅停留在二维层面上，这就造成在与车行相交时，步行系统不能连续（图 4-41）。

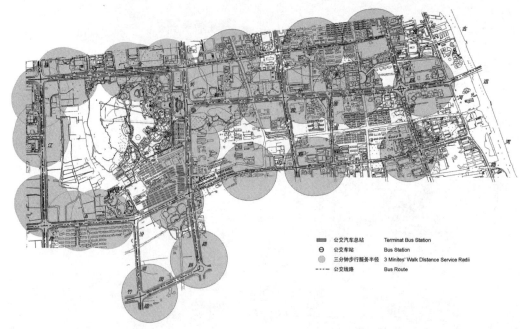

图 4-42　公交系统（2004 年）

地块内交通信号灯的间隔时间比较短，导致人们的过街时间略显不足，这个问题在路面较宽的道路如狮山路上就显得更为严重。在狮山路、滨河路交叉口节点，人行横道设置不完备，有些地方甚至根本没有人行横道线，这给过街的人流带来了潜在的危险。

4. 公共交通

研究区域内有公交总站 1 个，公交车站 17 对。公交总站位于长江路苏州乐园入口北侧，是 3 路、302 路和花园山景区专线公交车的总站。其余 17 对公交车站的分布为：金山路 3 对，狮山路 4 对，玉山路 4 对，竹园路 1 对，长江路 2 对，塔园路 2 对和滨河路 1 对。

根据公交车站 3 分钟步行服务半径图示，研究区域北侧乘车较方便，南侧玉山路沿线和东侧运河路沿线相应缺乏（图 4-42）。

4.3.5.3　小结

在交通方面，尽管苏州高新区已经开发了十余年，在 2004 年这个时间节点，较高水平的基础设施使得交通方面基本上能够满足当时的需求。这与开发区成立之时就超前高水平地完成了基础设施的建设是密切相关的。

4.3.6　城市空间实践认知

城市空间实践既表现为可感知的物理意义上的环境，又表现为对物理意义上的环境的感知。因此，城市空间实践的研究对象是物质性的，可以分为两个层次。第一层次，是城市中的实存环境，是物质形态，包括土地、道路交通设施、建筑、构筑物、景观、小品及其空间安排。第二层次，是城市中的活动实践，是非物质实践，包括交通、人的活动与人对其的理解。所以，要理解城市空间实践，人们对城市空间实践的认知是必不可少的组成。

城市空间实践认知，是指由于城市空间实践的活动和结果对周围居民的影响而使居民产生的对其直接的或间接的经验认识，是人的大脑通过想象可以回忆出来的城市印象，是居民头脑中主观的对空间实践的认知。

4.3.6.1 研究方法

在研究方法上，采用了社会学研究常用的问卷调查方法。问卷调查法是指调查者根据一定的目的和要求，采用预先设计好的问卷，向被调查者了解情况，征询意见的一种方法。使用这种方法，便于获得真实的材料，一般的问卷调查都不需要署名，被调查者可以在不受到干扰的情况下填写问卷，从而使得问卷调查法收集到的资料较为客观真实。问卷调查所获得的资料便于进行定量分析，问卷中的问题是研究概念操作化后所得到的结果，问卷法所得到的资料有统一的标准，易转换成数字。节约时间、人力和经费，可以在较短时间内对大量的对象进行调查，不需要太多的调查员。问卷调查的上述优势使得本次对研究区域城市空间实践中认知方面的研究变得更易操作，其研究结论更令人信服。

1. 问卷对象

在具体操作上，为了涵盖更全面的问卷对象，问卷共分为 5 组进行。其中 4 组问卷是针对研究区域的整体城市空间实践认知，1 组是针对其中微观场所的空间实践认知的调查。前 4 组问卷，问卷内容基本相似，对象分别为研究区域内某跨国公司企业员工，某中学学生，街头随机选取居民，以及苏州乐园门口随机抽取的游客。力图涵盖在年龄、知识层次以及在研究区域驻留时间长短各异的研究人群。共分发问卷 240 份，回收有效问卷 203 份，回收率达 84.5%，因此可以认为问卷信度较为可靠，可以采信作为研究的基础。5 组问卷中，除企业组及学生组由苏州高新区规划分局协助分发回收，其余 3 组为笔者及研究小组亲自分发及回收。

2. 问卷设置

问卷设置采用有选项的问答形式，即封闭式结构型，便于规范。以对企业职工的问卷调查为例，问卷设计 22 道问题。问题 1、2，是询问被访者的基本状况，包括性别与年龄；问题 3、4、5 是了解受访者对研究区域整体印象，包括整体城市满意度、城市意向度[①]，以及研究区域在整个苏州高新区中的定位；问题 6 ～ 21，目的探寻受访者对城市空间实践中各子项的认知。其中问题 6 针对城镇平面，问题 8、11、12、13、15、16、17 针对土地利用，问题 7 针对建筑类型，问题 9、10、14 针对交通研究，问题 18 ～ 21 针对开放空间。具体问卷内容参见附录 G。

4.3.6.2 认知分析

1. 基本状况

从受访者性别构成来看，参与问卷调查的人员性别比例较为均衡。203 份问卷中关于总体印象的问卷有 193 份，其中女性受访者有 82 名，占总体的 42.5%，男性有 111 名，占57.5%。关于索山公园的问卷中男性 6 名，女性 4 名，分别占 60% 与 40%。因此受访者在

---

① 该问题为："请问你觉得苏州高新区狮山路沿线更像什么？"选项有 4 个：A 城市；B 城郊；C 农村；D 其他。城市意向度是了解在受访者认知中，研究区域的城市化程度，或说城市化认可度。

性别方面选取较为均衡。在年龄构成方面，除 72 名参与问卷调查的中学生之外，其余参与整体印象问卷有 121 人。其中，18 岁以下 4 人，占总体的 3.3%；19 ~ 25 岁 45 人，占 37.1%；26 ~ 40 岁 43 人，占 35.5%；41 ~ 50 岁 16 人，占 13.2%；50 岁以上的共 2 人，占 1.7%。从中可以看出，参与调查的人群 18 ~ 40 岁年段的比重最大，占到总人数的七成以上，这与苏州高新区总体就业人口的年龄构成相类似[①]。这一数据从侧面印证了苏州高新区的年轻化以及来此游玩游客的年轻化。在对受访者在苏州高新区居住时间的提问中，问卷针对对象包括工作者、居民、学生，其中在苏州高新区工作或生活学习 1 年以下的人群占 17%，1 ~ 5 年者占 41%，5 ~ 10 年者占 20%，10 年以上者占 20%。从中可以看出被访者在苏州高新区工作生活的时间主要集中在 1 ~ 5 年，绝大部分人员都在该区域生活工作 1 年以上，因此一方面被访者都有足够的时间了解苏州高新区，另一方面说明苏州高新区的建成时间短，是新兴的城市区域。综合分析，受访者性别比例均衡，年龄分布以中青年为主，在苏州高新区工作、学习或生活的时间在一年以上，其基本状况与苏州高新区人口总体特征相似，具有代表性。

2. 总体印象

关于对研究区域整体印象有 3 道问题，问题 1 是询问被访者对研究区域的城市化印象，问题 2 是询问被访者对研究区域的城市面貌整体满意度，问题 3 询问被访者对苏州高新区中心区域的看法。关于问题 1，44% 的被访者认为研究区域整体感觉是城市，47% 的人认为是城市郊区，另有 8% 的人认为是农村或者其他。在 2004 年苏州高新区进入后开发区时代，狮山路区域向新城区转向 4 年之后给人留下的印象还介于城市与城市郊区之间，证明开发区的新城转向不是一蹴而就的，得到公众的认可需要相当长的一段时间。关于问题 2，受访者中有 16% 对城市面貌很满意，62% 基本满意，约 12% 的受访者表示不满意。从这组数据中可以看出受访者对研究区域城市面貌的基本满意，但仍存在不满的方面。对于问题 3，问题提出狮山路、长江路、何山路三个可能选项作为引导，这三条路均位于苏州高新区启动区域内，是整个区域中比较重要的道路，但是有 24% 的受访者选择"其他"或者"不了解"或者未作答。在其余回答中，53% 认为中心区域在狮山路，14% 选择长江路，9% 选择何山路。总体上，回答还是比较集中于狮山路，说明狮山路区域作为苏州高新区的中心区域这一概念还是深入人心的。

3. 城镇平面

问题"感觉狮山路两侧建筑"的密度是针对受访者对研究区域建筑密度进行的提问，是针对城市空间实践中的城镇平面的认知。有效问卷中，18% 的受访者认为建筑密集，52% 的人认为建筑密度一般，12% 认为建筑密度稀疏，有 16% 的人表示不了解或者未作答。从这一问题中，可以看出在受访者的认知中研究区域总体建筑密度适中。这种印象的得出与公众心目中的狮山路区域定位有关，公众尚未将这一区域与寸土寸金的成熟城市中心区相联系。同时也从侧面证明该区域转化为新城区的潜力，因为该区域还处于飞速发展的阶段，建筑密度也会随着城市的发展而进一步提升。

[①] 2004 年苏州高新区就业人口中，30 岁以下占 74.83%，30 ~ 35 岁占 11.2%，35 ~ 40 岁的人员占 6.81%，40 岁以下的就业人口占到 92.84。

4. 土地利用

关于研究区域购物、就餐、娱乐的问题间接反映了土地利用中的功能。相对而言，购物不是很方便，接近半数的人认为购物不是很方便或者很不方便，这与研究区域中商业零售功能的暂时性缺乏直接相关。受访者普遍认为就餐比较方便，认为就餐很方便和比较方便的人数占到总数的六成以上。关于娱乐的看法，受访者认为方便或比较方便的人数比认为不方便或者很不方便的人数稍多，这与研究区域中娱乐功能比较单一有关，造成一部分人感觉得到了满足，另一部分人没有。但是受访者普遍认为夜间便利店以及夜间的娱乐不够充足。关于商业的业态模式，受访者更偏向于大型超市这种模式，百货店、商业街道也均有 1/4 的受访者表示喜欢。

5. 建筑类型

问题"狮山路两侧建筑的品质"直接针对建筑类型中的建成品质。在对这一问题的作答中，33% 的受访者认为其建筑品质较高，32% 认为建筑品质一般，17% 的人认为建筑品质差，另有 17% 的受访者认为自己不了解或者未作答。问题虽然是针对狮山路两侧建筑品质的提问，但是狮山路两侧的建筑在整个研究区域中属于品质较高的，并且在一定程度上可以代表研究区域的建筑品质。建筑品质这一概念仅能模糊地表示出在受访者心目中对各类建筑外观、内在功能乃至物业服务的满意程度。从问卷数据分析中可以看出，受访者对该区域建筑的品质基本上是认可的，或者说受访者习惯了研究区域中建筑的造型、细部以及内在的功能布局。

6. 开放空间

问题"是否常去住宅前的绿地"，"是否常去工作场所前的绿地"，以及"附近常去的休闲场地（多选）"，都是针对研究区域中观层次中的开放空间的利用状况进行的调查。在这三组问题中，对街头绿地、宅前绿地以及工作场所附近的绿地的使用率并不高，有一半以上的受访者表示从不或者偶尔去这些绿地中休息或游憩。在询问附近常去的休闲场地这一问题时，受访者再次表明了无论街头小型广场绿地还是像索山公园这样的开放性公园，其使用率都不是很高，大概各有三成的受访者表示会经常去街头广场、绿地或者索山公园。

"认为附近应该增添的设施（多选）"这一问题则针对微观层次中的环境艺术中的街头设施。受访者近半数表示需要增添公共厕所，六成多的受访者表示希望增添座椅、凉亭这样的休憩设施，另有 30% 的意见希望增添体育设施，近 20% 希望增添儿童游乐以及饮水机等设施。总体而言，受访者均希望增添实用性强的公共设施来提高整个区域的户外环境质量。这也表明，在研究区域的发展过程中忽视了环境小品，对与市民生活密切相关的设施的配备不足。

问题"附近区域有没有给你留下深刻印象的标志物（多选）"这一问题询问了受访者对开放空间宏观层面中的城市标识物的认知。狮子山（苏州乐园）既是区域中重要的自然标识物，又因为苏州乐园建造其中而成为人工构筑的标志性地标，因此 46% 选择了这一区域中著名的标识物。香格里拉酒店坐落的新地中心以其苏州第一高层的显赫身份也成为受访者关注的焦点。也有 32% 认可坐落在京杭大运河畔的管委会大楼为区域性标识，这与大楼的功能作用相关——管委会大楼的兴建也是苏州高新区建设的一个标志性开端，因此被受访者关注并认定为地域性标识。该组问题也表明研究区域中的开放空间有足够的成为视觉或心理焦点的标识物，并在人们心目中形成良好的关注核心。

7. 城市交通

针对职工、居民、学生的两个问题"上班（上学）采用的主要方式"，"上班（上学）需要的时间"，以及针对游客的问题"到达苏州高新区研究区域的方式"是关于研究区域城市交通状况的调研。通勤方式中最为普遍的是骑自行车的方式，占总量的37%；占第二位的通勤方式是私家车，约有18%的受访者采用这种方式通勤；步行及乘公交车分别仅有10%、9%；没有受访者以出租车为主要的通勤方式。公共交通的利用率几乎是最低的，与被访者居住区域公交线路覆盖不完善有一定的关系，因为在问题"附近乘车方便与否"中，接近八成的被访者认为研究区域中的公共交通很方便或者较方便。自行车成为主要的通勤方式，与通勤时间是密切相关的。30分钟以内的通勤时间占总数的65%，因而受访者通勤时间基本上比较短，在这样的情况下，采用灵活的自行车作为通勤方式并不会产生疲劳，因而成为通勤方式的主流。对于来研究区域游玩的游客（主要是来苏州乐园游玩），其交通方式大部分是乘坐公交大巴，侧面反映出研究区域吸引了较远距离的游客前来游玩。

4.3.6.3 小结

通过对市民进行的研究区域问卷调查，我们可以得到一个市民对城市空间实践认知状况的大致了解。知晓城市空间实践的活动和结果对周围居民的影响以及居民对城市空间实践直接的或间接的经验认识，一种居民头脑中主观性的认知，作为对城市空间实践完善的依据。2004年在狮山路区域，市民对于城市空间实践的认知与前文对于城市空间实践的分析基本上是吻合的。特别要提出的是，此时在市民认知中，狮山路区域尚不是完全意义上的城区，这从一个侧面反映出狮山路区域的城市化进程尚未完成。

4.3.7 2004年苏州高新区城市空间实践特征总结

前文已述苏州高新区大约于2000年前后进入后开发区时代，同时也开始了向新城区的转向，狮山路区域是向新城区转向的先导。但是这种新城区转向仅仅有宏观空间表征层面的纲领性指导，而无进一步的具体化及细化。因此，这是一种缺乏明确指导，带有自发性质的城市化过程。2004年，狮山路区域的自发性城市化已经进行了多年，形成了该区域该阶段特定的城市空间实践。在本章中已经对于其城市空间实践中的城镇平面、土地利用、建筑类型、开放空间、交通研究以及城市空间实践认知六个方面予以具体的描摹，其目的就是揭示此时此地的城市空间实践的特征。下面就将其总体特征予以总结。

2004年的狮山路区域的城镇平面中，在由"线"构成的道路体系中，形成了间隔约500m左右的路网框架，并且与区域外部的路网一起构成了一套四通八达的高效的开发区模式的道路系统。但是，在狮山路区域向新城区转化的过程中，道路体系并未随之改变，相对稀疏的道路在城市化的过程中成为一种劣势，阻碍了城市中的交通发展。在地块模式中，地块面积大小相差悬殊，出现了天然地块与权属地块边界合一，天然地块包含多块权属地块，以及权属地块跨越天然地块多种情形。这些状况的出现主要由研究区域在苏州高新区发展早期形成，与当时开发区发展急需资金而以投资企业的需求为急务有关，与当时具体的开发规划缺失以及执行不力有关。这种情况在 2000 年之后得到逐步的改观，通过土地置换，大面积的地块得到进一步分割，地块模式逐渐统一。只是在 2004 年的狮山路城市空间实践中，仍然看到较为混乱的地块模式，其实这是伴随着苏州高新区的新城区转向，由混乱向合理转化过程中的一个节点。在建筑布局中，地块模式与建筑功能成为影响的关键因素。在狮山路区域向新城区转向的过程中，开发区原有的工业功能仍然存在并将逐渐减少，而与城市相适应的商业、居住等功能则在转化的过程中得到加强。这种建筑布局处于开发区与新城区之间的过渡状态在狮山路区域的城市空间实践中得到体现。

2004 年的狮山路区域在土地利用方面，已经形成了丰富的用地类型；在结构层次上，体现出一种自发的结构层次性——用地以狮山路为中心，依次分别向南向北大致呈现出三个层次，总体呈现出"混杂"的用地状态。研究区域这种在土地利用上的多样性、层次性以及混杂性并非在系统的、动态的城市设计、城市规划的指导下形成的，它们的形成带有更多的随机性、自发性以及无序性。从具体用地功能而言，商业功能缺乏，工业选址不当，文体娱乐与公园绿地未能满足需要，居住功能层次较多。土地利用功能方面的这种状态也呈现出从开发区向新城区转向的过渡状态——开发区中特有的功能尚未消失，新城区中的功能已经出现并且加强。

在建筑类型方面，2004 年的狮山路区域出现了不同年代建设，功能性质不同的多种风格的建筑。在影响因素中，除了功能性质是与该区域处于转型过渡期有所关联，建筑建设的时期也是起着关键作用的因素。同时，非常重要的是狮山路区域作为开发区的组成，其建筑风格在初期受到硅谷范式的影响，而选择展现出科技感、现代感的表达方式，这就奠定了该区域建筑类型的基本风貌，甚至在狮山路区域向新城区转向后，这种风格的偏好仍没有改变，只是表达手法随着时间的推移而发展（参见附录 A）。

开放空间是一个包容庞杂的范畴。在 2004 年的狮山路区域，开放空间已经形成自己完整的系统。宏观上，缺乏系统规划，微观上，相应的设计品质不足。这样一个开放空间的状况是一个急切发展区域的真实写照，在狮山路区域无论早期作为开发区的开发中，还是在后开发时代向新城区的转向中，对于发展速度的追求是一致的，因此忽略了对开放空间品质的推敲。2004 年狮山路区域的城市空间实践表明开发区向新城区的转向任重而道远。

在交通方面，2004 年狮山路区域的状况是基本符合当时的需求的。这与开发区成立之时就超前高水平地完成了基础设施的建设是分不开的。

通过对市民进行的研究区域问卷调查，发现市民对城市空间实践的认知状况与前文对于城市空间实践的分析基本上是吻合的。特别要提出的是，此时在市民认知中，狮山路区域尚不是完全意义上的城区，这从一个侧面反映出狮山路区域的城市化进程正在进行。

从 2004 年狮山路区域的城市空间实践中，可以看出，这一时期的研究区域尚处于从开发区向新城区转向的过程之中，开发区的印记尚未褪去，新城区的建设已蓬勃开始。在发展的过程中，仍然惯性地追求速度而对于质量有所忽略。受到各方利益的牵制，转型过程中阵痛不断，特别是触及个别利益方利益时更是举步维艰，如对于工业功能的转换。在这样的过程之中，也积累了城市空间实践的复杂性与多样性，为城市多样生活提供了基本的载体。

4.4 城市空间实践变迁

4.4.1 变迁表现

前文所描述的狮山路区域的城市空间实践是本次研究刚刚开始时的 2004 年时的情景。6 年之后的 2010 年，该地区的城市空间实践随着时间的推移而随之发生了变迁，这些变迁表现在以下几个方面。

4.4.1.1 地块模式

经过 6 年的发展，狮山路区域在地块模式方面发生了变化——地块划分有所细化。其典型例子就是原金狮大厦与保险大厦之间的地块被分割成两个地块，分别建设了苏州高新国际商务广场与人才大厦两栋超高层、高层建筑。这样高密度、高容积率的开发是符合价值规律的。随着狮山路区域的商业价值不断攀升，地块的价值也随之攀升，将较大的地块拆分成较小的地块分别由不同的主体来开发。地块模式的变化与狮山路区域的空间表征有着密切联系，2006 年完成的该区域的城市设计中就明确提出将狮山路东部地块进行重新划分，减少单块地块面积，提高开发强度。这一地块模式的变迁顺应了城市设计中的要求（图4-43）。

图 4-43 地块模式变化

4.4.1.2 建筑布局

1. 高密度布局

在建筑布局方面，新增建筑大都是高密度布局，并且多为向高空发展的高层建筑。通常出现在天然地块包含多块权属地块模式中。主要出现在临近狮山路等价值核心区域，地块用地面积较小，建筑布局多铺满用地，并且向高空发展，建筑的功能多为商业、金融、服务业等（图 4-44）。

2. 低密度布局

靠近运河，出现一组多层、低层相结合的商业建筑——狮山永利广场，功能是酒店、餐饮、娱乐，以简约的地方风格为主，灰墙黛瓦，体量化整为零。这种低层低密度布局的建筑群落借助运河岸边优良的环境品质，为城市提供一处优雅的兼具历史文脉感的商业服务。在如今寸土寸金的狮山路区域，这种低密度布局成为在城市发展过程中提升城市品质

图4-44　高密度布局　　　　图4-45　低密度布局

图4-46　春兰空调用地功能置换前后

与辨识度的方式（图4-45）。

4.4.1.3　用地功能

1. 功能置换

随着苏州高新区进入后开发区时代，向新城区转向，被定位为城市新区，狮山路区域
也成为城市核心区的一部分。区域内原有的工业、仓储功能逐渐被置换，杂乱的土地利用
现象也将通过置换而逐渐消失。明显的例子是狮山路北侧春兰空调的工业厂房整体被搬迁
至别处，而原有的厂房被拆除，该用地将在未来成为商业用地。2010年12月，工厂区内
只见大型推土机在作业，在残垣断壁和镂空的围墙中似乎才能发现曾经的春兰空调面积巨
大的厂房的存在（图4-46）。

2. 居住功能高端化

狮山路区域中存在的非常重要的功能就是居住功能。随着区域定位不断得到提升，周
围相关配套设施日臻完善成熟，加之本来就较为便利的区位与交通，狮山路区域成为地产
开发商眼中的一块宝地，各类房产项目也接踵而至。但是，已经成为中心城区核心区域的
定位也同时提升了房地产项目的品质与档次，瞄准高端客户人群。如五星级酒店苏州香格

图 4-47　苏寓

里拉的姐妹楼"苏寓"就极尽奢华之能事，"每一个
单位都是设计师按五星级酒店标准精心设计装修的，
并配置全套家具、软装修和家电，提供中央空调、24
小时热水和净水系统，安装了最先进的地热装置等"。
整体而言，在 2004 年之后，狮山路区域中兴建的居
住建筑高端化态势明显（图 4-47）。

3. 商业功能增加

一座大型的销品茂已经在狮山路区域外围苏州乐
园南侧地块拔地而起，这将从量与质两方面提升区域
内的商业功能。其余小型商业项目也在区域内逐步建
成营业，作为新城区，特别是城市核心区，商业功能
的增加与区域整体发展是一致的（图 4-48）。

4.4.1.4　建筑类型

在建筑类型方面，新建筑的风格一方面受到全球
化、信息化风潮的影响，朝着简洁、技术精美的方向
发展，代表为苏州高新国际商务广场；另一类建筑则试图挖掘地方风格的潜力，从传统建
筑语汇中找寻出路，并走向高端化，其中的代表就是狮山永利广场。

4.4.1.5　开放空间

开放空间从基本格局上没有较大的变化。但是由于城市空间表征中的城市设计介入到
城市空间实践，对于新建建筑的退界予以控制。于是特别是在狮山路北侧，新建建筑退道
路而形成新的广场，丰富了开放空间。

4.4.1.6　环境艺术

从 2004 年至 2010 年，在狮山路区域城市空间实践中变化最大的部分就是环境艺术。
几乎所有的公共设施都被重新设计，新的设计更加注重个性和艺术性，材质方面选用富有
质感的材料，进而从环境艺术方面提升城市的品质（图 4-49）。

1. 路灯

路灯的设计更注重地方性，采用传统宫灯的意向。

2. 垃圾箱

垃圾箱的设计也更为精致，注重视觉感受与品质。

3. 座椅（图 4-50）

在人行道的行道树旁围合出木质座椅，改善了行人的出行舒适度。

4. 车站

公交车站的设计也更具有特色，材质、色彩与周围环境更为统一（图 4-51）。

5. 电话亭（图 4-52）

电话亭采用火红的色彩，成为灰色主色调中的一抹亮点。

6. 铺地（图 4-53）

花岗石铺地更为稳重，并且富有质感，与环境更为协调。

图 4—48　建设中的销品茂

图 4—49　路灯、垃圾箱今昔比较

图 4—50　座椅今昔比较

图 4—51　公交车站

图 4-52　电话亭今昔比较

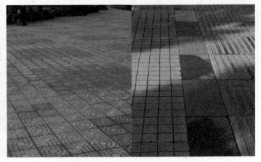

图 4-53　铺地今昔对比

4.4.1.7　交通研究

2010 年的狮山路某种意义上已经成为一个巨大的停车场。道路两侧宽阔的非机动车道上停满了各种类型的机动车。伴随而来的是交通量的激增，同样在狮山路靠近狮山大桥一侧平均每小时车流量已达到 5.4 千辆/h，比 2004 年时的交通量将近翻了一番。机动车交通量的增加以及停车困难的加剧，从一个侧面反映出狮山路区域在向新城区转向的过程中发生的问题，即城市化带来的弊端。

4.4.2　变迁动因分析

4.4.2.1　后开发区时代，城市化加深

2004 年《苏州高新区、虎丘区协调发展规划》中对于狮山路区域明确定位，狮山路区域成为"苏州主城中心区，具有魅力的新区服务中心和宜人的居住片区"，从而肯定了狮山路区域在后开发区时代向新城区转向的发展方向。此后的城市空间实践的变化都是基于这个区域定位的升级。定位的升级直接导致地价的上升，因此地块模式向更加集约、密集的方向发展；建筑布局也以高密度布局为主，间或低密度布局是为了提升建筑环境，提升城市品质；在用地功能上，工业功能向商业等功能转化，突出城市中心区的职能作用，而随着地价的攀升，居住功能也向高品质高售价的高端发展，城市商业功能的完善进一步加强了城市的服务功能；环境艺术的变化也是为了配合深入的城市化，最终塑造魅力城市。由此也带来了机动车数量激增的弊端，引发了交通的拥堵。

4.4.2.2　城市空间表征的直接作用

2004 年之后，城市空间表征中三项重要的不同层面的发展计划出台，直接引发了城市空间实践的变化。特别是 2006 年《狮山路两侧城市设计》对该区域城市化发展的具体设计成为城市空间表征的直接作用。该城市设计为狮山路区域在定位、发展原则，以及具体的土地利用、交通规划、绿化景观、物质空间等方面从宏观到微观予以了规划、设计。这就直接促成了狮山路区域城市空间实践的变迁，如城市街墙控制直接决定了建筑设计底部的界面与空间，环境设计更是直接改变了区域整体的环境艺术品质。

4.4.2.3　城市再现空间的反作用

城市空间实践最终将成为人们"日常生活"的发生地、物质基础与载体。作为"日常生活空间"的城市再现空间也会反作用于城市空间实践。譬如，高端居住功能的加强，吸

引了高端居住者，与之相适应的一种精英化的、VIP 式的日常生活方式推动了高端销品茂的出现。具体关于城市再现空间对于城市空间实践的反作用将在下一章中予以进一步讨论。

4.5 城市空间实践与流空间、地方空间

4.5.1 流空间与狮山路区域城市空间实践

4.5.1.1 流空间为城市空间实践提供趋同的价值取向

流空间试图在全球范围内建立相同或趋同的价值取向。譬如说"全球城市正在试图建立一种建筑的模式，一种大都会美学的形式，一系列适于全球精英生活模式的设施——提供寿司的餐馆，或是提供一定阶级使用的'VIP'空间"；又譬如说硅谷的建成环境中，平淡内敛的建筑风格与技术丰碑式的外在张扬（参见附录 A）。这些标准、取向通过各种流的作用，迅速地传递到流空间中的各个网络节点。在流空间的作用下，狮山路区域的城市空间实践也在这些趋同的价值取向的作用下而发生着。精英化的价值取向直接导致了人行道上大面积花岗石铺装，导致了追求高品质的顶级酒店的出现以及顶级寓所的售卖。同时，硅谷范式带来的平淡内敛的建筑风格与技术丰碑式的外在张扬，在区域内特别是新近建成的建筑中可以看出端倪，材料考究追求以及细节的技术精美在苏州高新国际广场或是人才大厦中都可以看到。流空间正从最根源源源不断地产生、输送价值取向，使得城市空间表征从本源上趋同。

4.5.1.2 流空间从技术上抹杀了城市空间实践的差异

另一方面，流空间从技术上支持了城市空间实践的趋同，因此可以说流空间从技术上抹杀了城市空间实践的差异。流空间在自身的网络中以最迅捷的方式传递着资讯，那么如果城市空间实践需要与其他地方保持同步，可以轻易地做到了解以及模仿。可以通过全球物流得到具体的材料与做法。换而言之，城市空间实践如果希望复制别的地方，那么流空间提供的信息、物质、资本可以帮助实现，从而进一步减小了城市之间空间实践的差异。因而，在狮山路，你可以想象自己在上海，在洛杉矶，在芝加哥的某个地方，因为仅仅从城市空间实践而言，它们之间的差异并不大。

4.5.2 地方空间与狮山路区域城市空间实践

卡斯特认为："流空间在网络社会中并没有渗透到整个人类经历的领域。实际上，大部分人，无论在进化的高级社会，还是在之前的传统社会，都是生活在地方之中的，因此他们的空间是以地方为基础的。"这句话也肯定了城市空间实践是以地方空间为基本的。与流空间使得城市空间实践趋同不一样，地方空间保持了城市空间实践的个性与特性，是与其他区域间差异的根本。

4.5.2.1 地方空间成为城市空间实践差异的物质基础

地方空间为城市空间实践提供了实实在在的物质基础，土壤、地形、气候，乃至经济条件、政治体制都是独特而不可改变的条件，城市空间实践也必然建立在这些物质基础之上。因此，同样是"平淡内敛的建筑风格与技术丰碑式的外在张扬"，在硅谷反映的大多是位于大片景色宜人环境之中低矮的建筑（参见附录 A），但是在狮山路却成为城市中狭

小地块中高耸的垂直发展的摩天楼，这种差异的产生就在于二者位于不同的地方空间之中，狮山路区域没有硅谷那样充裕的土地资源。地方空间是城市空间实践不可规避的，它的存在是城市空间实践差异的物质基础。

4.5.2.2　地方空间为城市空间实践差异提供历史、文化的支持

地方空间不是在瞬间形成的，而是历经时间的，历史成为地方空间的重要属性。同时地方空间也不能脱离在其间生活的人，以及人与人作用形成的文化。狮山路区域，也许并没有很长的历史，但是它根植于更大的地方空间——苏州。尽管苏州的悠久历史在狮山路区域的城市空间实践中只能看到点滴，但是这种历史毕竟影响到了空间实践，当城市的发展试图强调自身特征的时候，历史就会在城市空间实践之中拥有自己的话语，运河边的狮山永利广场就是这样一个实例。而文化对于城市空间实践的作用更多的是通过日常生活空间，这种鲜活的空间有力地支持了城市空间实践的特性。关于这方面的探讨将在下一章继续。

4.6　本章小结

对于城市空间实践的理解可以从其研究对象开始。城市空间实践的研究对象是物质性的，可以分为两个层次。第一层次，是城市中的实存环境，是物质形态，包括土地、道路交通设施、建筑、构筑物、景观、小品及其空间安排。第二层次，是城市中的活动实践，是非物质实践，包括交通，以及人的活动与人对其的理解。

在本次研究中，采用的研究方法以康泽恩学派对城市形态的研究方法为基础。①对研究区域的城市平面进行分析，分别研究道路及其系统，地块及其切分，建筑布局；②研究区域内的土地利用，各种类型土地的分布状况；③研究区域内建筑的类型，包括功能、平面、形体与细部；④研究区域内开放空间以及其中的小品及构筑物；⑤研究区域内人行车行活动；⑥研究人对区域环境的认知。其中，①～③是对康泽恩学派的借鉴，④是在城市三维空间方面的补充，⑤是在动态城市空间方面的补充，⑥是在空间认知方面的补充。

选择狮山路区域作为研究载体是因为其先锋性、历时性与复杂性。对于狮山路区域城市空间实践的时间节点分别选取在后开发区时代的两个阶段中：2004年以及2010年。由于该区域从开发区建立到2004年的空间实践是一个从无到有的过程，而2005年至今的空间实践是一个矫正、润色的过程，因而从量上面看2004年的狮山路区域城市空间实践已经完成了大部分的建设。因此，研究中以2004年城市空间实践为基础，2010年的则作为发展的比较。

研究详细地分析了2004年在城市平面、土地利用、建筑类型、开放空间、动态活动以及区域认知几个方面状况。在将2010年城市空间实践与2004年相比较，发现在地块模式、建筑布局、用地功能、建筑类型、开发空间以及环境艺术方面发生了或大或小的变迁，这种变迁的原因在于：定位变化，城市化加深，城市空间表征的直接作用，以及城市再现空间的反作用。

流空间与地方空间作为当今社会生产下社会空间的特征，也存在并作用于狮山路区域城市空间实践之中。流空间为城市空间实践提供趋同的价值取向，同时流空间从技术上抹杀了城市空间实践的差异。地方空间成为城市空间实践差异的物质基础，同时地方空间为城市空间实践差异提供历史、文化的支持。

5　狮山路区域城市再现空间

　　再现空间是艺术家、哲学家、作家创作的作品,采用的形式是图形、符号、象征物,其深层的东西是某种象征、意义或意识形态。在城市中再现空间一方面包括各种精神的虚构物,诸如代码、符号、"空间性的话语",体现在各种媒介,包括文字、视频音频,乃至新兴的互联网络;另一方面体现在各种艺术家作品的表达,既包括传统的绘画、雕塑等艺术作品,也包括罗西在《城市建筑》一书中提及的人工纪念物,包括乌托邦计划,想象的风景,甚至还包括象征性的空间,博物馆等等这样一些纪念性建筑物。如果说城市的空间实践更偏重于城市的物质空间层面,那么城市的再现空间则更加偏重于空间的精神层面,更加偏向于空间的感知与意义。

　　同时,城市再现空间是全然"实际的"空间,是城市中"居住者"和"使用者"的空间,是日常生活的空间。城市再现空间是有生命的:它会说话。它拥有一个富有感情的核心或说中心:自我、床、卧室、寓所、房屋,或者广场、教堂、墓地。它包围着热情、行动以及生活情景的中心,这直接暗含时间。结果它有着各种各样的描述:它可以是方向性的、环境性的或关系性的,因为它本质上是性质上的、灵活的和能动的。艺术家、作家和哲学家等人是在"描述"我们生活其中的世界,而不是译解和能动地改变这个世界。实际的再现空间把真实的和想象的,物质和思维在平等的地位上结合起来。

5.1　城市再现空间的特征

　　索加在对列斐伏尔空间生产理论进行了深入的剖析之后提出了第三空间的理论——在列斐伏尔的三元空间框架中,与空间实践及空间表征相比较,再现空间具有更加特殊的特征与地位,因而将其称为第三空间。在《第三空间》一书中,索加写道:"……我认为从这里还可以找到第三空间的另外一些规定性特征:一个可知与不可知,真实与想象的生活世界,这是由经验、情感、事件和政治选择所构成的生活世界。它是在中心与边缘的相互作用(既具生产性又制造问题)下形成的,是抽象的又是具体的,是充满热情的、观念的与实际的空间,是在空间实践中的领域,即在(空间)权利不平衡发展(空间)知识向(空间)行动的转变过程中,在实在意义和隐喻意义上区别出来的。"[46]并且列斐伏尔始终坚持认为,思考空间的每一种方式,人类每一个空间性"领域"——物质的,精神的,社会的——都要同时被看作是真实和想象的,具体和抽象的,实在的和隐喻的。只要每种空间思维都保持着"真实和想象"的同时性及重新组合的开放姿态,那么就没有哪一种思维形式具有天生的优先权或者"优势"。[46] 因此，再现空间、第三空间，是真实与想象并存的。城市中，真实与想象就是其再现空间的两个重要的特征。城市再现空间根植于现实生活，又与象征、想象相连。再现空间基于人们的日常生活，再现空间体现了精神，再现空间使用符号来表达，再现空间是个体的，再现空间是共同的建构。再现空间既是普通人的生活风尚的具体，再现空间又是智者所描绘的抽象。

5.1.1 真实——城市再现空间的日常性

索加认为，对于列斐伏尔而言，再现性空间是全然"实际的"空间，丝毫没有改变棘手的性质，他是展布在伴随他的形象和象征的空间，是"居住者"和"使用者"的空间。因此，城市再现空间——第三空间的真实性，是"居住者"和"使用者"在实际生活中的空间，是根植于日常生活的空间，是日常性的空间。

在列斐伏尔的空间三元论中，空间实践（Spatial Practice）是感知空间（Perceived Space），同时对应于建成环境（Built Environment）；空间表征（Representations of Space）是构想空间（Conceived Space），同时对应于概念空间（Space as Conception）；而再现空间（Representational Space）是亲历空间（Lived Space），同时与日常生活空间（Space of Everyday Life）相对应[60]。作为亲历空间的再现空间同日常生活有着千丝万缕的联系（表5-1）。

空间三元论辨析表　　　　　　　　　　　　表5-1

构想空间 Conceived Space	感知空间 Perceived Space	生活空间 Lived Space
空间表征 Representations of Space	空间实践 Spatial Practice	再现空间 Representational Space
作为概念的空间 Space as Conception	建成环境 Built Environment	日常生活空间 Space of Everyday Life

资料来源：Architecture and Urban Form in India's Silicon Valley（2006）

再现空间是个体具体生活的空间。再现空间是通过对感知空间的相互作用和解读而创造的，因此这种空间不是一个单纯意义上的空间，而是由个体为他们自己所构成的空间，并且是相关联个体合作共同建构的空间。[60] 正如列斐伏尔在《空间的生产》一书中所提及的那样，再现空间"不需要遵守一致的法则"，是"来自整个人类的历史，同时也是每个个体的历史"[11]。个体的活动共同构成了日常生活，个体合作建构的城市空间构成了日常生活空间，即城市再现空间。再现空间是需要以空间实践与空间表征之中的产品或者人工制品为其认知的基础，从而共同涵盖、跨越从全球到个体的不同尺度。对于城市再现空间的把握的关键在于其亲历性，城市再现空间中的精神、符号、文字、抽象都是贯穿于日常生活之中的。城市再现空间就是城市日常生活的表达与再现。列斐伏尔认为，再现空间是通过形象和象征直接生活着的空间，因此是"居住者"和"使用者"的空间。这种"居住者"和"使用者"的空间就是日常生活空间。而"一些艺术家的空间，或许是那些作家和哲学家的空间"是对日常生活的"描绘"。[11]

日常性成为列斐伏尔空间研究框架中表征空间的重要特性。在城市中，与意向、记忆相关的城市生活体验，以及对特定城市空间的认同相关的文化、艺术成就了城市再现空间。正如沙朗·佐京在《城市文化》一书中所阐释的那样，人类生活不是简单地运作于城市之中和城市之上，而是很大程度上也从城市发源，从城市生活复杂的特殊性上发源，这就构成了空间特殊性的解码性潜力。因此，城市再现空间其实是建立在社会的微观层次上的，它由那些我们感受到的城市日常生活空间所组成，是由街道上、商店里、公园内的日常生活的社会交往所产生。置身于这些空间，以某些方式利用它们，并在此基础上形成自己的城市感觉。[129]

5.1.2　想象——城市再现空间的象征性

列斐伏尔对再现空间的论述充满矛盾："通过形象和象征直接生活着的空间，因此也是'居住者'和'使用者'的空间，也是一些艺术家的空间，或许是那些，诸如一些作家和哲学家的空间，他们描绘并渴望只是描绘／记述。这是被支配的空间——因此是被动地被经验的——这一空间乃是想象想要改变和挪用的。它叠合了物理空间，象征性地使用其对象。再现的空间，虽然也有某些例外，趋向于朝向或多或少的非——语词系统和记号的一致的系统。"[11] 索加对此做出了评论："这是全然'实际的'空间，丝毫没有改变棘手的性质，它是展布在伴随他的形象和象征的空间，是"居住者"和"使用者"的空间。但列斐伏尔小心翼翼地指出，它也是艺术家、作家和哲学家，后来他又加上人种学家、人类学家、精神分析家以及其他'此类再现性空间的研究者'，居住和使用的空间。他们只是想'描述'我们生活其中的世界，并不想译解和能动的改变这个世界。"[46] 因此，索加认为这种"描述"揭示了作为第三空间的再现空间的象征性，充满想象的精神层面。

列斐伏尔认为，再现空间充满了象征。因此，有人倾向于把他主要看作是一个符号学家，把实际的空间看作是"符号的"空间。实际上再现空间是充满了政治和意识形态，充满了相互纠结着的真实与想象的内容，充满了资本主义、种族主义、父权制，充满了其他具体的空间实践的活动。再现空间包含了"复杂的符号体系，有时经过了编码，有时则没有"，"不需要遵守一致的法则"，是"弥漫着具有历史渊源的想象，或者象征元素"。它们与"社会生活的私密或底层的一面"相连，也与艺术相连。后者在列斐伏尔看来并不是比较笼统的空间的符码，而是明确再现空间的符码。[46]

在城市中，再现空间的想象不是呆板的，是有生命的：它会说话。它拥有一个富有感情的核心或说中心：自我、床、卧室、寓所、房屋，或者广场、教堂、墓地。它包围着热情、行动以及生活情景的中心，直接暗含时间。结果它有着各种各样的描述：它可以是方向性的、环境性的或关系性的，因为它本质上是性质上的、灵活的和能动的。再现空间被认为和阿帕杜莱的精神想象紧密相连，是跨越国界的，散居各地的，或者作为对城市理解基础上头脑认知地图的描绘。

5.2　城市再现空间的研究载体

5.2.1　片段的叙事

城市再现空间渗透到我们的日常生活与精神世界，甚至可以说是无所不包容的。对于城市再现空间的研究也易陷于烦琐而不能得其精髓。因此，选择恰当的研究载体将会起到事半功倍的作用。索加在《第三空间——去往洛杉矶和其他真实和想象地方的旅程》一书中为我们的研究提供了良好的示范。在该书中，索加摒弃了全面的、系统的，事无巨细、包罗万象的分析，选取了城市片段（事件）进行描绘与分析，反而呈现出一幅生动而深刻的图景于世人面前。譬如对外城奥兰治郡的研究中，索加就选择了几处代表性的景观——亚伯林达、加利福尼亚大学欧文分校、欧文城、被称为"根和翼"的商业大街、OCPAC 中心、郊外住宅区等等。这些城市片段与对其思考成就了索加的经验"旅程"。在本书的研究中，将借鉴这种研究方法，利用城市空间中的片段、城市空间中的事件作为城市再现空间的研究载体。

5.2.2 日常生活的范畴

城市再现空间是真实的，真实是来源于城市日常生活，根植于城市现实。城市再现空间是想象的，这种想象亦不是凭空而来，而是对城市日常生活空间的深层理解与表述。因此，以城市日常生活空间为研究范畴将会为本书的研究界定出具体的研究焦点，对城市日常生活空间的研究也会为本书的研究提供有益的借鉴。张雪伟博士的论文《日常生活空间研究——上海城市日常空间的形成》中对城市日常生活空间进行了界定并且提出研究城市日常生活空间的意义，"'日常生活空间'就是人们日常生活的各种活动所占据的空间，在社会生活中，人们的日常生活要在家庭、工作单位、消费场所、非消费的公共场所之间不断移动，时间地理学认为，凡事物存在就要占用一定空间，这种日常生活的各种活动所占用的空间，就是日常生活空间。日常生活空间与人们的日常生活是密不可分的，它不仅为人的日常生活提供必要的空间条件，并且在城市公共空间体系中扮演着重要的角色，其空间模式及其演化规律的研究对于城市公共空间的构成具有十分重要的意义。"[130]

张雪伟还进一步在论文中对日常生活空间的研究提出分类的方法。根据人们在城市日常生活中的活动类型——工作（上学）、家务、购物与闲暇，当代城市人的日常生活空间可以被划分为单位空间、消费空间、交往休闲空间以及居住空间几大类别。因为单位空间涉及中国独特的单位制度，具有很大的特殊性，已经属于另外一个独立的研究领域，被排除在本次研究的范畴之外。故本书所研究的日常生活空间主要包括居住空间、休闲空间及消费空间。这种划分既比较全面地概括了居民日常生活中具有共性的各个方面，又省去了许多细枝末节，便于从整体上把握问题的实质。因此，本书的研究载体将从居住、娱乐、消费空间的三类中选取。

5.3 狮山路区域城市再现空间的研究片段

在本次研究中，对具体研究片段的选取依据城市日常生活空间的分类，分别在居住、娱乐、消费空间之中选取，同时兼顾了在此区域活动的不同人群。不同类型的人群都拥有与自身相应的空间片段，虽然这些空间片段相互交织，虽然人群的划分游移不定，虽然同性的空间片段会跨越不同的人群圈层。"物以类聚，人以群分"这样一个习语却反映了作为生产产品的空间所拥有的不同的特征对象。

在狮山路区域这样一个微缩的、复杂的功能区域，空间片段的指向与归属决定了选择的基础。针对精英阶层的居住空间片段，针对舶来者的酒吧空间片段，针对游客的主题公园空间，以及针对普通居民的快捷消费空间的片段便因此应运而生。

真实与想象作为城市再现空间的两个基本特征也将伴随我们对空间片段的分析之中。

5.3.1　寓所

寓所这一片段的选取是为了揭示在流空间作用下社会精英阶层所体现的日常生活及日常生活空间。

5.3.1.1　真实——奢华的追求

"不求最好，但求最贵。"这本是冯小刚贺岁电影《大腕》中一段经典台词，后来成为广为流传的对于爆发新贵阶级的嘲讽。但是，这种对于奢华生活的追求却在当今中国的现实生活中始终没有停止过。豪宅、名车、奢侈品成为精英阶层生活的代言。卡斯特在网络社会的崛起中也提及这种现象，"主要的城市中心依然为非常抢手的高层专业人才提供了个人晋升、社会地位，以及个人自我满足的最大机会，包括子女就读的好学校，以及炫耀性消费（包括艺术和娱乐），顶端的象征性成员身份。"当狮山路区域成为主城中心区之后，苏州高新区已经完成用廉价土地、廉价劳动力来吸引外资，吸引国际投资的初级任务，因为这种低层次的吸引已经失去其存在的廉价基础。此时，为了提高区域在全球网络中的层级地位，苏州高新区必须展开对于高层次人才的吸引，对于精英流的吸引。因此，更为奢侈的娱乐、消费成为狮山路区域日常生活空间的一种体现。

研究区域中的住宅公寓见证并且体验了这种消费的变迁，展现了对于奢华的追求。高端公寓在狮山路的出现并非仅仅一朝一夕，20 世纪 90 年代末为高端人才度身定制的公寓就悄然诞生，御花园便是其中的代表。不过此时御花园的目标人群更具有针对性，那时苏州高新区相当比例的投资者为日韩企业。为了给在苏州高新区工作的日韩籍公司高管或者技术专家提供更为舒适的生活条件，御花园等一系列住宅相继问世。尽管在当时，比对其周围的住宅，御花园在设施、环境、价位等方面都高出不少，但是在今天看来，更多地是为了满足特定目标人群的基本需求。在建筑风格上，以和风为主，低调简约；在住宅形式上，以低层独立式或者多层集合住宅为主，以满足客户内部的再细分。

真正奢华寓所的出现是在苏州高新区进入后开发区时代之后，狮山路区域转向为新城区，并且以城市中心区定位，成为苏州高新区的商贸中心。苏州阳光新地置业有限公司旗下的 3 幢住宅已经成为追求奢华消费的典范（图 5-1）。

29 层的青庭国际公寓伫立在研究区域狮山路塔园路口，与另一座兼有酒店、写字楼功能的 54 层超高层建筑，共同构成江苏第一高层"新地中心"双塔。在新地中心南面，比邻塔园路，是由 2 栋 50 层超高层构成的精装公寓——新地国际公寓。从外观上看，这 3 栋公寓与周围普通的公寓住宅大相径庭。首先，超高层建筑作为公寓在附近区域中是绝无仅有的。其次，建筑在立面造型方面，摒除了一般公寓的传统做法，大幅低辐射透明玻璃幕墙的立面，细部精致，简洁现代的设计手法反而与高端写字楼相近，用一种低调的奢华来自我标榜。

图 5-1　新地国际公寓

　　在装修品质中，也可以看出这 3 幢公寓对于高端与奢华的追求。在公寓自我推广的说明中可以看到，"产品的内涵方面，更从人性化角度追求居住的极致舒适：中央空调、中央新风、中央吸尘、中央排风、变频恒压热水等硬件设施系统演绎务实中的优越。特聘香格里拉酒店指定的声学顾问、光学顾问专门进行了降噪及灯光调试，于细节处奠定价值。刷卡式电梯仅到指定楼层，韩国进口智能门锁的刷卡＋密码＋机械锁多重保护更令客户的居家生活安全无虞……如果说环保是装修的特色，那么我们在新型科技的创新运用上可以说也是走在了苏州现有的精装住宅项目的最前面。在苏州的住宅项目里，运用新风系统，我们是第一家，新风系统有隔离有害粉尘的效用，也就是会将有害的灰尘颗粒隔离在外，既输送了新鲜空气，又保持着室内环境的洁净……我们的中央吸尘就避免了类似于吸尘器的二次污染！……每一个单位都是设计师按五星级酒店标准精心设计装修，并配置全套家具、软装修和家电，提供中央空调、24 小时热水和净水系统，安装了最先进的地热装置。"[131]

　　在寓所服务方面，3 座公寓也是极尽能事，"以人情关怀为本源，有感于许多高档社区交流封闭，新地国际公寓打破沟通隔膜，构思社区交流与服务的每一个细节"。除此之外，"社区的会所被营造成公寓的第二客厅"。"严格的安保系统及温馨的居家服务，为忙碌的商业人士提供了舒适的居所，享受酒店式服务的家居生活！"[131]

　　从上述描述中，不难看出寓所的追求。首先，是极致。"极致"舒适、"最"前面、"第一家"、"最"先进，这些词汇描述出一个倾尽全力、打造极致的寓所形象。其次，寓所所追求的奢华不是古典的、巴洛克或是洛可可式的繁杂矫揉，而是一种基于科技的傲视天下。从硬件设施系统，到声学顾问、光学顾问专门进行的降噪及灯光调试，再到刷卡式电梯、智能门锁，以及新风隔尘，诸如此类的技术描述表达的是对于科技的膜拜。最后，寓所回归到服务，提出人情关怀、温馨居家服务等等，将寓所无微不至的服务关怀作为对于目标精英客户的最大吸引。

5.3.1.2　想象——精英文化的蔓延

　　卡斯特在《网络社会的崛起》一书中提出，信息化社会里精英文化的一个主要趋势是，企图营造一种生活方式与空间形式的设计，以便统合全世界精英的象征环境，超越每个地域的历史特殊性。因此沿着流动空间的连接线横跨全世界而建构起一个（相对）隔绝的空间：从房间设计到毛巾的颜色，全世界国际旅馆的装饰都很类似，一边创造一种内部世界的熟悉感，让人容易抽身离开周边的世界；机场贵宾室的设计要与流动空间中高速公路上的社会保持距离；动态、个人、及时使用的电子通信网络，让旅客永远不会迷失；一个安排旅行、秘书服务的系统，还有互相做东款待，通过在所有国家里崇拜相同的仪式维持一个企业精英的紧密圈子。再者，信息精英之间日趋均质化的生活方式超越了一切社会的文化边界；经常使用温泉健身设施和慢跑；烤鲑鱼和蔬菜色拉的强迫节食餐，而乌冬面和生鱼片则提供了日本式的功能性对等物；采用"苍白的小羚羊"的墙壁颜色，一边创造内部空间的温暖舒适的气氛；无所不在的掌上电脑以及互联网连线；正式服装和运动休闲服的结合；单一性别的装扮风格等等。这一切都是一种国际文化的象征，而其认同并未链接于任何特定社会，而是与横跨全球文化光谱的信息经济里中高管理阶层的成员资格有关。[59]

卡斯特所描述的景象就是流空间中精英阶层的消费文化，并且这种精英文化正在全球范畴内蔓延。这里所谓的精英是在我们社会领导位置的技术官僚、管理阶层。精英要保持他们的社会凝聚，发展一组他们可以相互理解并且支配他人的规则与文化符码以建立区分其文化——政治社区"内"与"外"的边界。这种边界与隔绝要求精英形成自己的社会，要求象征着隔绝的社区的存在，因此，躲藏在地产价格的物质障碍之后的自己的社区便是精英文化的一种表现。这种精英文化蔓延至纽约、东京、巴黎、上海，也蔓延至苏州高新区，于是狮山路区域中的顶级寓所应运而生了，成为隔离的一种模式。这种隔离的情形包括了位居不同地方的区位。从权力的顶峰预期文化中心，组织了一系列的象征性社会——空间层级，也将他们与社会其他人隔绝开来，以便模仿权力的象征。在一个层级内部的转移过程中，低层的管理者可以构成次级的空间社区，也将他们与社会其他人隔绝开来，一边模仿权力的象征并且挪用这些象征。身处苏州高新区的精英寓所便从属于这一系列的象征性社会—空间层级，作为其中某一层级的隔绝而存在。

5.3.2 酒吧

对于酒吧这一日常生活空间片段的选取是为了反映出在全球化语境之下，文化飞地的舶来现象和人们对于多义文化与想象消费的追求。

5.3.2.1 真实——日常生活中的狮山路区域酒吧

酒吧通常被认为是各种酒类的供应与消费的主要场所，专为供客人饮料服务及消闲而设置。酒吧常伴以轻松愉快的调节气氛，通常供应含酒精的饮料，也随时准备汽水、果汁为不善饮酒的客人服务。在研究中，根据空间消费人群的相似性，研究将其中"酒吧"的内涵拓展，除去这种典型意义的酒吧之外，咖啡厅、茶座这样类似的消费空间也包含其间。

研究区域中，一小部分酒吧散布于狮山路、长江路、玉山路、运河路两侧的星级酒店或者小区的临街商铺，另外相当大的一部分就集聚在淮海街（新区商业街）从狮山路至玉山路这样短短不足 1km 的距离之中（图 5-2、图 5-3）。

淮海街又称为新区商业街，始建于 20 世纪 90 年代初期，自 1994 年 10 月开始营业。和整个新区一样，淮海街年轻却不青涩，一端始于苏州高新区 CBD 核心区狮山路中段，另一端联系着幽静的玉山路以及其南面腹地大面积的工业用地，呈南北走向，全长 600m。

图 5-2　淮海街日韩风情酒吧 1

图 5-3　淮海街日韩风情酒吧 2

街道尺度小巧玲珑，两侧均为 2 ～ 3 层的建筑，而道路本身红线宽度也仅有 16m，空间比例宜人亲切。2001 年在当时还是一条名不见经传的淮海街上，一家以"一文钱"命名的日本料理店悄然开张，从此拉开了淮海街发展的序幕。不久，20 余家日本料理店、酒吧相继营业。

2003 年，对于淮海街而言是值得关注的一年。此时的淮海街日韩餐饮酒吧氛围日渐浓郁，苏州高新区政府开始了对淮海街的综合改造。包括先后实施的入口改造，沿街立面和店招广告改造，餐饮业排污配套设施改造，商业用房周边环境整治，区间路延伸工程及消防设施改造等工程。行政力量的运作无疑是效果显著的，此番改造使得淮海街的基础设施、环境品质均得到了大幅度的提升。于是，淮海街入口除了洋溢着波普气息的巨型霓虹牌坊，更是围合出一个精致的曲尺状入口广场，广场上铺砌的花岗石地砖以及闪烁的灯饰体现出精心的设计。街内设置黑白相映的日式街灯，并且在与河道交汇处设置小型绿化，提高街道品质与内涵。淮海街此时被定名为"日韩风情街"。

2010 年 12 月，淮海街通过了全国特色商业街专家评审，被誉为"区位优越，规模集聚，特色鲜明，效益良好，潜力无限，是名副其实的苏州日韩风情一条街，是全国特色商业街开发建设、经营管理的成功范例"[132]。此时，淮海街已驻有 150 余家商家，集餐饮、娱乐、休闲、购物等多种行业于一体。餐饮行业中，有日本料理、韩国烧烤 40 多家，日式酒吧约 70 家，占商户总数的 75%，其中，知名度高、经营规模大的餐饮店有 20 多家；提供健身休闲的场所有 3 家；大型娱乐场所 2 家；购物场所 10 多家。随着淮海街的声名远扬，淮海街人气不断聚集，据统计，在淮海街夜晚营业高峰时段，每小时约有 4500 人次的过往人流在淮海街上熙来攘往，日韩风情不仅吸引了在苏工作、生活的大批日韩以及欧美人士，也成了周边地区外籍人士夜生活的去处。

淮海街，特别是淮海街的日式餐饮、酒吧成为苏州高新区一种"标志性"的文化景观。日韩风情街的演绎无疑是成功的，以日式风情酒吧为主的特色已经跃然于世人眼前。有关淮海街的各种报道可谓铺天盖地，《新华日报》、新华网等国内主流媒体都对淮海街作过报道。它的美名也漂洋过海、东渡扶桑传到了国外，日本的一家网站曾经专门对它进行推介，使淮海街不仅在国内，在日本、韩国乃至世界上都有一定的知名度。事实上，淮海街酒吧不仅成为自由资本与国家权力结合的典范，而且也成了各种力量的会聚之处，一方面是对经济利益的执着追求，另一方面又是对文化意义的苦心构建，而"日韩风情街"的称呼既表达了对于异国情调的缅怀与迷恋，又体现了融入"全球化"进程的强烈愿望。

徜徉于淮海街，料理店、酒吧鳞次栉比。上午的淮海街人影疏朗，阳光和煦的洒满街道，酒吧按照自身的生物钟处于休憩时段——紧闭的窄门，厚密的窗帘宣告了它们的谢客，料理店也尚未开门迎客，只有便利店、杂货铺正在运营；时近中午，街头的人群逐渐喧嚣起来，餐馆、料理店成为人们的落脚之处，午饭、便当成为主题；只有从傍晚开始，淮海街才真正地活色生香起来，作为灵魂与内涵的酒吧方才苏醒，搅动了夜幕……因而才成就了"月光经济"[132]。

满眼日文，满耳日语，满街的日式霓虹店招向来者述说这里与上海衡山路欧式怀旧，与丽江的大研，与北京三里屯不一样的风情。华灯初上之时，漫步于淮海街，自北向南，闪烁的淮海街巨幅牌坊之下，街道两旁流光溢彩的店招让人恍惚置身东瀛，接着会经历"顺子"料理店，白色墙面上勾勒出低窄的和式入口与日本街头寻常见到的小餐馆并无二异。继续行进，"朝日屋"居酒屋、"兰"、"Tiara"等酒吧与各种料理店相间铺满了淮海街的两侧。间或有诸如"本色"这样张扬的 KTV 满面街墙铺满霓虹，更多的是低门头、窄门脸的，门前几片竹板，或是两排纸质日式灯笼的店面，妖娆内敛的风格让人禁不住联想起日本艺伎的表演。不宽的马路两旁停满了汽车，路上的行人来来往往，一派不夜景象。

淮海街的酒吧大致可以分为三种类型：居酒屋、日式酒吧（"斯纳库"）、Club。居酒屋（日语：いざかや izakaya），意指小酒馆，是提供酒类和饭菜的料理店。与只提供酒类的普通酒馆不同，居酒屋提供比较有质量的饭菜，但却不同于小吃店，具有日本特色。淮海街的居酒屋代表是"朝日屋"、"筑地屋"。居酒屋往往小而温馨，一进店就是一个个榻榻米的包厢，手卷、生鱼片、寿司、杯盏华美，充满着细腻和风。日式酒吧斯纳库以"蝶"、"兰"为代表，酒吧内以喝酒、聊天为主，室内环境仍然是延续了日式小巧的风格，也往往成为风俗场所。走进这类酒吧，环境优美典雅，日式包厢，木制窗框，简约整洁，包间的地板上铺着"榻榻米"，放着不到半米高的矮桌子，周围是一圈坐垫。客人们赤脚在座垫上盘腿而坐，或小酌，或私语。至于淮海街的 club，与其他地方的酒吧类似，音乐、洋酒也就成为主要元素了。这三种类型的酒吧与日本本土的酒吧相似度很高。

无论从街景或是酒吧内在风格、场景，淮海街上的酒吧都笼罩着厚厚的日式氛围。徜祥其间的，从日本公司员工，到消费习惯相近的韩国人和台湾人，还有追寻时尚的苏州青年人。[①] 淮海街泡吧，成为一种文化时尚。

淮海街的兴起，记载了日资潮涌苏州的步伐。苏州高新区是日资在中国最密集的区域之一，日资企业进驻快，数量多，而且投资额度大，是苏州高新区外资组成的重要特色。从投资总额看，日企在苏州高新区累计投资总额超过80亿美元，占外资累计投资总额的近1/3；从投资企业的数量看，日资企业已突破400家；从投资规模看，日本世界500强企业中已有25家进入苏州高新区，包括日本松下、佳能、住友电工、三井住友银行等。苏州高新区已成为中国沿海地区日资企业投资最多的国家级开发区。[133] 正是百余家日企千余名日商催生了这条"日本街"。在这里，酒吧的经营业主大多有留学日本的经历，熟稔日本的文化和风土人情，酒吧的装修、灯光、服饰乃至使用的碗碟都是日本化的，店内的服务生经过培训，会用日语与客人交流，浓郁的异国情调，给日本客人"宾至如归"的感觉。

同时，淮海街的日式风情所带来的文化体验同时也推动了日企的进入。与苏州高新区的日文信息平台、日本人学校、日本工业村、日本人诊所、日本中小企业援助中心、日商俱乐部共同垒起了日资高地、日企福地。

5.3.2.2 想象——精神世界中的狮山路区域酒吧

1. 空间"飞地"与异国风情、全球化

"飞地"[②]为特征的酒吧是以空间断片的形式出现在城市的，即一种游离于同一时空城市空间主要脉络之外的存在。尽管"飞地"有时表达一种时间维度上的跳跃，但是在苏州高新区狮山路区域，在淮海街，飞地的概念更多的是表达空间的异国情调。因此，在这里，在中国江南，在古城苏州，在现代化的苏州高新区之中，我们可以领略异域的风情。和式的春风化雨、细腻婉约，间或一点韩国的小巧精致，或者宝岛台湾所带来跨越时空的中国文化，零星的欧式文化也会出现在某个建筑的角落。不同地域的空间在此互相叠加，互相介入，互相组合，甚至互相抵触[134]。

酒吧代表了承载着异域文化的城市空间飞地。这种"飞地"的诞生，很大程度上是由于高新区担负吸引外资的重任，人为营造出外商，或说外籍工作者所需要的物质生活条件的同时，一种文化的复制，习常氛围的营造，日常生活空间的建构也就随之而产生，这就对应了那1/3～1/2的酒吧顾客的来源。在国家权力对"飞地"文化的引导与提倡的同时，对异国情调的猎奇和追逐为酒吧"飞地"的存在与成功发展提供了最广泛的基础，这就对应了另外1/2～2/3的酒吧客源。使狮山路区域的酒吧成为全球化的"流空间"在此地着陆的印证。

2. 多义文化与想象消费

在淮海街，酒吧消费空间往往是由个人或小企业经营的而不是大企业集团，它是体现

---

① 目前的客源是"黄金搭档"，日本人占1/3，中国的大陆和台湾人又各占1/3。

② 飞地是一种特殊的人文地理现象，指隶属于某一行政区管辖但不与本区毗连的土地。通俗地讲，如果某一行政主体拥有一块飞地，那么它无法取道自己的行政区域到达该地，只能"飞"过其他行政主体的属地，才能到达自己的飞地。一般把本国境内包含的外国领土称为内飞地（enclave），外国境内的本国领土称为外飞地（exclave）。飞地的概念产生于中世纪，飞地的术语第一次出现于1526年签订的马德里条约的文件上。

差异性的消费空间，满足消费者寻找不同于日常生活空间的需求——与其说来酒吧的人是消费酒水、食品，不如说是消费想象，一种超越日常生活的想象。受欢迎的酒吧往往有独特的氛围，连锁经营无法成为这个行业的主流。

酒吧"飞地"的存在更多的是基于不同类型人群对酒吧开放意义的不同需求。简而言之，酒吧对不同人群有着不同的意义，这种精神世界的肆意驰骋带来对于空间的想象，对空间的想象消费。此时的淮海街、狮山路酒吧已经不仅仅是一种物理空间上的场所。它的存在拥有更多精神世界的含义。对于去国怀乡的外来者，这里是故乡与温暖；对于普通市民，这里是具体而实在的地理空间；对于酒吧的经营者，这里是财富的积累与陷阱；对于国家权力，这里是欣欣向荣的文化景观与营销策略；对于新新人类而言，这里是生活的本色与激情；对于已经的或是潜在的消费者，这里是生活品质的象征与炫耀。无数空间的意义与其背后的生产相互叠加与渗透，相互开放与排斥，这就展示了研究区域日常活空间的多义性与复杂性。

淮海街中的一草一木，一店一招，一桌一椅，一杯一碗，一箸一碟，所有的灯红酒绿，所有的人声鼎沸，所有的浅酌低吟，所有的歌舞升平都成为这里对想象消费的空间基础。开放的空间日常生活对应着任意的想象消费，超现实融注进日常生活中并散布开来。[46] 酒吧已经成为高度消费主义的空间，在这里消费主义不仅仅指是消费行为，而是对酒吧空间里象征性物质的生产、分布、欲求、获得与使用，消费物品则变成了记号物，充满了想象投射和意识形态。

5.3.3 主题公园

选取苏州乐园这一主题公园作为日常生活空间的研究片段是因为主题公园表达了高科技作用下日常生活的幻象真实，体现了一种对于理想公共空间的体验（图5-4）。

5.3.3.1 真实——游乐的体验

狮山路东端起于横跨京杭大运河的狮山桥，西端则结束于位于狮子山麓的苏州乐园。苏州乐园占地 54 万 m^2，是国家首批 AAAA 级旅游景区，全国著名的游乐园。经过十余年的逐步开发，目前苏州乐园由欢乐世界和水上世界组成。其中欢乐世界位于狮子山东侧，按"北娱乐，南观赏"的布局，共分为欧美城镇、儿童世界等九大景区，并引进诸如飞碟

图 5-4 苏州乐园

探险等一批高科技游乐设备，现有游乐项目及景点八十几处（项）。水上世界为游客带来运动休闲、娱乐健身、保健养生、美食放松等多样化的游乐体验。整体项目由水上乐园、商务会议中心、体育健身中心以及其他配套设施等组成。

体验与参与是在苏州乐园这样的主题乐园中的游乐主题。观赏娱乐是体验，亲自参加是参与。

在这里，可以快速变换身处的场景。从乘坐漂流圈在漂流河里游弋，到亲身经历太空旅行，再到19世纪的欧美城镇，乘上复古小火车苏迪号；从加勒比海盗的营地，到夏威夷的海岸，迅速变换。虽然没有"移步换景"，但是在苏州乐园游玩，可以做到"可以在一天之内经历18世纪的欧洲、2000年的太空、非洲荒漠、海底世界、童话王国，然后还赶得上回家吃晚饭"[135]。于是，在苏州乐园，来自不同地域和建筑上不相干的元素被组织在一个巨大的场景中，形成有主题含义的空间。

在这里，可以体验平日无法感受的感官体验。在"天旋地转"项目中可以体验到地动山摇、天旋地转；在"极速风车"中，体验飓风呼啸、翻江倒海；在大跨度拱门之上体验一把蹦极；也可以在"龙卷风"上体验旋转与摇摆；在悬挂式过山车中，体验时速80km自由飞翔。视觉、听觉、触觉，各种感官被充分调动，从而使人感受到平时不曾感受的全新境界。

在这里，可以模糊虚幻世界与真实世界的界限。在4D影院中，除了传统的三维模式之外，再结合座椅的升降、振动、喷水、喷雾等特效，使影片带给观众身临其境的感受；身处迷的洋馆，通过特制的耳机，逼真的音响效果，配合其主题内容所装饰的室内环境氛围，把人们带入到一个从未体验过的错觉世界中去；身处360°环幕电影与动感模拟技术相结合的动感环幕影院让人体验异国风情。将各种场景和体验，无论过去的、现在的还是将来的，无论它是我们曾经亲身经历过，还是只在电影、电视和书籍中看到过的，无论它是真实存在的还是纯粹想象的，全部用布景术的方式呈现在我们面前，使一切虚幻之物成为真实的物质体验。

在这里，对新奇的体验可以兼顾年龄，跨越爱好。节目有惊险刺激的，也有舒缓悠然的；有观赏的，也有参与的；有户外的，也有室内的；有步行的，也有乘坐车、船和特种运载工具的；有小孩娱乐的，也有大人增长见识的……游客各得其所，兴趣爱好都能得到满足。

苏州乐园这种主题乐园的运作模式应该追溯至1955年，美国洛杉矶迪斯尼乐园的兴建。也就是说，迪斯尼乐园开创了这种以体验为主旨的主题乐园的先河。迪斯尼乐园和迪斯尼世界"所体现的不仅仅是外国人想看见的美国的形象，而且是其他人梦寐以求的生活方式"[136]。它们是虚构的、理想化的城市公共空间。视觉形象成为世界各地主题乐园效仿迪斯尼营造梦幻世界和乌托邦社区的主要手段。借助主题景观，又运用了电影声光技术，创造蒙太奇、虚构或聚合视觉形象，从而颠覆正常逻辑结构。而迪斯尼乐园营造的五项规划准则也在苏州乐园中或部分或全部地得到应用：①生动性；②运用电影场景技术；③将正常的建筑放大或缩小创造特殊气氛；④有意夸张空间的透视感；⑤确立标识指示方位，包括路标和标志性建筑。

5.3.3.2 想象

1. 高新技术的幻象真实

主题乐园的兴起和工业化、信息化是密不可分的。主题乐园的鼻祖迪斯尼乐园就是将制作动画电影所运用的色彩、魔幻、刺激、惊栗、娱乐的技术与游乐园的特性相融合。因此，在苏州乐园中也可以发现这种使游乐形态以一种戏剧性和舞台化表现的方式，用主题情节暗示和贯穿各个游乐项目，使游客本身成了游乐项目中的角色。这种对传统游乐方式的创新更多的幕后"英雄"则是现代高新科技。某种意义上，主题乐园的演进史就是一部高新科技的发展史。早期的机械游乐园中的过山车、太空船的疯狂速度象征着汽车文明的标致。而后，诸如迪斯尼乐园中 EPCOT 未来世界的主题乐园更是融激光、电子、数字、航天等信息化时代各种最先进的科技来创造情景气氛和娱乐效果，其场面之宏大，场景之逼真，令人叹为观止。主题乐园中项目的更新与增添就是依靠高新科技的发展。尽管苏州乐园中的游乐项目无法与应用尖端技术的先锋迪斯尼乐园保持同步，但是，这里的项目更新也试图追逐最新的科学技术。在苏州乐园的网站中，可以发现对各种游乐项目的简单说明中，"国内首台从意大利引进的高科技游乐项目"，"从荷兰引进"，"从意大利引进的游乐项目"，"高科技游乐项目"，"世界上第一套将 360 度环幕电影与动感模拟技术相结合的动感环幕影院系统"，"从美国引进的高科技极限游乐项目"，类似这样的介绍比比皆是，高科技、国外引进、先进技术成为介绍的关键词，高技术成为主题乐园的物质基础。运用高科技手段来制作节目、构筑情境、营造气氛和设计场面都必不可少。尖端的技术成就了主题乐园的幻象与真实，也成就了主题乐园中游客的梦想与现实。喜新厌旧是人们对娱乐产品的一大需求特征，高新技术的更迭保证了主题乐园中游乐项目的连续滚动更新，这样到主题乐园就产生常游常新的感觉。

同时，技术对主题乐园的影响又不仅仅局限于保证主题乐园中的硬件提升。技术在改变人们生活方式的同时，也改变了人们对游乐方式的选择。米莉森特·霍尔（Millicent Hall）在 1976 年的《主题园：环游世界 80 分钟》一文中详细讨论了主题园兴起这一社会现象，她认为其产生和普及主要是受汽车文明及电视文明的影响，前者影响了人们对速度和动态的追求，是造成主题园中机械游乐园兴盛的原因，过山车、太空船的疯狂速度象征着汽车文明的标致。而电视文明则直接和主题园的构想相呼应，电视文明的发展不仅加强了主题园内的视听效果展示，表现出的时空感和生活形态也直接和主题园的呈现方式相对应。电视文明所对应的影像为表现符号的视觉媒介技术将整个世界引入了读图时代。20 世纪末影像传播装置（电视、电脑等）的普及和过度复制，产生了一个"仿真世界"，这个世界强调的是表面化的感观。三维身体的感觉越来越被二维图像表达取代。从生理学的角度看，视觉并非机械的记录器，它经过了组织综合眼睛"看"所获得的信息最终使人们"看到"。眼睛"看到"到思维"看到"中间是加入了大脑分析过程的。"仿真世界"正是利用了视觉过程的特点，运用影像技术影响大脑的分析，强化视觉的思维作用，使"仿真世界"最终成为"超级真实"（Hypperreality）。图像占据中心的文化的建构主体更趋向感性的经验体验。图像的直观、多变和泛化效应（图像信息通过媒体复制广泛传播），读图时代知识体系的架构趋向跳跃化和片段化。例如，电视单元每个节目的时间都很短，因此故事情节往往甚多巧合；电视观众每夜可收视的节目多达 100 多个，从"星际战争"到"昆虫世界"，从"神话传说"到"现实生活"致使观众的时空感变化频繁。这些就是读图文化的表面化与片段化所造成的。这种图像所表达的虚拟现实直接影响了人们的游乐选择。表面的、多变的、片段的组合成为在主题乐园中的真实体验。主题园在读图时代密集技术作用下所表现出的片段化和跳跃化在一定程度上是社会进步的体现，它在最短的时间内给人最强烈的信息冲击，提高了人们接受新鲜事物的效率。但是，这种效率是以时空压缩为代价的，并将"文化或社会历史上所有的痛苦教训皆过滤而去，也不考虑历史事件发展的逻辑关系"[137]，它在加强信息刺激频率和强度的同时，也失去了表现文化深刻内涵的可能，从这个意义上说，主题园在品质上是超现实的文化。因此，高新技术不仅造就了虚拟的游乐世界，也成就了真实世界中的超级现实。这就是德里亚所描述的超真实的世界——其中的景象是对过去和历史的仿真，甚至是没有母本的仿象，却又比现实世界更加真实。

2. 理想公共空间的体验

佐京在《城市文化》一书中提到，主题公园的典范迪斯尼乐园创造了一种理想的公共空间模式。"迪斯尼世界使城市公共空间理想化，这一点引起人们的兴趣。对寻求经济发展战略的城市管理者和因世风日下而感到绝望的公共决策者来说，世界提供了公认的、具有竞争力的策略。抓住普遍的信仰和人们共有的激情——并不太强烈——把它作为城市的符号进行推销，在城市中选择某一区域来在想象这一形象：河畔微观闪烁的商业建筑群象征着现代化，宏伟的古典装饰风格的火车站象征着改造，红砖小店象征着历史记忆。然后，把这一区域交给私营公司，私营公司想把公共空间管理的秩序井然，这使得私人保安成为发展最快的职业之一。……视觉文化、空间控制和私人经营是迪斯尼世界成为新型公共空间的理想典范。"[137]迪斯尼所开创的这种公共空间的理想模式也影响了其后的各种主题公园的规划与经营，苏州乐园也不例外，并且以一种共享的方式追随了这种公共空间模式。全球文化创造了对这种虚构文化的认同，这种在美国加利福尼亚诞生，美国在佛罗里达、日本和法国复制的虚构文化在苏州得到了再次的转录，但不是完整的复制，只是将其表面的、符号性的、视觉性的部分转录下来。包括空间的设计，视觉的控制，公共秩序与服务的效仿，以及对各式各样游乐、景点的消费体验。应该说，苏州乐园也在试图创造一种理想化的公共空间，至少使游客感受到这种试图，一种暂时脱离真实生活中的种种无序、不平的公共空间，一种经过策划而人工粉饰过的公共空间，最重要的是使得游客在游乐中进行消费体验，并行体验过去、现在和未来。

未来学家托夫勒在《未来的冲击》（1970）及《第三次浪潮》（1980）中提出，信息时代和体验经济时代都是"超工业社会"的时代。[①] 1999 年，约瑟夫·派恩二世与詹姆斯·吉尔摩合作的《体验经济》一书认为从经济提供物的演进过程来看，可分为产品、商品、服务和体验四个阶段。相应地人类社会的经济发展可分为农业经济、工业经济、服务经济和体验经济四个阶段。现在，在信息社会，特别是数字化时代和体验经济时代下的主题乐园，追求的就是一种全新的旅游感知和体验。在主题乐园中，在经过策划的理想化的公共

---

① 体验业将成为继服务业之后经济发展的支柱。体验经济（Experience Economy），也被称为体验产业，它起源于美国，在美国得到了迅速的发展并在全世界得到了广泛的传播，是继农业、工业、服务业后的一种新的经济形态。

空间中，游客就是在体验着这种理想化的公共空间，体验着公共空间的现实。在苏州乐园，人们可以体验"以地点为基础"的虚拟现实[137]，体验对历史的模仿，体验精心设计的现代乌托邦，体验"崭新的、非传统意义上的地理空间"。在苏州乐园，人们通过对理想公共空间的体验来满足个人的需要——对服务的要求，对自身极限的挑战，对别人参与的要求。

5.3.4 便利消费

便利消费渗透进入狮山路区域的日常生活空间，是均质化在城市空间实践中的表现。

5.3.4.1 真实——便利与风尚的结合

营销科学中的便利（convenience）是指消费者在购买和消费产品或服务的过程中对时间和努力的感受程度。时间和努力（effort）是一个消费者所必须承担的非货币成本，是阻止人们从事其他活动的机会成本。便利消费是指消费者在消费过程中，总是倾向于花更少的时间和努力的一种消费行为。随着生活节奏越来越快，时间成了人们最稀缺的资源。人们已经感觉到时间越来越不够用，他们会想尽办法挤压时间，包括在购物时间上的挤压。因此，便利性往往成为消费者决定是否购买的第一因素，消费者会把时间成本放在第一位。[138] 便利店、快餐厅以及快捷酒店就是便利消费的三种典型。当便利店、快餐以及快捷酒店日益成为城市空间中的一道风景之时，便利消费成为一种风尚。

1. 便利店

便利店作为极具竞争力的新型零售业态之一，已在全球迅速崛起。便利店（Convenience Store，简称 CVS）是"在一个小的商圈范围内，用开架售货的方式，销售日常生活必需品的长时间营业的小型商店"①。便利店特征包括：新鲜食品的销售份额在 30% 以下，营业时间在 16 小时以上，营业面积在 200m² 以下的自助式销售店铺。便利店最早发源于美国，是作为超市（Supermarket）的补充而出现的。日本自 20 世纪 60 年代末从美国引入便利店，并将这一消费模式发扬光大。目前，便利店的发展在西方发达国家已进入成熟期。自 1992 年 10 月，7 ~ 11 进入深圳开创我国第一家现代便利店之后的 10 余年间中，便利店在我国发展迅速（图 5-5）。

在苏州狮山路区域，便利店的发展也经历了一个从无到有的过程。2004 年，该区域中严格意义上的便利店数量为 0，小型零售的业态还是传统的烟杂店形式。而时至 2010 年，已发展出 13 家便利超市，包括日资背景，亚洲最大国际连锁便利店——全家便利店（Family Mart），台湾润泰集团投资中国零售市场的喜士多（C-store）便利店，来自中国乳业首强光明乳业股份有限公司旗下控股子公司的可的便利店，国内知名连锁便利店华联便利店、联华便利店、华润万家，也有类似于烟杂店转型的华美超市以及好友好超市。因此，在研究区域中便利店大多是具有国际、国内背景的连锁型便利超市。在店招、店内陈设，甚至售卖物品都会有似曾相识的感觉——与其他城市并无二样。

在研究区域中，便利店的分布主要集中在狮山路及淮海街两侧，而住宅小区内部却不多见。具体而言，新区商业街淮海街上分布了 5 家便利店。其余在狮山路两侧的便利店，有些

---

① 该定义源自 1972 年日本中小企业厅编写的《便利店手册》，目前得到较为广泛的认可。

图 5-5　狮山路旁便利店

位于新建中高档住宅小区临街的店面之中，如新港名城小区入口旁的可的便利，还有一些是临近酒店裙房，如香格里拉酒店裙房旁的喜士多便利店。因此，从便利店的位置可以划分出其所属类型，研究区域中的便利店不是社区型的，更多的是写字楼底型以及商业中心型。[①]

便利店在狮山路区域的出现很大程度上提高了在此居住、工作的便捷性。这种便捷性来自四个方面：首先距离上的便利性，这里的便利店在距离上更靠近消费者，一般情况下，步行 10～15 分钟便可到达；其次，是购物的便利性，小容量、及时性消费品可以在此寻得，从日用小百货到快速消费的食品、便当，到当日报纸、时尚杂志，商品陈列简单明了，顾客寻找商品便捷；时间的便利性，这里的便利店营业时间往往可以长达 16～24 小时，全年无休，提供"Any Time"任意时间式的购物方式；服务的便利性，在便利店中，努力为顾客提供多层次的服务，例如代收公用事业费，代售邮票等等。设有宽大的结账台，可以为顾客加热食品的微波炉，提供现煮的关东煮，甚至设置顾客可以吃饭、喝饮料的吧台、吧凳。因此，便利店在狮山路区域的发生发展终结了配套零售不完善的局面，使得"买包香烟跑断腿"的局面得到根本性的改变。

位于苏州高新区的商务中心区，狮山路区域的便利店所售卖的商品与普通社区型便利店有所不同。从货品上而言，食品、饮料除了大众消费品之外，还有些价格更贵的进口或者高端的消费品，以其满足不同消费者的消费倾向——兼顾社区居民日常购物需求，同时满足在此工作的白领阶层的消费偏好。因此，在此区域工作的白领往往在便利店中解决早餐甚至中餐，在便利店中品尝最新的零食、小点，在便利店中缴纳公共事业管理费，在便利店中购买杂志报纸，在便利店中购买应急日常用品。狮山路区域随着其新区 CBD 地位的日渐稳固，各类高端人才的进入，以及区域内高端小区的陆续建成，提供了更多的便利店潜在的消费对象。尽管货品的售价较高，狮山路上的便利店以其良好的购物环境，距离、货品、时间、服务的便利性吸还是引了大批便利店的拥趸者，以至于越来越多的便利店涌入这一区域。便利店的兴起又提升了这一区域的服务水准、消费水准，成为吸引投资与人才的一个因素。

2. 快餐店

快餐是在狮山路区域另一种便利消费的形式。所谓快餐就是快餐店迅速准备和供食的食

[①] 周千钧在《北京城区便利店的空间布局与居民利用特征——以 711 为例》一文中把便利店划分为商业中心型、交通节点型、写字楼底层型、居住区门户型和学校临近型等 5 种类型。

图 5-6　狮山路旁快餐店

物。通常这些餐厅所提供的食物称为速食或快餐。快餐成本低，速度快，这些餐厅通常都会预先烹煮大量的食物，然后进行保温，或者在点餐的时候再加热。许多速食餐厅采取连锁餐厅或加盟模式来运作，会从中央工厂配送标准的食材给底下的各个餐厅（图 5-6）。[139]

在狮山路区域中的快餐店，从餐饮风格来看，既有西式风格的快食、简餐，如迪欧咖啡、肯德基，又有中式风格快餐，如永和豆浆、私房蒸烤饭；从经营方式看，既有国际连锁经营的快餐店，如肯德基、必胜客，也有国内连锁经营的，如迪欧咖啡、伊诺咖啡，还有非连锁经营的快餐店，如快 7 快餐店；从消费水平来看，既有亲民价廉的快餐摊档，如麦伍圆烧卖铺子，也有价位较高、环境优雅的中高档快餐厅，如必胜客、迪欧咖啡。从规模上看，小的快餐店仅有几个平方米大，仅仅提供快餐的售卖而不提供用餐的场所，大的快餐店可达上千平方米，用餐环境优雅而划分合理，甚至可以成为商务会面的场所。但是，无论这些快餐店在风格、经营方式、定位、规模上的差异有多大，它们的共同点都是通过"分散的、互不联系的个别生产过程转变为互相联系的社会生产过程"——把传统的餐饮业，一家一户的做饭炒菜，餐馆及饮食店的单兵作战状态，改造成为具有专业化社会分工的行业，把人们从家务劳动中解放出来，满足人们现代生活节奏和营养与保健意识的需要。快餐店为居民、工作者提供便利的就餐方式，一种与传统不同的就餐方式，省却在家买菜做饭洗碗的精力，减少在普通餐厅等候的时间，用快速直接的方式享受自己喜欢的美味。这种不仅仅是就餐方式，也是年轻白领阶层所追逐的生活方式，用一定的经济成本换取时间与休闲。同时，一些环境较好、档次较高的快餐店也成为商务会谈的场所，在愉悦的环境中边用餐，边交换彼此之间的看法，也成为快节奏工作的一种选择。因此，在狮山路区域，不同的快餐兼顾了居家简餐、白领工作餐以及商务商谈，成为该区域快餐的一种特征。

3. 快捷酒店

快捷酒店（经济型酒店）的概念产生于 20 世纪 80 年代的美国，其特点是功能简化，把服务功能集中在住宿上，力求在该核心服务上精益求精，而把餐饮、购物、娱乐功能大大压缩、简化，甚至不设，投入的运营成本大幅降低。因而区别于传统的全面服务酒店有着明显的市场优势。快捷酒店以大众观光旅游者和中小商务旅行者为主要服务对象，以客房为唯一产品或核心产品，以加盟或特许经营等经营模式为主，价格低廉（一般在 300 元人民币以下），是服务规范、性价比高的现代酒店业态（图 5-7）。

图 5-7　玉山路旁快捷酒店

在狮山路区域，其新区 CBD 的地位决定了其中必然具备高端商务酒店。坐落在苏州第一高层中的五星级酒店——苏州香格里拉酒店，书香世家会所酒店、世豪全套间酒店、新城花园酒店等多家四星级或准四星酒店为其代表，在该区域同时也存在不少快捷酒店，如如家快捷酒店、金龙大酒店等等。快捷酒店文化在物质层面是为商务和休闲旅行等客人提供干净、温馨的酒店产品。这些快捷酒店往往利用酒店附近的社区服务网络，剔除传统星级酒店的豪华装饰，享受型服务及娱乐设施。如新海天宾馆、狮山宾馆就位于新区商业街淮海街附近，充分利用了其中的资源。这里快捷酒店的客房简洁而实用，廉价而便捷的早餐，免费的上网服务都提升了快捷酒店的吸引力。

4. ATM

ATM 是 Automatic Teller Machine 的缩写，意为自动柜员机。它是一种高度精密的机电一体化设备，利用磁卡或智能 IC 卡储存用户信息并通过加密键盘（EPP）输入密码然后通过银行内部网络验证并进行各种交易的金融自助设备。自动柜员机在金融行业的应用越来越广泛，自动柜员机在拉近客户与银行之间的距离，扩展营业网点，改善用卡环境，提供全天候、全方位的金融服务，降低经营成本，提高金融行业的服务质量和综合竞争实力等方面正发挥着不可替代的作用。ATM 的出现减轻了银行柜面人员的工作压力，更为银行用户提供了安全方便的金融服务体验（图 5-8）。

狮山路区域，作为苏州高新区的 CBD，也成为国内外各大金融机构争相设立分支机构的场所。目前在研究区域中，各大银行设立的 ATM 自动柜员机共有 23 处。绝大部分 ATM 网点分布在狮山路两侧，少量分布在新区商业街及苏州乐园附近。这也从事实上凸显了狮山路作为新区金融服务中心的地位。ATM 的 7×24 小时的全天候服务时间，ATM 自助办理无需过长等待的服务方式都为使用者提供了便捷、便利。设立 ATM 自动柜员机的银行不仅仅是大型的中资银行，还包括在新区设立网点的外资银行，如汇丰银行，包括民营背景的银行，如华夏银行。无论银行背景如何不同，无论银行的企业精神、文化差异多么巨大，提供便利、快捷的服务恐怕就是 ATM 在一条短短 2.3km 长的街道上密布 20 余台的原因。

5.3.4.2　想象——均质日常生活空间

便利消费使得日常生活方便、快捷。试想一下这样的生活场景，一位在狮山路上某写字楼某跨国公司工作的白领，早上 7：30 匆匆赶到公司楼下的全家便利店买一份牛奶，一

图 5-8 狮山路旁 ATM

个热腾腾的包子，一个从关东煮煮锅中捞起的茶叶蛋，在店中用微波炉加热好牛奶，顺便买一份报纸，如果时间允许就在便利店的餐台上解决掉早餐，顺便看下最近的新闻；中午12∶00 和同事一起到不远处的肯德基吃午餐，虽然肯德基又新推出了许多新口味，但是汉堡＋鸡块＋可乐＋土豆条的套餐模式基本没多大变化；下午 5∶30 下班顺便从写字楼内的某银行 ATM 自动柜员机中取出一些钱去不远处的乐购超市购物；晚上 8∶30 在家上网为要来苏州乐园游玩的朋友预定了附近的如家快捷酒店……这样的生活实在是平常得不能再平常了，这样的生活比传统的买菜、做饭、去银行排队、没有时间旅游、住设施简陋招待所的生活要便利、快捷得多，这样的生活发生在狮山路，也发生在别处。人们精准地按照时刻表生活，精准的背后是一系列便利消费、服务的支撑，精准的背后是均质的日常生活空间。

便利消费的背后是什么？是效率。每个品牌的便利店有着统一的 CI 标识，有着统一的物流全温层配送模式，有着统一的店内管理，有着统一的 POS 销售信息系统，有着统一的商品促销方式，这一切保证了便利店的效率以及整齐划一；以肯德基为代表的快餐店加工、售卖、服务都有着统一的程序，这些程序保证了食品在全球范围内的同一性，保证了对快餐店所有环节的控制性，保证了效率；快捷酒店中的效率是从精简传统酒店的业务开始的，将业务精简为"b&b"（住宿＋早餐）模式，统一的装修风格、装修标准的客房，统一的服务标准，统一的预定方式都保证了高性价比的酒店效率；至于 ATM 自动柜员机，则更是以统一的技术、统一的服务界面，统一的业务设点方式来完成自己高效的使命，无论其代表的银行有多大差异，无论其是否依附实体银行网点，或者其依附的实体银行网点营业时间的差异有多大，ATM 给用户的便利都是统一的。因此，可以说便利消费的支撑就是合理程序、统一标准。一切都被合理化、标准化、大量的高科技、精密的控制件等因素控制，哪怕是微笑也有"露出八颗牙齿"的标准[1]，这一切可以用快餐业巨头倡导的"合理化＝效率＋可计算＋可预测＋可控制"来概括。因为产品只有整齐划一后才可获得可计算性，可计算决定可预测，可预测便于可控制，可控制才可能产生效率。便利消费空间对连锁便利消费机构而言无非是和面包、客房、店招相同的产品之一罢了。所以千店一面

---

[1] 沃尔玛超市员工服务标准之一，露出八颗牙可以确保员工笑得很开朗。

是便利消费刻意经营的结果，便利消费文化所倡导的结果，因为他们希望消费者在全球每个角落想走进店面，感受相同氛围的消费氛围，获得相同的服务。因此，便利＝流水作业＋简化模式＋重复原则＋标准化＋合理化，便利消费所提供的便利是合理的便利，是标准的便利，是简化的便利，是连锁的便利。

便利消费在渗透着狮山路区域的日常生活，便利消费在消除着狮山路区域日常生活的差异。狮山路区域的日常生活空间在便利消费的作用下日益均质，连锁上网便利消费使得城市空间趋同。这种均质、趋同现实是便利消费文化所倡导的结果，这也是工业现代化延伸到空间建造领域的结果，是城市空间便利消费化的结果。波德里亚认为，消费文化就是消费社会人们在消费中所表现出来的文化，即某一时期的消费者及其消费时尚消费行为构成了该时期的消费文化。[140] 在这个新的消费变革中，便利店、快餐店、快捷酒店等等便利消费产品类取得了稳定的市场，从新兴消费逐渐过渡成为"习惯消费"。当便利消费成为日常生活中的消费时尚，便利消费也成为当下的消费文化。程式化的生活成为日常空间的主题，在程式化基础上的"便利"是"城市化风景"中的一种普遍现象，"便利"成为我们生活的主题：便利地吸收营养，便利地掌握技能，便利地与人沟通，城市居民的生活正逐步步入便利化。其对产品需求的一个重要内容就是便捷，因而由饮食的快餐，到百家讲坛成为我们自认为营养丰富的文化大餐，到建筑师用便利的、菜单式的设计方式高效地进行设计，最终导致现实消费空间均质化，使都市空间的传统和地域特征丧失，可识别性衰退。人们在享受便利的同时，也不得不面对生活的趋同，空间的均质。便利消费在不同时空下生产着相同的行为模式，虽然在其引导下可以更快、更廉价地满足大众所需，但它也有致命的弱点，即集权导致非人性化，批量生产致使个性衰减。最终，它将人们囚禁在"合理化"的牢笼中，让一切似乎都变成了例行公事。

5.4 狮山路区域城市再现空间与流空间、地方空间

5.4.1 流空间与狮山路区域城市再现空间

5.4.1.1 精英的空间组织

卡斯特在《网络社会的崛起》中，根据社会理论的观点，认为流空间作为信息社会中支配性过程与功能支持的物质形式，可以用至少三个层次的物质支持的结合来加以描述。这三个层次共同构成了流空间。第一个层次，流空间的第一个物质支持，其实由电子交换的回路所构成；流空间的第二个层次，由其节点与核心所构成；而流空间的第三个重要层次，是占支配地位的管理精英的空间组织。卡斯特强调流空间物质支持的第三个层次，这一层次的空间组织在狮山路区域城市再现空间中得以印证。当狮山路区域在后开发区时代向新城区转向，成为城市的中心区，狮山路区域作为苏州高新区商贸区便成为以信息为基础的价值生产复合体以及主要的都市中心。[59] 这一切都为依然非常抢手的高层专业人才提供了个人晋升、社会地位，以及个人自我满足的最大机会，包括子女就读的好学校，以及炫耀性消费顶端的象征性成员身份。在城市再现空间中，顶级的居住炫耀，顶级的奢侈品消费都成为精英空间组织的诠释。

5.4.1.2 趋同与分化

在城市再现空间中，流空间包含吸纳和排斥两种内力，所以它对社会的效用是趋同与分化同时存在。一方面它灌输式传播的同时也吸纳着地方文化，产生新的混合型的多元素文化；另一方面成规模的全球体系的主流无情地排斥着系统之外的"异类"。其结果是各国之间的差异拉大，同时各国内部各群体之间差异的扩大。差异拉大的原因在很大程度上是各国的经济越来越多地受到跨国和全球经济体系的影响，而过去在各国内部各种曾有效地起到控制社会不平等的经济、政治、社会和意识形态的力量在流空间网络的排斥作用下正在失去或部分失去其作用。在进入后开发区时代的狮山路区域，原有的经济技术流带来的城市空间的趋同开始部分瓦解。进而在城市再现空间中体现出趋同与分化共同存在的局面，在淮海街酒吧即可以看到流的作用下异国文化的侵入——在狮山路区域就可以体验他国风情，但是同时，流空间又要求节点不断增强吸引力，从而吸引更多的流的登陆，分化就在这样的条件下产生，作为个性的体现来增强节点的能力。因此，在城市再现空间中，这种两极分化在流空间的作用趋势下尤为明显。

5.4.1.3 读图文化与体验

流空间的技术流、媒体流引领今天的社会进入了读图时代，读图时代对应的是影像为表现符号的视觉媒介技术。读图时代的文化造就了两个重要现象：远距离传播和互动传媒。它的便捷和互动效应扩大了它的影响范围，同时也使图像信息不可遏制地贬值。20世纪末影像传播装置（电视、电脑等）的普及和过度复制，产生了一个"仿真世界"，这个世界强调的是表面化的感观。三维视图的感觉越来越被二维图像表达取代。"仿真世界"利用了视觉过程的特点，运用影像技术影响大脑的分析，强化视觉的思维作用，使"仿真世界"最终成为"超级真实"。当读图文化渗透到人们的日常生活，与之相适应的空间就应运而生了。基于高新技术幻象真实与虚拟理想的公共空间的体验相交织就产生了主题乐园这一城市空间，这里的体验成为流空间在城市再现空间的反应。

5.4.1.4 标准化与均质化

流空间造就的网络使流有机会均等地覆盖全球，流在运动中，在通过节点造就的壁垒时要求统一的标准以增加其运动的速度与效率。因此，流空间在本质上要求全球统一的标准。反映在狮山路区域的再现空间就是空间的均质化。便利消费在渗透着狮山路区域的日常生活，便利消费在消除着狮山路区域日常生活的差异。狮山路区域的日常生活空间在便利消费的作用下日益均质，连锁便利消费使得城市空间趋同。这种均质、趋同现实是便利消费文化所倡导的结果，这也是流空间在全球作用的结果，是城市空间便利消费化的结果。人们在享受便利的同时，也不得不面对生活的趋同，空间的均质。便利消费在不同时空下生产着相同的行为模式，虽然在其引导下可以更快、更廉价地满足大众所需，但它也有致命的弱点，即集权导致非人性化，批量生产致使个性衰减。

5.4.2 地方空间与狮山路区域城市再现空间

5.4.2.1 认同的力量

身处城市再现空间的人们常常会在流空间的作用下，迷失自身，这是因为全球趋同带来的标准化、均质化抹杀了自我认同的标识。而地方空间却为生活在地方的人群提供了认同的力量。地方空间基于地方的差异，基于地方的文化，基于地方的历史，基于地方的日常生活，都能够为城市再现空间提供认同的标识。虽然精英化、奢华的生活工作方式成为一种诉求，但是更多的人还是以更加传统的方式活在狮山路区域，可以自行车、电瓶车代步，可以在斗室居住，可以在免费的索山公园纳凉赏荷；虽然酒吧一条街洋溢着异国风情而且日日人头攒动，但更多的狮山路区域的居民一年之中又会来此消费几回？虽然苏州乐园带来了超越时空的感官体验，但是还是屹立在狮子山之上的，以狮子山美景作为背景；虽然便利消费成为一种风尚，但是便利消费的主题可以是地方性的，可以吃地方小吃性质的快餐，可以在便利店中吃中式的点心，而且或许是苏州偏好的甜味，而快捷酒店里的服务员也可以和住客讲得一口吴侬软语。这一切使得生活在这里的人知道自身还是生活在苏州，生活在狮山路区域，并会以此为出发点或自豪，或失望，或安逸，或紧迫地认知。同时，在狮山路区域，当苏州高新区刚刚兴建，一切以全球标准为目标时，趋同的效率一度成为衡量成就的标准；当苏州高新区进入后开发区时代，狮山路区域成为城市的中心区，出于城市认同的反思，出于城市经营的要求，城市认同成为必然。此时从地方空间中挖掘，找寻自我认同，便成为城市再现空间的追求。

5.4.2.2 日常生活的回归

地方空间是日常生活的载体。当全球化、信息化席卷全球成为强势的控制力量，人们依旧生活在地方，在城市再现空间中日常生活依旧占领了每个个体的世界。尽管现代日常生活是一个全面异化的领域，只有在日常生活根本扬弃异化，回归到原始自然的日常生活中，人才能找到自己精神的家，才能实现自由解放。今天的狮山路区域已随着世界历史的进程卷入了经济全球化的过程，这是资本按其本质性的国际化而使"世界历史"成为"经验事实"的必然结果。但是，人们日常生活中仍然渗透着地方空间中古老而深厚的文化传统。虽然曾经渐行渐远，但是地方性的语言，地方性的评弹社戏，地方性的小桥流水，仍然使其中生活的人的日常生活具有自己的特色，是置身其中的人们不忍舍弃，并正在回归的出发点。回归日常生活是地方空间带给我们的，也是地方空间对于城市再现空间的要求。

5.5 本章小结

城市再现空间具有两重特征：真实，体现了城市再现空间的日常性；想象，体现了城市再现空间的象征性。在本次对于狮山路区域城市再现空间的研究中，在日常生活的范畴之中选取叙事性的片段作为研究载体。

研究区域中，追求奢华的寓所展现了精英文化的蔓延；日常生活中的淮海路酒吧是异国风情与全球化影响下的空间飞地，也提供了多义文化与想象的消费；主题公园中游乐的体验，既是高新技术的幻象真实，又是理想公共空间的体验；便利消费是便利与风尚的结合，展现了均质的日常生活空间。

在狮山路区域的城市再现空间中，流空间体现在精英的空间组织，展现了趋同与分化的二元性，带来了读图文化与体验，也是日常生活空间标准化与均质化的始作俑者。同时，地方空间则提供自我认同的力量，并且促使人们日常生活的回归。

6 结论：后开发区时代
狮山路区域的空间生产

本书在第1章中指出，根据列斐伏尔空间生产的理论，城市空间是社会生产的产物；在第2章中，讨论了当今社会生产的特征是全球化、信息化以及城市化；在第3、4、5章中，在三个层面上具体探寻了后开发区时代狮山路区域城市空间的特征。那么，在本书的最后，笔者将总结后开发区时代狮山路区域具体的社会生产，以及这些生产如何造就了该区域城市空间各层面中的流空间与地方空间。

6.1 后开发区时代狮山路区域的社会生产与城市空间特征

6.1.1 后开发区时代狮山路区域的社会生产

6.1.1.1 全球化

全球化作为当今社会生产方式的特征之一，是一种运动，一种循环，一种相互交织的流的综合，这些流或是资本，或是贸易，或是人群，或是符号象征。全球化三个基本特征是：①全球化是一个过程；②全球化正在进行之中；③全球化超越了相互分割的政治、经济、文化领域之间的界限。全球化同时在三个分领域中进行：①经济领域，包括资本流和贸易流；②政治领域，政治政策制度所促进的流；③文化领域，标识流、象征流、意义流以及虚拟的各种流。在这三个分领域中，流都是重要而不可或缺的媒介。当今社会中的流在强度上同之前的流已不可同日而语，并引领全球化走向第三阶段——以信息化为特征的新阶段。

在苏州高新区狮山路区域，全球化依旧是同时在三个分领域中进行的。

经济领域方面，在狮山路区域所从属的独立经济区域单元苏州高新区，资本流与贸易流从苏州高新区诞生之日起，就一直在这里不停地流转。截至2009年底，累计引进外资注册资金167亿多美元；累计实际利用外资85亿美元；累计引进外资企业近1740家，其中34家世界500强企业在这里投资了68个项目。涉及电子信息通信产业、精密机械产业、精细化工产业等高新产业。在投资地区分布（按投资金额）中日本占33%，欧美占30%，港台占27%，韩国及东南亚占10%，投资主体遍布世界，充分体现了全球化概念。[141] 在对外贸易方面，苏州高新区曾经一路攀升，到2007年达到峰值，年进出口总额达420亿美元，甚至超过当年工业生产总值（1670亿元），随后逐渐滑落至2009年的285亿美元，但是仍对于苏州高新区的经济有着巨大的影响力。从高新区设立的初衷而言，积极有效吸引外资与国外先进技术，促进对外贸易的平衡发展是早期苏州高新区发展的重点。因此，从经济领域来看，外资投资、对外贸易，直接促进苏州高新区的经济发展，成为空间的经济保障，全球化始终贯穿着苏州高新区的发生、发展，并成为其经济发展的主要推动力量。

政治领域方面，全球化在中国的进程有两个标志性事件。其一，1978 年 12 月中共中央第十一届三中全会做出了在自力更生的基础上积极发展同世界各国的经济合作，努力采用世界先进技术和先进装备的重大决策。由此确定了我国对外开放的基本国策，也标志着全球化在政治领域实质上开始影响中国。其二，2001 年末，我国加入世界贸易组织，这标志着我国对外开放进入一个崭新的阶段，也意味着中国政治领域全球化进一步加深。这种全球化在我国政治领域的演进，反映在苏州高新区之中也成为其发展中两个阶段的开端。第一阶段，在我国确定改革开放的基本国策之外，设立沿海开放城市、经济开发区就一步步被提上议事日程，最终直接促成苏州高新区的设立。第二阶段，我国全面进入 WTO，使得开发区最初的政策优势消失，苏州高新区从而在此期间进入后开发时代。因此，在政治领域，全球化深刻地影响了苏州高新区发展的进程。

文化领域方面，全球化更是深刻地渗透到苏州高新区的方方面面。作为美国硅谷的膜拜者之一，硅谷的"创新精神"也通过全球化深刻地影响了苏州高新区（参见附录 A）。硅谷创新精神的核心就是改变世界的梦想，改变世界的梦想使得硅谷工程师的眼光从技术囹圄中解放，认真地思考如何将技术创新的成果进一步变成商业模式。这就是硅谷文化，现在也成为苏州高新区文化的一种组成。在这种文化的鼓舞下，苏州高新区的许多中小创新型企业成长起来。全球化也通过互联网络将以新电子媒介传播的真实虚拟文化扩散到苏州高新区，比如与传统文化相结合的卡拉 OK 从日本传入，并成为苏州高新区年轻人的一种生活时尚（狮山路区域淮海街中的 KTV 酒吧比比皆是）。正如索加所说的那样，也许在日常生活经验中，全球化的经济之流、政治之流表现的并不是非常明晰，但是在文化方面全球化的印证却是"全球化过程中最直接被觉察与体验的"[59]，因此全球化作为社会生产的特征在苏州高新区中文化领域的表达更为直接，尽管有时是琐碎而难于察觉的。

6.1.1.2 信息化

信息化是当今社会生产方式的又一特征，与全球化相伴并相互作用。信息化是由信息技术主导的过程，这些技术已经改变了我们所处这个世界的经济和社会关系，并且减少了文化和经济壁垒。信息化的三个关键特征是：基于信息技术的高新技术革命；实时的、世界范畴空间内的全球经济；经济生产管理和信息主义的新形式。信息化有着自身的历史渊源和历史过程，当今的信息化带来了三个范畴中的转化。在经济范畴中的转化产生了新的城市空间，新的经济地理，并且产生了一种可以导致革新的区域机构、法规、实践的体系——创新背景。在技术范畴的转化中，信息技术与当代城市相结合，大量的技术设施网络在城市中铺设，将城市碎片与城市肌理联系起来。同时，一种基于信息技术的数码描述成为一种对于技术转化过程中城市环境的溢美描述。在社会范畴的转化中，卡斯特提出了发展的信息模式——新的信息技术改变我们生产、消费、管理、生活乃至死亡的一种方式。这种模式随着新信息通信技术的产生而产生，从根本上改变了资本的操作方式，成为一种新的社会生产方式。

狮山路区域与信息化也是密不可分的。首先，苏州高新区的诞生就是信息化的直接产物。信息化为特征的社会生产对人类未来的发展产生了深远的影响，对生产结构、生产过程、生产规模和生产组织方式都产生了重要作用，无论经济发达国家还是发展中国家和地区都竞相建立以科学工业园区为主的各种类型的特别经济区，力争在世界经济舞台上占有一席之地。苏州高新区也是中国政府应对信息化生产战略选择之下的产物。顾名思义，苏州高新区就是基于信息技术的高新技术产业区，目前苏州高新区中直接与信息产业相关的产业占据经济总量的一半以上。信息技术不仅渗透在苏州高新区的生产与研发之中，同时也渗透到了社会生活与空间。以媒介世界为例，在狮山路区域，从最早的纸质媒体，到光纤与数字化技术带动发展的有线电视，到互联网、Wi-Fi技术支持的多媒体手机，信息化使得媒体世界发生了翻天覆地的变化，这些变化也在悄然改变该区域人们的生活。

6.1.1.3 城市化

当今社会生产方式的第三个特征是城市化。与全球化、信息化相同，城市化是一个正在进行的过程，并且由前面的两个过程所推动。根据对城市化认知的阶段，可以将城市化的探讨分为三个层次：首先城市化被认为是现代、工业、殖民的城市化，这是现代工业发端时期对于城市化的认识；其次，城市化被认为是一个世界体系的理论，产生了世界城市模型，以及发展中国家觉醒的发展理论范式；第三，现代城市化理论是基于后现代的，后工业的城市，此时的城市化变得更为复杂，全球与地方相联系，发展中国家的城市也在西方与本土文化的双重作用下杂糅着迈入城市化进程。

狮山路区域的城市化或说苏州高新区的城市化一直伴随其发展始终。在苏州高新区发展的早期，虽然没有明确的城市定位，但是却通过成立高新技术开发区的形式在短时间内聚集了资金、土地，以及高水平的基础设施建设，为该区域后来的城市化做好了各方面的准备。当2000年前后，苏州高新区进入后开发区时代，整体开始了城市化进程，而狮山路区域成为这一进程的先导，率先向新城区转化。从苏州市1986～2000年、1996～2010年以及2006～2020年的三次城市总体规划中就可以看出苏州高新区向新城区发展的城市化进程。随着苏州城市发展及规划调整，苏州高新区定位也已由当初"开发区"、"工业集中区"转变为"中心城区"。狮山路区域则由开发区的一个功能混杂的启动区域成为"苏州主城中心区，具有魅力的新区服务中心和宜人的居住片区"。因此，城市化对于狮山路而言不仅仅是一种社会生产的特征，更成为一种发展的状态与研究的前提。

综上所述，全球化、信息化与城市化在苏州高新区，在狮山路区域也毫不例外地成为社会生产的特征，并且推动该区域进入后开发区时代向新城区转向。这种生产特征也造就了后开发区时代该区域的城市空间特征。

6.1.2 后开发区时代狮山路区域的城市空间特征

在第2章中，本书已经阐明当今社会生产所产生的空间特征是流空间与地方空间，具体在后开发区时代的狮山路区域，流空间与地方空间又是怎样具体存在呢？下面就从城市空间表征、城市空间实践与城市再现空间三个方面分别阐述流空间与地方空间的具体表现。

6.1.2.1 流空间

前文分别从城市空间表征、城市空间实践、城市再现空间三个方面论述了流空间在狮山路区域城市空间中的特征在城市空间表征之中，流空间为狮山路区域城市空间表征提供物质基础；流空间为狮山路区域城市空间表征的发展创造机遇，引发了空间表征的扩张与升级，促进了空间表征的城市化转型；同时，流空间影响狮山路区域城市空间表征的水准与品质，为参与者带来即时资讯与理论，其中的网络节点范式为狮山路区域的城市空间表征提供了示范。城市空间实践之中，流空间为狮山路区域提供趋同的价值取向，同时流空间从技术上抹杀了城市空间实践的差异。在城市再现空间中，流空间体现在精英的空间组织，展现了趋同与分化的二元性，带来了读图文化与体验，也是日常生活空间标准化与均质化的始作俑者。

从中我们可以归纳出流空间在狮山路区域城市空间中的总体特征：

1）流空间是包括狮山路区域在内的苏州高新区城市空间形成的直接原因，也是使其进入后开发区时代，并且向新城区转向的推动力量。流空间从诞生之初就蕴含着全球化的动力与信息化的内涵。因此，如果说苏州高新区的设立是由全球化、信息化所引发，那么实际上就意味着苏州高新区城市空间的建构是流空间的直接参与而形成。流空间使得苏州高新区成为全球网络中的一个节点，苏州高新区的发生与发展都在各种流发生作用的流空间之中。各种流在苏州高新区登陆，直接促成了苏州高新区的建立，以及苏州高新区空间的形成。随着流空间的进一步发展，各种流在此发生的强度不断增大，苏州高新区这个节点在流空间网络中的地位也得到提升，相应的苏州高新区空间发生扩张，其定位发生升级。这些扩展与升级首先是以空间表征的形式出现，即空间表征预见并且引领了整个苏州高新区空间的拓展。因而苏州高新区空间表征的扩张及升级与流空间的运动与作用是密不可分的。大约在2000年左右，流空间又开始了新一轮的作用——促进包含狮山路区域在内的整体苏州高新区空间的城市化转型。流空间带来的全球网络总是希望突破国家、区域间的壁垒，使得流在全球的范围内自由通行。这种突破在中国的标志性事件就是中国加入WTO组织，并且承诺实行更加普遍的、深入的开放。这一事件改变了苏州高新区这类开发区在整个国家范畴中对外开放的特殊性，使得苏州高新区在全球网络中由一个特殊政策保护的节点变为一个更具普遍意义的节点。由此，苏州高新区开始在改变中寻找自己的新出路，走进后开发区时代。因此，流空间直接推动了整个苏州高新区城市空间在后开发区时代向新城区的转化，并为城市空间的新城发展制定了目标。

2）流空间提升了狮山路区域城市空间的品质。这种改变或者提升是多方面的。在物质方面，流空间为狮山路区域城市空间表征提供物质基础，提升了城市空间表征的水准，从而也提升了城市空间的品质。在进行城市规划、城市设计、建筑设计或者景观设计各个层面，在设计、规划的各个阶段，或者在不同参与者之间的相互反馈的过程之中，电子信息、互联网络、电话电视、DV记录、卫星航拍、GIS数据支持，流空间中的流均为此提供了物质基础。流空间的存在也影响、改变了他们对于城市空间表征的认知水平与能力。在城市空间表征参与者方面，流空间带来了最新的资讯与知识，带来了全球网络中其他节点的示范。这些都深刻改变了城市空间表征参与者的认知能力与水平，从而从提升了城市空间表征的水准，提升了城市空间的品质。

3）流空间造成了狮山路区域城市空间与全球其他地域的趋同。流空间为狮山路区域城市空间实践提供与全球其他区域趋同的价值取向。流空间试图在全球范围内建立相同的、趋同的价值取向。流空间正从最根源产生、输送价值取向，使得城市空间表征从本源上趋同。

范式的示范作用加速了这一价值观趋同的过程，资讯的全球实时同步更新强化了价值观的趋同。另外，流空间从技术上抹杀了狮山路区域与全球范围内其他区域城市空间的差异。流空间从技术上支持了城市空间的趋同，因此可以说流空间从技术上抹杀了城市空间的差异。流空间在自身的网络中以最迅捷的方式传递着资讯，那么如果城市空间实践需要与其他地方保持同步，可以轻易地做到了解以及模仿，可以通过全球物流得到具体的材料与做法。换而言之，城市空间如果希望复制别的地方，那么流空间提供的信息、物质、资本可以帮助实现，从而进一步减小了城市之间空间的差异。第三，流空间使城市再现空间，城市日常生活趋同。流空间在狮山路区域的城市再现空间中建构了精英的空间组织这一全球统一的空间形式。这是卡斯特强调流空间物质支持的第三个层次，这一层次的空间组织在狮山路区域城市再现空间中得以印证。当狮山路区域在后开发区时代向新城区转向，成为城市的中心区，狮山路区域作为苏州高新区商贸区便成为以信息为基础的价值生产复合体以及主要的都市中心[59]。顶级的居住炫耀，顶级的奢侈品消费都成为这里精英空间组织的诠释。流空间造成狮山路区域城市日常生活的趋同与分化。流空间包含吸纳和排斥两种内力，所以它对社会的效用是趋同与分化同时存在。一方面它灌输式传播的同时也吸纳着地方文化，产生新的混合型的多元素文化；另一方面成规模的全球体系的主流无情地排斥着系统之外的"异类"。其结果是各国之间的差异拉大，同时各国内部各群体之间的差异扩大。在淮海街酒吧即可以看到流的作用下异国文化侵入的实证。但是同时，流空间又要求节点不断增强吸引力，从而吸引更多的流的登陆，分化就在这样的条件下产生，作为个性的体现来增强节点的能力。淮海街也成为狮山路区域的特色而吸引更多流的参与。在狮山路区域城市再现空间见中出现读图文化与体验也是流空间全球趋同的一种表现。基于高新技术幻象真实与虚拟理想的公共空间的体验相交织就产生了主题乐园这一城市空间，这种流空间的体验既可以发生在狮山路区域，也可以发生在别处。流空间也造就了狮山路区域城市再现空间的标准化与均质化，这也印证了城市再现空间的趋同。流空间造就的网络使流有机会均等地覆盖全球，流在运动中，在通过节点造就的壁垒时要求同一的标准以增加其运动的速度与效率。因此，流空间在本质上要求全球统一的标准。反映在狮山路区域的再现空间就是空间的均质化。便利消费在渗透着狮山路区域的日常生活，便利消费在消除狮山路区域日常生活差异的同时，也成为全球范畴中的一个缩影。

6.1.2.2 地方空间

流空间在狮山路区域城市空间的形成，城市空间品质以及城市空间的全球趋同特征方面都起到了举足轻重的作用，与流空间相对的地方空间也毫无悬念地成就了该区域城市空间的特征。地方空间限定了狮山路区域城市空间表征的体系与参与方式；地方空间提供了狮山路区域城市空间表征所根植的文脉；地方空间营造了城市空间表征参与者的共同经验。地方空间成为城市空间实践差异的物质基础，同时地方空间为城市空间实践差异提供历史、文化的支持。地方空间为狮山路区域的城市再现空间提供自我认同的力量，并且促使人们日常生活的回归。

根据前面章节中所讨论的地方空间在狮山路区域城市空间表征、城市空间实践、城市再现空间中的特征，我们也可以总结出地方空间在狮山路区域城市空间中的总体特征：

1）地方空间保持了狮山路区域城市空间的辨识性。在城市空间表征方面，地方空间限定了狮山路区域城市空间表征的体系与参与方式，从而保持了城市空间表征的独特性以及城市空间整体的辨识性。在苏州高新区地方（包括广义的中国与狭义的该辖区）空间中的政治制度、法律制度等规章制度从根本上限定了城市空间表征的构成与层次，这种地方空间中的规章制度同时也规定了城市空间表征中参与者的参与方式。因此，在地方空间中，既有的国家、地方制度、法规从根本上限定了城市空间表征的体系以及参与者的参与方式。在城市实践方面，地方空间是狮山路区域城市空间与其他区域差异的物质基础。地方空间中的土壤、地形、气候，乃至经济条件、政治体制都是独特而不可改变的条件，城市空间实践也必然建立在这些物质基础之上。因此，研究区域在城市空间实践中独特的可辨识性是以地方空间中的这些物质条件为基础的。在城市日常生活中，在城市再现空间中，地方空间为狮山路区域提供认同的力量。身处城市再现空间的人们常常会在流空间的作用下，迷失自身，这是因为全球趋同带来的标准化、均质化抹杀了自我认同的标识。而地方空间却为生活在地方的人群提供了认同的力量。地方空间基于地方的差异，基于地方的文化，基于地方的历史，基于地方的日常生活，都能够为城市再现空间提供认同的标识。特别是苏州高新区进入后开发区时代，狮山路区域成为城市的中心区，出于城市认同的反思，出于城市经营的要求，提高城市空间的辨识性成为必然。此时从地方空间中挖掘，找寻自我认同，便成为城市再现空间的追求。

2）地方空间维系了狮山路区域城市空间的复杂性。地方空间提供了狮山路城市空间所根植的复杂文脉。尽管流空间已经成为空间逻辑的主流，但是地方空间始终是城市空间根植的沃土，城市的历史与现今都是城市空间复杂性的来源。地方空间直接代表了历史，代表了环境，代表了文化，并且相互交织在一起作为苏州高新区城市空间赖以存在的复杂文脉而作用。地方空间不是在瞬间形成的，而是历经时间的，历史成为地方空间的重要属性，同时地方空间也不能脱离在其间生活的人，人生活的环境以及人与人作用形成的文化。狮山路区域，也许并没有很长的历史，但是它根植于更大的地方空间——苏州。这种悠久的历史为城市空间的发展提供了可以变化的多重条件，从而创造了城市空间的多样性与复杂性。文化对于城市空间的作用更多的是通过日常生活空间，这种鲜活的空间富于变化而生机勃勃，增添了城市空间的活力与复杂性。

3）地方空间是狮山路区域城市空间中日常生活的载体。一方面，地方空间营造了狮山路区域城市空间日常生活的共同经验。这种共同经验也许是基于历史，基于文化，基于风俗，但也许是基于流空间在地方的作用，基于技术的冲击，基于资本的流入，基于流空间生活方式的侵入。但是无论何种经验，都是发生在此时此地的地方空间之中的真实的体验，这种体验也成为日常生活的组成。另一方面，地方空间成为日常生活的真实载体。当全球化、信息化席卷全球成为强势的控制力量，人们依旧生活在地方，在城市再现空间中日常生活依旧占领了每个个体的世界。今天的狮山路区域已随着世界历史的进程卷入了经济全球化的过程，这是资本按其本质性的国际化而使"世界历史"成为"经验事实'的必然结果。但是，地方空间中古老而深厚的文化传统仍然使其中生活的人的日常生活具有自己的特色。回归日常生活是地方空间带给我们的，地方空间是这种回归的载体。

6.1.2.3 流空间与地方空间的相对矛盾及解决策略

流空间与地方空间就是在当今社会生产之下城市空间的特征，二者之间是相辅相成，相互依存的。流空间的逻辑和过程统治了我们的生活，但是流空间在网络社会中并没有渗透到整个人类经历的领域。实际上，大部分人，无论在进化的高级社会，还是在之前的传统社会，都是生活在地方之中的，因此生活的空间是以地方为基础的。在狮山路区域进入后开发区时代，流空间与地方空间依然是城市空间的相互依存而互为补充的两个特征。尽管如此，在城市空间表征、城市空间实践以及城市再现空间中，流空间与地方空间之间还是会产生暂时的、局部的矛盾。比如在城市营销方面，是以狮山路区域的全球化高标准为卖点，还是强调地方特色、历史传承？在城市空间实践中，城市的风格该如何协调高技术与地方可识别性之间的矛盾？在城市再现空间中，日常生活空间如何保证高效率与自我认同？这些问题的出现并不能否认流空间或者地方空间中任何一方存在的合理性，或者否认二者的相互依存，但是这些矛盾的出现需要予以协调，予以解决。对于这种矛盾的解决可以从两个方面进行：空间设计与机制建设。

策略一：空间设计兼顾流空间与地方空间的融合。

空间设计是指城市空间表征的建构，特别是指其中专业设计师应该利用自身的专业知识，利用对于城市空间生产过程的理解，对于城市空间发展予以正确的引导。空间设计的这种引导，首先体现在宏观策略。在城市总体规划以及城市整体设计中提出狮山路区域发展的远、中、近期目标，这些目标的确立就要兼顾流空间与地方空间。在流空间方面，城市的定位要从流空间及其形成的全球网络中找寻自身相应位置，以提升自身在网络中的层级为最终目标，以增加自身对于各种流的吸引力以及促进流的积极着陆为中期目标，以合理配置流空间及全球网络带来的人流、物流、信息流需要在城市空间中的分布为近期目标；在地方空间方面，以创造适合区域居民日常生活地方空间为远期目标，以促进地方特色的空间映射为中期目标，以提升区域地方辨识度为近期目标。其次，空间设计的引导体现在中观控制。为流空间提供物质环境，提供服务于这些环境的基础设施，包括相应的消费空间、品位文化吸引来了更多的人流、资金流，在合理吸纳流空间所带来的大都会美学以及全球精英生活模式的同时，将地方的传统、历史、日常生活形成的地方空间的美学以及生活模式相结合，形成新的杂糅的后开发区时代狮山路区域美学及生活方式。在土地利用及开发、道路交通规划、绿化景观系统规划、城市物质空间等方面，提出具体的城市规划原则与城市设计策略，用导则控制、开发模式、开发强度控制、城市功能区划、景观绿化设计来实现流空间、地方空间的协调。第三，空间设计的引导还可以体现在微观设计方面。在宏观策略、中观控制的基础之上，用具体的细节设计、材料应用、单体的、局部的来完成流空间与地方空间的统一。

策略二：机制建设确保流空间与地方空间的统一。

机制建设是城市空间表征的运行过程，是一个动态的过程，也是一个循环往复的系统，包括了编制、管理、实施、评价等诸多的环节。建立科学的、长效的机制，才能够从根本上保证空间设计的实施，确保流空间与地方空间的统一。空间设计能否付诸实施，很大程度上取决于实施者们是否能够正确应对其背后的复杂利益格局和多元价值观念。流空间与地方空间也对应相应的价值观念。空间设计已不再是计划经济条件下单一的政府行为，而是市场经济环境下多元主体共同作用的产物，因此空间设计不再服务于抽象意义上的公众，而在一定意义上成为公共干预、协调建设活动中各种利益的工具。甚至，空间设计致力于维护的公共利益，也从过去单一的、绝对化的国家利益转变为不同利益群体之间不同层次不同范围的利益。流空间与地方空间带来的价值观也被分解到各个不同利益的群体之中；比如房产开发商在流空间带来精英文化的主使下，对于全球趋同的奢侈标准的追逐之下掩盖的利益驱动；比如市民在地方空间带来传统文化的影响下，对于传统生活方式的回归而追求的邻里生活。保证多元利益的平衡发展，就确保了流空间与地方空间在城市空间中的统一。建立更为合理的兼顾多方利益的机制，既要兼顾自上而下的技术理性途径，又要兼顾自下而上的利益协调途径。因此，编制、管理、实施、评价环节中评价机制的建立就显得尤为重要——评价可以监控城市设计运行在多元利益格局下的表现，查找实施中存在问题和困难的内在原因，从而今后在方案中修正。

在协调流空间与地方空间相对矛盾的过程中，空间设计与机制建设缺一不可。

6.1.3 后开发区时代狮山路区域的空间生产

狮山路区域在进入后开发区时代后的社会生产特征是全球化、信息化与城市化，后者成为研究区域向新城区转向的直接原因，并且同前两者一起"生产"出后开发区时代狮山路区域的城市空间——流空间与地方空间。

全球化在经济、政治、文化领域对于包含狮山路区域在内的苏州高新区全面作用，带来了全球网络中流动的各种流。信息化作为当今社会生产方式的又一特征，在苏州高新区与全球化相伴并相互作用，直接促成了苏州高新区的设立，并已经渗透到研究区域的社会生活之中。城市化则由前面的两个过程所推动，成为狮山路区域向新城区转向的直接推动力量。

在狮山路区域，全球化中的流成为流空间的组成，信息化为流空间形成全球网络提供了技术上的、物质上的支持，城市化则为这里的流空间贴上了城市属性。三者的共同作用产生了狮山路区域的流空间。同时，全球化也引发了全球趋同与全球异化，信息化也成为一种挖掘地方特征的工具，城市化引发城市识别性的关注则需要以地方为基础，三者的共同作用也产生了狮山路区域的地方空间。流空间与地方空间的相对应，完成了社会生产对于城市空间的"生产"。

社会生产对于狮山路区域城市空间的生产首先是在意识形态方面的，全球化、信息化、城市化首先改变了人们在城市空间中的意识形态，渗透进入城市空间表征中的参与者以及城市再现空间中的居住者，使他们在意识形态层面完成了全球化、信息化与城市化。社会生产也同时在物质方面生产出研究区域的城市空间，全球化、信息化以及城市化改变了城市空间表征的物质表达，改变了城市空间实践的物质实际，也改变了人们日常的物质生活。

6.2 后开发区时代狮山路区域城市空间三重性的相互作用

6.2.1 城市空间表征

列斐伏尔认为，"空间表征具有一种实践的影响，它们介入并修正空间的构造／肌理（texture）——这一构造经由有效的知识和意识形态所通告。空间表征在空间的生产之中必然具有一种根本作用及具体影响。它们介入之发生通过建构／结构——换句话说，经由建筑，不是被理解为特殊的结构之住所、宫殿或纪念性建筑，而是作为一种嵌入在空间性域境（context）和构造之中的方案，这一域境和构造'要求'再现——不会消失在象征的或想象的领域之中。"[11] 从这段论述中，可以提炼出三个观点：①空间表征影响了（空间）实践；②这种影响是在一定的空间文脉中通过普遍意义上的建筑来实现的；③空间表征虽然是概念化的空间，但是不会消失在想象之中。

结合研究区域空间生产的现状，从列斐伏尔的表述中可以推论出，城市空间表征对于城市空间实践以及城市再现空间的作用。首先，城市空间表征直接影响了城市空间实践，并且这种影响是通过一定区域范畴中的建筑（建造）来完成的。另外，城市空间表征也通过科学家、规划师、建筑师等人的构想影响了在城市再现空间中的日常生活。

在狮山路区域，城市空间的具体表现印证了城市空间表征对于城市空间实践的直接影响作用。首先，城市空间表征中对于区域定位的改变，直接引发城市空间实践的变化。从狮山路区域城市空间表征中的城市规划层面可以看到，在过去近二十多年的发展过程中，狮山路区域历经"开发区"、"工业集中区"转变为"中心城区"，最终定位为"苏州主城中心区，具有魅力的新区服务中心和宜人的居住片区"。这种区域定位的历时性变化最终影响了该区域的建成环境，早期的工业厂房被拆除而兴建新的商业建筑就是很好的佐证。定位的升级直接导致地价的上升，因此地块模式向更加集约、密集的方向发展；建筑布局也以高密度布局为主，间或低密度布局是为了提升建筑环境，提升城市品质；在用地功能上，工业功能向商业等功能转化，突出城市中心区的职能作用，而随着地价的攀升，居住功能也向高品质高售价的高端发展，城市商业功能进一步加强了城市的服务功能；环境艺术的变化也是为了配合深入的城市化，最终塑造魅力城市。第二，城市空间表征中城市设计的具体规定与建议，改变了研究区域中整体的风格风貌。特别是2006年《狮山路两侧城市设计》对该区域城市化发展的具体设计成为城市空间表征的直接作用。该城市设计为狮山路区域在定位、发展原则，以及具体的土地利用、交通规划、绿化景观、物质空间等方面从宏观到微观予以规划、设计。这就直接促成了狮山路区域城市空间实践的变迁，如城市街墙控制直接决定了建筑设计底部的界面与空间，环境设计更是直接具体地改变了区域整体环境艺术品质。第三，城市空间表征中的建筑设计以及景观设计具体的、以点的方式逐步改变着整个区域的城市空间实践。很明显，每一次建筑或者景观设计的实施，都从微小的局部改变了区域的建成环境，这就是列斐伏尔所说的"经由建筑"的改变。

狮山路区域的城市空间表征也同时直接或间接地改变了城市再现空间。首先，城市空间表征的出台或者公示直接改变了区域中人们的日常生活。狮山路区域最早是古运河以西的永和、星火、曙光3个村落的一部分，当城市空间表征将区域规划为苏州高新区的组成部分时，村落中的农民直接失去土地，而获得城市工作机会，并且在苏州乐园南侧修建了动迁农民的一个安置用房点，这种居民身份的改变是由城市空间表征直接引发的，并且从根本上改变了他们的日常生活——由从事第二产业的农民成为从事第一或者第三产业的工作者。第二，城市空间表征通过城市空间实践间接影响城市再现空间。比如，城市规划中规划出苏州乐园，建筑及景观设计配合设计出具体的乐园形象，然后通过建设，苏州乐园在城市空间实践中出现，并且引起了日常生活中对于游乐的体验，以及更深层次的对于高新技术的幻象真实以及理想公共空间的体验。这些都是城市空间表征对于城市再现空间的间接作用。

6.2.2　城市空间实践

索加在阐释列斐伏尔空间实践时，指出"空间实践是生产社会空间性质物质形式的过程，因此它既表现为人类活动、行为和经验的中介，又是它们的结果。……'从分析的观点看，一个社会的空间实践是通过对其空间的译解而得到揭示的'。为了说明这种译解活动是如何随着时间变化的，列斐伏尔增加了一整段的文字来论述资本主义下的'现代'空间实践，并将它与陈陈相因的日常生活相连，与城市的道路、网络、工作场所、私人生活及休闲娱乐相连。这种具体化的、社会生产的、经验的空间被描述为'感知的'空间，它直接可感，并在一定的范围内可进行准确测量与描绘。这是过去所有空间学科关注的焦点，是我所重新界定的第一空间的物质基础"[142]。索加的这段对于空间实践的阐述，表明空间表征的物质性、可感知性，以及空间表征对于日常生活是紧密相连的。

结合本书研究区域的空间生产可以推论，城市空间实践对于城市空间表征以及城市再现空间的作用。城市空间实践的可感知性使之成为一种对于城市空间表征的反馈与检验。同时，城市空间实践的物质性使之成为城市再现空间的物质载体。

在狮山路区域，城市空间实践的可感知性使得它更容易被觉察与评价，因而成为检验城市空间表征的一种方式。在研究区域中，城市空间表征，特别是城市规划层面的多次调整，与城市空间实践的建成环境是相关联的。而 2006 年狮山路两侧城市设计的出台，实际上是城市空间实践所引出的。此时的狮山路区域已经进入后开发区时代，向新城区转向也已行进多年，但是由于中观城市空间表征的缺失，城市空间实践处于一种自发的、无序的发展状态，而城市空间实践是可感知的，因此区域整体呈现的土地利用杂乱、开放空间无序以及建筑单体之间的不协调都向城市空间表征的参与者反馈，城市空间表征需要调整，在这样的情况下，相关城市设计作为针对城市空间实践现状的指导而出台。

在狮山路区域，城市空间实践的物质性使之成为日常生活空间的背景，成为城市再现空间的物质载体。在对于狮山路区域城市再现空间的分析中，本书曾经指出城市再现空间具有真实与想象的双重属性，真实是想象的基础，真实就是以城市空间实践为物质载体的。无论是狮山路上的高端寓所，淮海街作为日韩风情酒吧一条街，成就游乐体验的苏州乐园，还是区域中大大小小的便利店、快捷酒店，日常生活空间中的种种场景都以建成环境为背景，以城市空间实践为物质基础。每一栋建筑，户外环境中的每一个小品都是引发城市再现空间联想的发生器。

6.2.3　城市再现空间

索加还曾经评述作为第三空间的再现空间："第三空间认识论现在可以重新作简要描述。它源于对第一空间——第二空间二元论的肯定性结构和启发性重构，是我所说的他者化——第三化的一个例子。这样的第三化不仅是为了批判第一空间和第二空间的思维方式，还是为了通过注入新的可能性来使它们掌握空间知识的手段恢复活力。"这里的第一空间是指空间实践，第二空间是指空间表征，而第三空间就是再现空间。从这段论述中，我们可以看出，再现空间可以"通过注入新的可能性"来影响、改变空间表征与空间实践，这就是再现空间对于空间表征、空间实践的反作用。

结合本次研究区域的空间生产现状可以推论，城市再现空间可以反作用于城市空间表征与城市空间实践。

在狮山路区域，城市再现空间对于城市空间表征的反作用体现在城市再现空间中的价值取向反过来影响城市空间表征。以研究区域中的高端寓所为例，高端寓所展示了精英的空间组织，这不仅仅是狮山路区域日常生活中的一种现象，也是城市再现空间中一种基于真实的想象，并且还是流空间带来的一种价值取向，这种价值取向在高端寓所中得到了体现——高端寓所受到了精英阶层的追捧。这种成功貌似是在商业上的，但实际上是一种价值取向上的成功，这种成功鼓舞城市空间表征的参与者在城市空间表征中将这种价值取向发扬光大，于是更多的高端寓所被规划设计出来。

在狮山路区域，城市再现空间对于城市空间实践的反作用则体现于城市再现空间的日常生活方式。城市空间实践最终将成为人们"日常生活"的发生地、物质基础与载体。作为"日常生活空间"的城市再现空间也会反作用于城市空间实践。譬如，高端居住功能的加强，在吸引高端居住者的同时，这类居民要求一种精英化的、VIP式的日常生活方式来适应自身的需求，因此，相应的高端销品茂在这种需求下就会出现。而日常生活相关的各种城市空间实践也会随之高端化，如高端餐饮、高端服务配套设施等等。

6.2.4 小结

作为城市空间三重性的城市空间表征、城市空间实践以及城市再现空间在狮山路区域中相互关联、相互作用，从而共同建构了研究区域的城市空间。城市空间表征直接影响了城市空间实践，并且这种影响是通过一定区域范畴中的建筑（建造）来完成的；城市空间表征也通过科学家、规划师、建筑师等人的构想影响了在城市再现空间中的日常生活。城市空间实践的可感知性使之成为一种对于城市空间表征的反馈与检验；城市空间实践的物质性使之成为城市再现空间的物质载体。城市再现空间则从价值取向、日常生活方式分别反作用于城市空间表征与城市空间实践。

6.3 后开发区时代开发区向新城区转向的空间生产

本书的研究是以特定区域狮山路区域为着眼点的，尽管如此，对于狮山路区域的研究方法与结论可以推广至更广泛的区域。因此，在本书的最后，笔者将从狮山路区域出发归纳出后开发区时代开发区向新城区转向时期的空间生产特征。

6.3.1 后开发区时代的开发区向新城转向时期的特征

6.3.1.1 开发区特征淡化

当开发区进入后开发区时代，开发区的职能发生了变化。开发区成立之初的职能为"国家目标，地方组织，市场向导，综合运用孵化器、创新基金、特色产业基地以及生产力促进中心等多种政策工具，引导科学技术进入经济建设主战场"[150]。进入后开发区时代，开发区的职能将转化成为社会、经济、文化、科技、产业和生活等可持续发展的现代城市功能。

在政策方面，开发区原有的政策优势逐渐消亡——企业所得税优惠政策、财政返还政策、外商投资企业免关税和增值税政策等逐步取消和淡化，优惠成普惠。在工业企业方面，早期入驻的工业企业普遍退出，多种类型的第三产业工业企业逐渐入驻。在土地方面，可供开发的土地面积锐减，土地利用趋于饱和。在劳动力方面，劳动力成本逐渐攀升，廉价劳动力逐渐消失。

因此，开发区的特征在后开发区时代逐渐淡化。

6.3.1.2　新城区特征增强

进入后开发区时代，各个开发区纷纷确立新城区建设目标。例如广州开发区提出"把开发区建设成为以现代化工业为主体，三次产业协调发展，经济与社会全面进步的广州新城区"，大连开发区提出"以工业化促城市化，通过城市化逐步实现现代化，建设以工业化、产业化为支撑的新市区"，青岛开发区明确提出"开发区要向现代化的国际性的新城区方向发展，建设一个功能齐全、经济社会协调发展的新城区"，天津开发区提出"逐步建成以工业现代化为基础，以管理现代化为支撑，以城市现代化为标志的具有国际水准的现代化新城区"等。[151]

进入后开发区时代，开发从单一发展向综合、协调、平衡发展转变。使经济发展、社会发展和生态发展统一，速度、质量和结构统一，经济与生态、资源、社会统一，城乡、二三产业、宜业宜居统一。进入后开发区时代，在城市化建设实践过程中，许多开发区的物质空间上呈现出日益明显的新城特征。建筑风格成为现代建筑的试验场，强调技术，采用新材料，紧跟国际风潮。注重开发的整体性，注重群体建筑的组合，注重建筑与环境的结合，注重建筑之间的协调。

因此，后开发区时代的开发区中新城区特征逐步增强。

6.3.2　后开发区时代开发区新城转向时期城市空间的社会生产

开发区进入后开发区时代开始了向新城区的转向，但是依然在当今社会生产的控制之下。因此，全球化、信息化以及城市化同样是后开发区时代城市空间的社会生产特征。

6.3.2.1　全球化与后开发区时代开发区

开发区的诞生与全球化密不可分。其一，开发区的建立是为了吸引外资；其二，开发区吸引了国际企业进驻；其三，开发区输出与技术相关的服务以及产品出口。这就涉及了全球化过程中几个关键因素：资本流、贸易流、产品流、人力资源流，使得开发区直接参与到新国际劳动分工之中，汇入全球化的经济流之中。因此，开发区就是全球化社会生产的一个产物。

全球化也直接促成开发区的转型，使之进入后开发区时代并向新城区转向。全球化直接引发中国加入世界贸易组织（WTO）。随着中国"入世"进程的不断推进，我国的对外开放进入了一个新阶段。加入 WTO 以后，经过 5 年的过渡期，中国全方位的对外开放格局基本形成，从此，开发区在我国对外开放中的地位和作用已经显著下降，开始了其转型之路，进入后开发区时代。

6.3.2.2 信息化与后开发区时代开发区

前文已述，在本书中开发区特指国家级经济技术开发区、国家级高新技术产业开发区。这两者与在卡斯特与霍尔在合著《世界高技术中心：20世纪的工业制造》(*Technopoles of the world : the making of twenty-first-century industrial complexes*) [103] 一书中提及的高新技术中心 (technopole) 有着极高的相似度，这一概念被用于描述高技术创新及产业集中的地区。在书中，卡斯特和霍尔认为高新技术中心包括：科学园 (science park)、科学城 (science city)、国家科技园区和技术带 (national telenopoles and telenobelt)。其中，成立科技园成为地方或是区域经济发展的有效政策。科技园是一个世界范围内普遍存在的现象，是偏向新型的工业区。开发区正是类似这样一种由政府策划与推动发展，目标为了吸引境外投资的科技园。信息技术作为重要的科学技术成为科技园区的支撑力量，并且产生了一种可以导致革新的区域机构、法规、实践的体系——创新环境。因此，信息化作为当今社会生产的特征，在开发区建设伊始就始终相伴。在开发区成立早期，这种信息化更多地体现在经济范畴，成为开发区经济增长的原动力。

当信息技术与当代城市相结合，大量的技术设施网络在城市中铺设，将城市碎片与城市肌理联系起来，产生了新的经济地理，新的城市空间。大量新城市空间的诞生与集聚直接导致开发区走向后开发区时代——新生的城市空间在自发与无序中涌现之后，需要更为合理的整合与调整。因此，开发区迎来了整合与调整的转型期，步入后开发区时代并向新城区转向。

进入后开发区时代，信息化不仅渗透在开发区的生产与研发之中，渗透到经济范畴，同时也渗透到了社会生活与社会空间。因为，信息化在改变了我们所处这个世界的经济和社会关系，并且减少了文化和经济壁垒。信息拉近了人与人之间的距离，便利了人们的生活，改变了人们对于事物的看法。当开发区已经不仅仅是一个单一的工业区，而成为多元的、复杂的社会生活的载体，信息化对于人们生活的影响和作用就与日俱增。

6.3.2.3 城市化与后开发区时代开发区

绪论中曾经提及开发区是区域产业发展和城市化的有效方式。开发区是信息化生产的集聚地。集约化的土地利用效应，单位面积的高产出率以及高度的资金集聚使得指定区域迅速从郊区、城市边缘区跃升为城市工业区，乃至城市核心区。

在后开发区时代，走向新型工业化、新型城市化道路，成为新的产业空间与新城区是开发区发展的重要转变方向。新产业空间与新城区是开发区功能的升级与提高。我国开发区的快速发展和我国城市化的快速推进基本上是同时进行的，由于开发区基础设施水平高，同时大多数开发区位于城市空间扩展的主导方向上，因此开发区也成为我国城市化和城市空间拓展的优先区域。所以，在后开发区时代开发区中大量生产要素和人口的聚集也必然导致开发区向综合性新城或城市新区转向，这是中国特色的城市发展模式。因此，在后开发区时代，城市化成为最终的发展方向。

在后开发区时代，开发区的城市化有着自身的特征——单一向多元转化，简单向复杂转化。城市化使得后开发区时代开发区经济增长模式由单一性向多元性转化。许多开发区的发展目标和初衷是为了集聚先进的生产要素，培育新的经济增长点。随着后开发区时代的城市化，开发区最终不断拓展多重产业的开发。城市化也使得后开发区时代开发区城市区域功能由简单向复杂转化，即其单一型经济功能结构逐步被多元型城市功能结构所替代。伴随着大量城市综合要素和产业经济活动随着开发区的演化和递进在区内并存聚集，开发区已从单一的产业功能向科、工、贸、商、住、行、娱多功能复合发展，开发区开始呈现综合功能和多元内容的新城发展趋势。城市化还将后开发区时代的开发区之中的城市空间结构及形态模式由简单向复合转变。功能决定空间，功能结构的转换必然需求其空间结构及形态模式的变异与发展，源于开发区模式的单一性生产空间形态已逐步被新城模式的复合型城市空间形态所替代。因此，在后开发区时代开发区的城市化过程逐步积累了城市的复杂性与多样性。

6.3.2.4 当今社会生产特征对于后开发区时代开发区城市空间的作用

当今社会生产特征对于后开发区时代开发区城市空间的作用表现在以下几个方面。

1) 开发区进入后开发区时代是全球化、信息化直接推动的，在此期间，开发区向新城区转化是城市化直接作用的结果。因此，全球化、信息化与城市化作为当今社会生产的特征不仅仅是开发区中社会生产的特征，也是后开发区时代开发区城市空间发展的根本动因。

2) 当今社会生产直接参与了后开发区时代开发区城市空间的形成。全球化为其城市空间的形成提供全球通行的空间标准及样本，提供资本及物质支持。信息化不仅为开发区的城市空间提供直接的信息网络建设作为物质基础，同时也通过人们的日常生活间接地作用于城市空间，作为全球化的媒介影响城市空间。城市化更是直接提出了后开发区时代开发区空间发展的方向，并且在细节上引导开发区城市空间的发展。

3) 当今社会生产特征通过其作用典型空间——流空间与地方空间影响着后开发区时代的开发区城市空间。流空间是后开发区时代新城区城市空间形成的直接原因，提升了后开发区时代新城区城市空间的品质，并造成了后开发区时代新城区城市空间与全球其他地域的趋同。地方空间保持了后开发区时代新城区城市空间的辨识性，维系了后开发区时代新城区城市空间的复杂性，并且成为后开发区时代新城区城市空间中日常生活的载体。

了解当今社会生产特征对于后开发区时代开发区城市空间的作用有利于我们在塑造其空间的过程中，主动把握三者的动态，摒弃不利方面，善用有利方面。

6.3.3 后开发区时代开发区向新城区转向时期城市空间三重性

6.3.3.1 城市空间表征

后开发区时代开发区向新城区转向时期的城市空间表征是科学家、规划者、城市规划专家和社会工程师所创造、传播以及理解的概念化空间，体现了上层建筑意志的抽象城市空间，是城市规划师与建筑师所表达的城市空间。

从建构框架而言，城市规划是城市空间表征中确定空间结构的过程，是宏观的过程。建筑设计是整体城市空间背景下的建筑个体或者景观，是微观的过程。而城市设计是对城市生活的空间环境设计，是衔接宏观与微观的中观过程。进入后开发区时代之后，快速提升城市形象成为开发区发展的一个重点，其中的重点地段成为城市形象的代表，因此这种以城市重点地段为研究对象的专项城市设计研究和咨询成为目前开发区中城市设计的主流。由此可见，后开发区时代开发区城市空间表征架构是由三个层面组成：作为宏观层面的城市规划，作为中观层面的重点区域的城市设计，作为微观层面的建筑设计以及景观设计。

后开发区时代，开发区的城市规划依然是以土地使用为核心问题的，但与早期开发区的城市规划不同的是，经济因素对城市空间影响的比重已经下降，将影响空间的经济、生态和社会等因素全面、综合考量成为宏观城市空间表征的重点。不仅要涉及城市的性质、产业发展与布局，更要注重城市的社会发展与设施、规模投资及城市各部分的组成、管理、政策等。作为当今社会生产下的城市空间表征还要关注全球化、信息化、城市化因素对于城市二维空间的影响，关注在其影响下的各种活动以及活动对于提供空间结构的要求。

城市设计作为连接城市规划与建筑、景观设计的城市空间表征的重要环节，在后开发区时代的开发区城市空间中的作用日益显现与增强。城市设计在后开发区城市空间表征中应着眼于城市形体环境，着眼于塑造高质量的空间环境，着眼于以"人—社会—环境"为核心的城市设计的复合评价标准，着眼于综合考虑各种自然和人文要素，着眼于包括生态、历史和文化等在内的多维复合空间环境的塑造。在今后的发展中，如何突破重点地段城市设计的局限，如何在更为广泛的范畴中参与到开发区城市空间的概念建构之中，成为开发区城市设计的重点，也是开发区空间表征的发展重点。

建筑设计、景观设计通常是以整体的城市空间为背景，进行建筑单体或群体组合的创作，研究对象是个体建筑或景观。在后开发区时代，建筑设计、景观设计作为在短时间内大规模建造的基础，更应与城市规划、城市设计紧密结合，更应注意整体的协调，而非单体的个性。在流空间、地方空间的双重作用下既要拥有与开发区相呼应的时代特性风格，又要有与周围环境、城市历史文脉相呼应的内涵。

从参与者而言，后开发区时代城市空间表征包含了各类专业规划师、建筑师，或者工程师，以及政府、各类经济组织、市民。

在开发区，随着整个国家的渐次开放，随着入世的逐步深入，参与城市空间表征的专业设计师的组成也日益丰富。全球化的影响，硅谷城市空间的示范作用，直接或间接地影响专业设计者的眼界与思路（参见附录A）。对专业设计师进行细分，不同类别的城市空间表征对应不同类别的设计师，不同类别的专业设计师联系着不同的参与者，共同影响了城市空间表征整体。

政府作为政治角度的参与者在城市空间表征中的作用及影响是无处不在的。政府参与，可以组织城市空间表征的编制，可以为城市空间表征提供法律支持，同时也把握着城市空间表征方案的决策权，并最终运用政治权力保障成果的执行。在后开发区时代，政府通过对管理架构的改善来逐步适应正在转型的开发区，从政企合一变为政企分离，提高了管理的效率，也提高了对城市空间表征的参与效率。伴随着全球化的进程在开发区的一步步加深，伴随着更多的外资涌入开发区，伴随着开发区城市空间的复杂化与多样化，开发区政府的服务意识也应随之提高，成为服务型政府，反映到城市空间表征之中，就是政府应以更加虚怀若谷的方式参与其中。

经济组织作为经济角度的参与者部分地参与了开发区城市空间表征。后开发区时代，房产开发经济组织以土地为载体，直接参与到城市开发之中。这类经济组织一方面以雇佣关系直接影响城市空间表征微观层面，另一方面，为了谋求更多的利益，房产开发经济组织通过各类渠道运作，间接地参与到宏观城市空间表征。非房产开发类经济组织通过对城市空间表征的参与，而获得了更好的城市资源，包括优越的区位条件，富足的生态承载力和良好的产业氛围及基础设施等，同时自身的建设也会直接影响到微观城市空间表征。

城市空间表征参与者中人数最多的群体就是市民，他们是公众角度的参与者。在后开发区时代，市民从自身利益或是公众利益的角度出发，参与热情日益提高，不仅关注城市空间表征的微观细节，也关注城市空间表征的宏观布局。但是渠道缺乏畅通性，制度的不完备都制约了市民对后开发区时代城市空间表征的参与。

6.3.3.2 城市空间实践

在本书的研究中，对于后开发区时代的城市空间实践研究是在城镇平面、土地利用、建筑类型、开放空间、交通研究以及城市空间实践认知六个方面展开的。下面，就将其总体特征予以总结。

在城镇平面中，开发区在早期的开发中往往已经形成了间隔较大的路网框架，并且与区域外部的路网一起构成开发区模式道路系统。但是，当开发区进入后开发区时代之后，道路体系往往并未随之改变，相对稀疏的道路在城市化的过程中成为一种阻碍，影响了城市中特别是中心地块中的交通效率。在地块模式中，开发区创建早期由于当时开发区发展急需资金而以投资企业的需求为急务，并且由于当时具体的开发规划缺失以及执行不力，地块面积大小相差悬殊，出现了天然地块与权属地块边界合一，天然地块包含多块权属地块，以及权属地块跨越天然地块多种情形。这种情况在开发区进入后开发区时代之后，通过土地置换，大面积的地块得到进一步分割，地块模式逐渐统一，逐渐形成按照价值规律分割土地的模式，即土地利用价值高的地块面积较小，土地利用价值低的地块面积较大。不过在进入后开发区时代相当长的一段时间，开发区的城市空间实践中，仍然看到较为混乱的地块模式，这种混乱将伴随着开发区城市化进程的深入，逐渐向合理转化。在建筑布局中，地块模式与建筑功能成为影响的关键因素。在开发区进入后开发区时代向新城区转向的过程中，开发区原有的工业功能仍然存在并将逐渐减少，而与城市相适应的商业、居住等功能则在转化的过程中得到加强。这些变化在其城市空间实践中得到体现。

开发区在进入后开发区时代之前，土地利用往往总体呈现出"混杂"的状态，这种状态的形成带有更多的随机性、自发性以及无序性。从具体用地功能而言，往往商业功能缺乏，工业选址不当，文体娱乐与公园绿地不能满足需要，居住功能层次较多。土地利用功能方面的这种状态也呈现出从开发区早期向后开发区时代转向的过渡状态——开发区中特有的功能尚未消失，新城区中的功能已经出现并且正在加强。在这种情况下，系统的、动态的城市设计的出台是非常有必要的。能够及时调整后开发区时代土地利用中出现的混乱状态，使之走向理性。

在建筑类型方面，开发区在开发早期，其建筑风格往往受到硅谷范式的影响，而选择展现出科技感、现代感的表达方式，这就奠定了其中建筑类型的基本风貌（参见附录 A）。

在进入后开发区时代之后，这种风格的偏好仍没有改变，只是表达手法随着时间的推移而发展。

在开发区进入后开发区时代伊始，开放空间品质往往缺乏控制。在开发区中道路空间往往过于注重交通性而缺乏对城市中公共空间的考虑。开发区群体形态也往往疏于控制，缺乏完整统一的城市界面，空间节奏紊乱，空间形态分布不均匀、不平衡，公园、街头广场实际使用率不高，线形开放空间比例不当，建筑入口空间总体上与城市不协调。相应的设计品质尚有待提高。这是因为开发区发展初期追求发展速度，导致忽略了对开放空间品质的推敲。但是，开放空间的品质对于一个开发区，特别是进入后开发区时代的开发区而言是重要的，是关于发展与城市营销的，就现阶段的城市空间实践而言，开发区在后开发区时代向新城区的转向任重而道远。

在交通方面，后开发区时代开发区的建设往往是适度超前的。这与开发区成立之时就超前高水平地完成了基础设施的建设是分不开的。开发区建设之初往往以"七通一平"，甚至"九通一平"为目标。基础设施的完善与否成为招商引资的重要条件，因此各开发区都为此投入大量的人力物力。高水平的基础设施建设在开发区进入后开发区时代之时在交通方面仍能够基本高效率地满足需求，但是，随着开发区的进一步发展，对交通设施的调整将应持续进行。

在空间认知方面，市民对于进入后开发区时代的开发区的城市空间实践有着自身直接的或间接的经验认识，有着自身头脑中主观性的认知。这种认知有助于知晓城市空间实践的活动和结果对周围居民的影响以及在城市空间表征层面成为对城市空间实践的完善的依据。

总体而言，在开发区进入后开发区时代向新城区转向的时期，城市空间实践也随之发生了变迁。在城市空间实践中，开发区的印记尚未褪去，新城区的建设已蓬勃开始。在发展的过程中，仍然惯性的追求速度而对于质量有所忽略。受到各方利益的牵制，转型过程中阵痛不断，特别是触及个别利益方利益时更是举步维艰，如对于工业功能的转换。在这样的过程之中，也积累了城市空间实践的复杂性与多样性，为城市多样生活提供了基本的载体。

从城市空间表征变迁的根源来看，在后开发区时代开发区向新城区转向时城市空间表征起到了决定性的推动作用。开发区进入后开发区时代向新城区转向往往是由城市空间表征推动的。城市规划最先明确这种转向——提出开发区域城市功能定位的变化。此后的城市空间实践的变化都会基于这个定位的升级变化而展开。定位的升级直接导致地价的上升，因此地块模式向更加集约、密集的方向发展；建筑布局也以高密度布局为主，间或低密度布局是为了提升建筑环境，提升城市品质；在用地功能上，工业功能向商业等功能转化，突出城市中心区的职能作用，而随着地价的攀升，居住功能也向高品质高售价的高端发展，城市商业功能进一步加强了城市的服务功能；环境艺术的变化也是为了配合深入的城市化，最终塑造魅力城市。由此也带来了机动车数量激增的弊端，引发了交通的进一步调整。在城市规划基础之上的城市设计进一步具体地引导了开发区进入后开发区时代向新城区转向的城市空间实践的变化。城市设计为开发区的城市空间实践在具体定位、发展原则，以及具体的土地利用、交通规划、绿化景观、物质空间等方面从宏观到微观予以规划、设计。

这就直接促成了设计区域中城市空间实践的变迁，如城市街墙控制直接决定了建筑设计底部的界面与空间，环境设计更是直接改变了区域整体的环境艺术品质。

6.3.3.3 城市再现空间

城市空间实践最终将成为人们“日常生活”的发生地、物质基础与载体。作为“日常生活空间”的城市再现空间也会反作用于城市空间实践。在开发区进入后开发区时代向新城区转向之时，其城市再现空间也有自身的特点。在流空间的影响下，开发区城市再现空间出现了和全球文化趋同的倾向，精英文化、技术至上、均质日常生活空间成为其再现空间一个特征。进入后开发区时代，这种倾向仍然在继续，但是，地方空间提供自我认同的力量逐渐受到重视，在开发区向新城区转向的过程中，城市再现空间中自我认同成为城市营销的一种方法而受到追捧，同时，地方空间带来城市生活的复杂化、有机化，促使人们日常生活的回归。

6.4 后开发区时代开发区城市空间生产对于专业设计师的启示

专业设计师作为城市空间表征中的一类参与者直接参与了城市空间生产。但是如果专业设计师可以完整地理解城市空间生产的范畴与过程，就会在参与过程中发挥更为积极的作用。在后开发区时代，特别是开发区向新城区转向的过程中，充分理解这一特定地域类型，这一特定历史时期中的城市空间生产将会对参与其中的专业设计师予以启迪，从而推动城市空间生产的良性发展。参与城市空间表征的专业设计师既包括城市规划师，也包括城市设计师、建筑师，以及景观设计师。

6.4.1 理解当今社会生产的三重特征，将流空间与地方空间更好地结合

在本书第2章中论述了当今社会生产的特征是全球化、信息化以及城市化，在开发区进入后开发区时代，社会生产依然是以上述三点为特征的。了解当今社会生产的特征是理解整体城市空间生产的前提。对于专业设计师而言，理解全球化、信息化与城市化，并且在建构城市空间的过程中有意识地将三者的影响、作用体现出来。全球化可以为专业设计师提供更多先进的设计理念与方法，提供设计所需要的物质基础——从测绘需要的仪器到设计需要的软件，全球化也为设计师带来随着全球人流而来的新鲜血液——境外的设计师与设计公司。全球化与信息化一起带来的全球信息流使得专业设计师可以更快更及时地了解全球其他地区的资讯，而信息化带来的互联网、电话电视则加快了专业设计师之间以及与其他参与者之间的沟通。对于城市化的关注与理解促使专业设计师推动后开发区时代的开发区向新城区转向，并体现在对于区域规划定位的升级，引发城市设计与建筑设计、景观设计的直接变化。同时，当今的社会生产也为专业设计带来负面的影响。比如对于全球化带来国外，特别是西方国家设计的盲目追捧；对于信息化带来的设计手段的过分依赖；对于城市化的急切追求带来的急功近利、杀鸡取卵。因此，全面地了解社会生产特征，主动地利用其正面效用，摒弃负面影响，有利于专业设计师在参与城市空间表征时更好地发挥自身作用。

流空间与地方空间就是在当今社会生产之下的城市空间的特征。流空间是在信息社会

中支持统治性过程和功能的物质形式，是通过流来工作的共时性社会实践的物质组织。地方空间是历史性的，根植于我们通常经历的空间组织。流空间与地方空间因此是相辅相成，相互依存的。流空间的逻辑和过程统治了我们的生活，但是，流空间在网络社会中并没有渗透到整个人类经历的领域。实际上，大部分人，无论在进化的高级社会，还是在之前的传统社会，都是生活在地方之中的，因此生活的空间是以地方为基础的。流空间与地方空间同样成为后开发区时代的开发区城市空间相互依存而互为补充的两个特征。尽管如此，但是在城市空间表征、城市空间实践以及城市再现空间中，流空间与地方空间之间会产生暂时的、局部的矛盾。比如在城市营销方面，是以开发区的国际化为卖点，还是强调地方特色、历史传承？在城市空间实践中，城市的风格该如何协调高技术与地方可识别性之间的矛盾？在城市再现空间中，日常生活空间如何保证高效率与自我认同？这些问题的出现并不能否认流空间或者地方空间中任何一方存在的合理性，或者否认二者的相互依存，但是这些矛盾的出现需要予以协调，予以解决。其中城市空间表征的参与者之中的专业设计师应该利用自身的专业知识，利用对于城市空间生产过程的理解，予以正确地引导。这种引导，可以是宏观的、策略的，可以从总体规划中予以约定，提出开发区发展的远、中、近期目标；也可以是中观的，对于开发区分区域进行群体整体设计，用导则控制、开发模式控制来实现流空间、地方空间的协调；还可以是微观的，用具体的细节设计、材料应用，单体地、局部地来完成二者的统一。

因此，对于专业设计师而言，充分地理解后开发区时代开发区向新城区转向时期社会生产的特征，城市空间的特征将会引导城市空间的生产向更好的方向发展。

6.4.2 保持城市空间表征过程的连贯性，积极协调参与者之间的合作

前文已述，城市空间表征就是科学家、规划者、城市规划专家和社会工程师所创造、传播以及理解的概念化的空间，是城市中涉及科学家、规划者、工程师的空间表征已经形成了完整的体系框架，包括城市规划、城市设计、景观设计、建筑设计。城市空间表征的过程可以从宏观的城市规划，中观的城市设计，以及微观的建筑设计、景观设计来划分。城市空间表征的参与者包括专业设计师、政府、经济组织和市民。在开发区进入后开发区时代之后，作为技术角度参与者的专业设计师应从保持城市空间表征过程的连贯性，积极协调参与者之间的合作两个方面发挥自身的作用。

在城市空间表征过程方面，专业设计师的作用又可以分为两个方面——保持城市空间表征纵向过程的连贯性以及横向过程的连贯性。前者指在城市空间表征的历时性方面保持前后时间的连贯、持续，后者指在宏观、中观、微观层面保持一致、连贯。

在纵向过程中，从开发区兴建，到发展成熟，到走向后开发区时代，到向新城区转向。在这十几乃至二十几年的发展演变中，全球范畴经济、政治的发展，国家政策的更迭，开发区发展方向的不断调整，开发区管委会的班子换届，这一切都影响、干扰着开发区的城市空间表征的持续性。以控制开发区城市空间表征总体发展的城市总体规划为例，往往4～5年就会发生调整，并且是发展方向的大幅甚至是颠覆性的调整。毫无疑问，这种缺乏持续性的调整对于开发区整体城市空间表征的发展是不利的，致使许多工作成为无用功，

造成人力、物力、财力的巨大浪费。因此，在这样一个背景之下，在进入后开发区时代之后，保持开发区城市空间表征的纵向连贯、持续，成为专业设计师的职责。专业设计师应该利用自己的专业知识，在各层面的城市空间表征中体现出可以承上启下的规划及设计，在所处环境发生断裂性变革时，更应利用自身专业设计师的地位，说服其他参与者，来保持城市空间表征的稳定持续发展。

在横向过程中，宏观的城市规划以土地使用为核心问题，对城市空间的研究主要是从影响空间的经济、生态和社会等因素出发的，偏重的是二维的用地规划。而微观的建筑设计、景观设计通常是以整体的城市空间为背景，进行建筑单体或群体组合的创作，研究对象是个体建筑或景观。城市规划的最终履行与实施离不开更为具体的建筑、景观设计，而建筑设计是在城市规划的前提下，根据建设任务要求和工程技术条件进行全面设想，解决室内空间的使用、经济、美观的要求。而对于中观的城市设计，则有效地承担起承上启下的功能：一方面，城市设计将二维的城市规划空间化，即将城市规划中经济、生态和社会等因素的规划投射到三维空间，并从艺术原则和人的知觉心理角度出发来塑造城市的三维空间形体及可视环境，立足于对城市空间的全面分析；另一方面，城市设计对建筑设计提出直接的要求与引导，对建筑物之间的城市公共空间进行研究和设计，关注的是建筑物之间的关系及其对城市空间环境产生的影响。因此，城市设计在城市空间表征横向过程中意义重大。

城市设计是控制城市形象，特别是城市空间形象的一门学科。城市设计区别于城市规划，详细规划规定了地块的性质、容积率、退线、绿化率等指标，但缺乏对建筑形态上的控制要求，缺乏各地块之间的建筑形体上的关系指导。而城市设计则补充了这一主要城市形象的重要需求。城市设计又区别于建筑师的工作，建筑师往往只注重自己地块内建筑的造型，很少顾及左邻右舍，更少顾及单体建筑和整个城市空间形态之间的协调。在缺乏城市设计的状况下，建筑整体效果的成败，往往寄希望于建筑师的素质，建筑师的视野。这种完全依靠建筑师的方式毕竟是一种冒险的选择，何况建筑师即使可以对现状的建筑和地形作出判断，却难以了解今后规划的情况，即今后规划对该项目的形体要求。进入后开发区时代，城市设计师更应该从宏观着手，将城市空间掌握于自己的手中，避免过细地专注于对建筑立面形式的考虑。城市设计的工作范围是介于规划和建筑之间，补充规划对建筑的形体要求，做到全局域范围内建筑的整体协调。城市设计的工作范围往往是城市的某一部分，而这正是人们日常生活能感受到的那一部分，是直接能进入人们眼睛的那一部分环境空间。

因此，专业设计师对于城市空间表征连贯性的把握将事关后开发区城市空间发展成败，其中城市设计师更是起到了至关重要的作用。

6.4.3 全面充分了解城市空间实践，作为构想空间的基础

作为后开发区时代开发区城市空间表征的技术角度参与者，专业设计师在创造、传播以及理解概念化空间时，不仅仅要凭借自己的专业知识，凭借对于社会生产的了解，凭借对于上层建筑意志的表述，来建构出空间构想，而且这种构想的空间更应以城市空间实践作为其基础。

城市空间实践是城市中可感知的物理意义上的环境，是建成环境，是包含许多不同空

间元素的复杂混合商品，是一系列的物质结构。因此，城市空间实践更多地体现在空间的物质性——人们对城市空间的利用、控制和创造这样的社会活动，在城市空间中留下的印记，通过具体的空间形态比如建筑类型、街道和房屋的空间安排、土地的利用模式得以呈现，也可以通过形成这些形态的具体活动来体现。在分析城市空间实践时，可以从城市平面、土地利用、建筑类型、开放空间、交通活动及环境认知几个方面进行。在城市空间表征中，城市规划更多的是着眼于其中的城市平面、土地利用以及交通环境，而建筑设计、景观设计更多的是关注于建筑类型、开放空间及环境认知，只有城市设计是全面关注这六个方面的城市建成环境。因此，对城市空间实践的体察对于城市设计师而言更为重要。

在后开发区时代，特别是开发区向新城区转向时期，城市空间实践有其自身的特点。这些特点更应引起专业设计师，特别是城市设计师的关注。早期形成的较为稀疏的路网在后开发区时代需要相应加密，用地功能的变化需要对地块重新划分整合，同时城市空间表征应逐步渐次地引导土地功能的置换；使用系统的、动态的城市设计及时调整后开发区时代土地利用中出现的混乱状态，使之走向理性；城市设计应结合流空间与地方空间的作用来确立及引导开发区内建筑的类型与风格；在开发区进入后开发区时代伊始，开放空间品质往往缺乏控制，应通过城市设计来控制并且提升开发区开发空间的宏观、中观、微观品质；高水平的基础设施建设在开发区进入后开发区时代之初仍能够高效率地满足需求，但是随着开发区的进一步发展，城市规划及城市设计对交通设施的调整应持续进行；开发区的城市空间表征最终应该以人为本，因此，市民对于进入后开发区时代城市空间实践自身直接或间接的经验认识，有助于知晓城市空间实践的活动和结果对周围居民的影响，因此应该成为在城市空间表征层面对城市空间实践完善的依据。

在开发区进入后开发区时代向新城区转向的时期，城市空间实践也随之发生了变迁。在城市空间实践中，开发区的印记尚未褪去，新城区的建设已蓬勃开始。在发展的过程中，仍然惯性地追求速度而对于质量有所忽略。这些都对于后开发区时代开发区向新城区转向时城市空间表征起到了推动作用。城市空间实践促使城市规划最先明确这种转向——提出开发区域城市功能定位的变化。之后，城市空间实践在城市规划基础之上反馈的信息进一步为城市设计在具体定位、发展原则，以及具体的土地利用、交通规划、绿化景观、物质空间等方面做出具体调整。因此，城市空间实践是城市空间表征建构空间的基础，特别在处于转型期的后开发区时代，大规模的城市规划、城市设计以及建筑设计更应注重空间实践的现状及反馈。

6.4.4 关注日常生活空间，以日常生活空间为设计出发点

开发区在发展初期对于发展速度的盲目追求，往往形成了大间距、宽尺度的路网架构，大范围的功能区片化；对于开发区营销形象的过度关注，又出现了大尺度的城市轴线大道，巨型而不便使用的草坪、硬地广场。这种现象随着开发区进入后开发区时代，这种"大"的城市现象也随之发展。这种现象的产生与城市空间表征的规划、设计密不可分，与专业设计师密不可分。诚然，这种大尺度的开发区现象有着全球化、信息化、城市化社会生产特征下空间生产的背景，但是这种现象的背后是城市空间表征对于城市"日常生活空间"

的忽视，甚至否定。这种城市空间表征的建构与开发区内涵的"技术理性"相关，对于技术的膜拜——在城市发展史中科学技术始终是重要的推动力。

但是，在后开发区时代的开发区之中，城市表现空间作为城市空间三重性之一始终存在着。城市再现空间——第三空间的真实性，是"居住者"和"使用者"在实际生活中的空间，是根植于日常生活的空间，是日常性的空间，包含城市既有的历史、现状（包括物质的和非物质的）。"日常生活空间"为专业设计师开辟了一个观察、认识城市环境的新视角和方法，即对城市环境与日常生活互动关系的关注。从对最基本的城市空间元素"人行道"的日常使用的观察，到与居民日常生活相关的最基本却又至关重要的安全感、邻里交往、小孩的照管等活动的分析；从城市街区的多样性和活力形成的必要因素的剖析，到街区衰败、再生的实际原因关注。这些生活在后开发区时代之中的普通人的日常生活空间都应成为专业设计师关注的焦点。由于城市空间表征层次性的限定，城市规划关注宏观，关注二维，关注经济与政策，而建筑设计、景观设计关注微观，关注个体，关注具体功能与形象，因此，对于日常生活空间的关注与理解更多地体现在城市空间表征中的城市设计层面。

以"日常生活空间"为取向的城市设计就是要从城市环境与实际生活的互动出发，以普通人的日常生活为核心，客观地分析城市可居住性的状况，存良去莠，结合社会经济的发展，不断为城市开辟新的发展空间，增添新的活力，使城市真正可持续发展。在具体的城市设计中，张杰、吕杰总结了以"日常生活空间"为出发点的城市设计的具体方法。[152]与后开发区时代开发区向新城转向时期的特征相结合，城市设计师在进行城市空间表征建构时，应注意如下的方面：①紧凑的城市形态。只有紧凑才能使我们充分利用后开发区时代城市基础设施，提高服务水平和效率，为建设可居住的城市环境创造基本前提；也只有这样才能保障我们开发区向新城区转向时的可持续发展；同时，也只有合理的紧凑城市形态才能实现"大疏大密"的整体环境，使城市建设与生态保护平衡发展。②发展宁静交通。"宁静交通"的交通发展原则是指限制小汽车发展而发展公共交通及自行车交通。具体体现在城市设计之中，就是指我们应该在时空两方面控制小汽车在开发区中的使用，减少城市中的宽马路、大型道路交叉口、立交桥等建设，保持和改善已有的自行车交通环境，进一步完善人行道系统，通过紧凑城市布局和混合功能街区鼓励引自行车和步行交通。③适当密度的混合功能街区。后开发区时代开发区需要一定的建筑和人口密度，同时在环境允许的前提下，尽可能使不同的功能混合，避免非居住功能过大规模的集聚。城市中心区保持一定比例的居住人口非常必要。仅仅在水平用地上的功能混合是不够的，尽管水平方向的功能混合可以减少汽车交通，但很难在白天、晚间的时间循环中保证城市街区活力的持续与安全，所以从建筑类型中解决功能混合是最为有效的，这就要求后开发区时代开发区建筑具有较大的灵活性和适应性，以相对简单的布局适应不断变化的街区功能。传统的前店后宅和下店上宅不仅是城市建筑类型的范例，也是日常生活的良好载体。在后开发区时代，城市设计师应该积极探索新的与开发区相适应的城市建筑类型和混合功能街区模式，增添开发区新城全天候活力。④低／多层高密度城市建筑类型与街道体系的建立。低层、多层高密度（尤其是围合式性较强的）建筑类型和街巷体系有助于同时建立公共、半公共和私人领域，使城市日常空间边界意义明确，归属感强。在这一体系中，具有逻辑层次的街巷体系成为最有生命的城市日常活动的组织和联系机制。在后开发区时代的开发区，营建多层高密度围合式城市建筑和街巷体系有助于日常生活空间的发生发展，因此城市设计应更多地关注不同属性空间的层次性、街巷界面的明确性、铺地、绿化设计，以及机动车的限制等。⑤城市场所与环境特色的营造。城市的环境、历史和文化背景使生活在其中的人们有了基本的归属感和认同感，在后开发区的新城建设中要建立这种人文品质，必须摒弃大尺度设计的空洞，重视具体的有特色的场所的营造。在城市环境中，后开发区时代的开发区有着自身特征的界定街道、广场、园林、院落等基本城市元素边界的语言，并与城市不同场所类型在城市节点和标志性建筑的组织下形成城市可识别的整体环境特色。因此，城市设计师应界定清晰且连续的街区立面，塑造城市街道、广场良好的围合感，使用多样而和谐的建筑类型，建构方位感清晰而景观丰富的城市场所，设计具有创新意识的标志性公共建筑。⑥发展以市民日常休闲为主的多功能、多层次的城市开放空间体系。多用途、多层次的绿化开放空间体系的建设才能满足不同年龄、性别、爱好和收入的居民在不同时间的不同需求。摒弃大而不当的草坪、公园，提供日常生活空间需要的兼容性强的而高效率的活动场所，成为后开发区时代城市设计师的一项基本任务。⑦以政府、社区为主导的城市建设模式。日常生活空间的城市设计就是要关注那些涉及市民日常生活的公共空间的营造及管理，其目的是为不同的城市社区服务，维护他们的利益。在开发区往往存在着过分集权的城市政府与过分夸张功能的市场，这易使城市建设脱离它所服务的社会，过分依赖市场则会损害城市社区的利益。在开发区，政府的作用是十分重要的，但在财政拮据，急于求成的形势下，很多政府过于依赖市场，在效益与公平之间失衡，再加上决策的主观性，造成很多城市公共空间的建设、管理脱离市民的日常生活，甚至走向反面。因此，在开发区进入后开发区时代之后，公共参与、社区利益应该成为我们城市公共领域建设的重要方面，也应成为城市设计的焦点。

6.5 研究的创新与不足

6.5.1 创新点

本书以特定地域为研究对象，以解决现实问题为导向，以剖析苏州高新区狮山路区域的城市空间为目标，在理论体系的构建，研究视角的开拓，研究方法的选取上均有创新之处，力求达到以下几个创新点：

6.5.1.1 创建了开发区城市空间生产理论框架

空间的生产是列斐伏尔创立的著名理论，本书在此基础上提出了城市空间生产的概念，并与中国开发区的发展相结合，提出了开发区城市空间生产的理论框架，以研究开发区城市空间的特征与变迁。

6.5.1.2 跨学科、综合性

本书以城市空间生产为研究框架，从城市空间的社会生产切入研究空间的多重属性，涉及政治学、经济学、城市规划、地理学、建筑学、社会学多个学科的研究视角，并在其中找到了研究体系的结合点。

6.5.1.3　兼顾多重研究尺度

城市空间生产的建构使得不同尺度的范畴的研究可以统一在同一框架之中，既涵盖卡斯特所论述的全球化这样的宏观层面，又包括康泽恩学派的建筑平面分析方法这样的微观层面。也就是说本书涵盖了涉及研究区域空间生产不同的尺度，从宏观，到中观，到微观。

6.5.1.4　实证研究的创新

以苏州高新区狮山路区域这一小区域为研究样本，在苏州高新区的成立伊始至今近二十多年的时间跨度中，以城市空间生产为架构，对一个区域的空间的社会生产、空间表征、空间实践、再现空间进行实证研究和分析，并探索了开发区城市空间生产中的过程与参与者的关系。其创新之处体现为：①小区域作为研究对象；②历时性研究；③从城市空间形态与机制全方位地进行剖析。

6.5.2　不足之处

对于我国开发区空间生产的研究是一个全新的研究领域，其他学科领域可资借鉴的研究成果也并不多，再加上篇幅以及研究时间、个人能力所限，本书只作了一些基础性研究，对一些命题的深化和开拓不够，理论体系的构建尚不完善，研究观点也有待进一步提炼。况且由于开发区的空间生产是不断进行与发展的，因而关于此命题的研究也是一个动态的开放体系，需要不断充实和完善。本书的研究是基于小区域范畴的研究，苏州、苏州高新区以及狮山路区域城市空间的特殊性使得研究会有所局限，但是这种研究框架与方法却还有广阔的研究空间和重要的研究价值。本书的研究并不求得出一套系统、全面的理论方法体系，只是作为此区域、此类研究的一种尝试，抛砖引玉，以期为后续研究打下一些基础。文中肯定也会有一些片面、不成熟甚或谬误之处，在此恳请各位读者批评指正。

6.6　对未来研究的建议

本书对于后开发区时代向新城区转型时期的开发区空间进行了研究，建立了以空间生产为理论支撑的研究框架，并以苏州高新区狮山路区域为研究对象进行了小区域范畴的实证研究。在本次研究的基础上，未来研究可以从以下几个方面展开：

第一，将研究区域范畴扩展，研究更大范围区域中的空间生产。比如研究整个苏州高新区的空间生产，研究整个苏州市域多个开发区的空间生产。这种更大区域的研究应该以本次研究这样规模的研究为基础，可以选取区域中多个典型的研究小单元，通过比较研究来揭示更大范畴研究区域的空间生产。

第二，将研究置身于更大的全球网络中去思考，与全球其他区域进行比较研究。比如与美国硅谷某一规模近似区域的比较研究，与印度班加罗区域规模近似区域的比较研究，与台湾新竹某规模近似区域的比较研究，或者国内开发区中其他类似区域的比较研究等等。

第三，从完整的开发区生命周期研究空间的生产。从前开发区时代，到开发区成立初期，到开发区发展成熟期，到后开发区时代，全方位地，更长历时地对某一开发区区域进行完整的生命周期空间生产研究。

附录 A
当代城市空间生产范式——美国加利福尼亚硅谷

A.1　当代社会生产下的硅谷

　　硅谷（Silicon Valley）位于加利福尼亚以北，旧金山湾区南部的圣塔克拉拉谷地，一般包括圣塔克拉拉和位于东湾的弗里蒙特市。最早是研究和生产芯片的地方，后来这个名词引申为所有高技术企业聚集的地方。现在硅谷仍是当今美国乃至全世界的信息科技产业的龙头（图 A-1）。

　　"硅谷"一词最早是由赫夫勒（Don Hoefler）在 1971 年创造的。它从 1971 年的 1 月 11 日开始被用于《每周商业》报纸电子新闻的一系列文章的题目——美国硅谷。之所以名字当中有一个"硅"字，是因为当地的企业多数是与由高纯度的硅生产的半导体及电脑相

图 A-1　1901 年圣何塞地图

图片来源：http://www.historicmapsrestored.com/panoramicmaps/california/sanjose1901.html

关的。而"谷"则是从圣塔克拉拉谷中得到的，而后来东湾两岸地区的加入使得硅谷更加
迅速地发展起来。

A.1.1　全球化与硅谷

信息技术带来的网络与流将硅谷与全球的每一个高科技产业节点紧密地联系在一起。
信息技术网络使得城市在全球范畴内相互交织，构建在信息网络之上的是经济流、文化流
和政治流，包括人流、物流等具体的流动，也包括象征流、符号流等抽象的流动。这些流
构筑了全球化网络的基本架构，并形成基本的层级、节点。硅谷成为众多流的交会处、着
陆点，成为全球化网络的较高层级中的一个节点，不断为全球化的生产吸纳着、输出着，
并创造着各种的流。

另一方面，全球化也成就了硅谷。全球化为硅谷提供原料，看似基本的物质却是最不
可或缺的发展前提。全球化为硅谷的发展提供了高科技人才，使得硅谷像一块魔石不断地
吸引全球范畴中最顶尖的精英来创立事业，寻求发展；全球化也为硅谷提供相当数量的基
本技术工人，无论是在硅谷直接工作，或是在世界其他地方为硅谷生产的某个环节而工作。
全球化为硅谷的发展提供资本，硅谷发展中的关键因素——风险投资——为硅谷从全球其
他地区募来众多资金。全球化为硅谷的发展提供了市场，不仅仅是具体的信息产业的产品，
还包括服务的市场，乃至价值输出的可能。

在此同时，社会生产的全球化为城市间的比较提供了更为顺畅的渠道，使得相互间的
竞争、协作，乃至模仿、借鉴都更为便捷，硅谷由此形成从物质形式到价值意识的发展范式。
可以说是全球化的社会生产使得硅谷成为范式，成为众多追随者的目标。

模仿是最忠诚的谄媚。自从诞生，硅谷就成为一个启发众多模仿者的源泉。许多关于
地理或地理特征的名词被加上"硅"字，用来表示与新的"硅谷地理"的某种联系。这种
将地理学描述和"硅"字的结合表明了一种渴望与硅谷发生关联的愿望。正如《连线》杂
志所说的那样，"一种被其他地方所验证的标准"[143]。《连线》杂志将这些地方予以排名，
因此该杂志也成为制造这些地方形象的重要组成。在帮助塑造硅谷形象的同时，这一区域
也成为一种理想模式，并且成为其他地方接近这种理想的标准。

当世界范围内的城市和区域试图模仿硅谷以及加利福尼亚的成功时，它们也被视为是
高科技产业的摇篮，成为高科技产业的范式。但是硅谷不仅仅是物质上的榜样，同时也是
一种精神上的神话，一种被其他区域在全球化的作用之下试图复制的神话。

A.1.2　信息化与硅谷

没有人能够否认硅谷与信息化生产之间的密切联系，硅谷是信息化产业的发源，是其
始作俑者，是其中心，是其核心。回顾一下硅谷发展简史，这种唇齿相依的关系非常明显。

硅谷地区曾经是美国海军一个工作站点，并且海军的飞行研究基地也设于此地，后
来一定数量的科技公司围绕着海军的研究基地而建立。但当海军把它大部分位于西海岸
的工程转移到圣迭戈时，NASA 接手了海军原来的研究工程，不过大部分的公司却留了
下来，当新的公司搬来之后，这个区域逐渐被航空航天企业所占据。20 世纪 50 年代，斯

坦福的教授及毕业生在这里利用"风险投资"发展了斯坦福科技园，出现了以惠普公司为代表的一批民用高科技企业。并不断吸引、分裂成更多的高科技企业，包括至今仍赫赫有名的 Fairchild、AMD、Intel、Singetics、National Semiconductor 等公司。在 20 世纪 70 年代的早期，硅谷已有的半导体公司为电脑生产企业的发展提供了生产设备的硬件支持，而软件公司及电脑服务公司作为服务企业，也逐渐伴随着前两者的发展而发展起来。[144] 此后，第一台"单芯片电脑"在这里诞生；第一个成功的电脑游戏——Pong 在这里发端；IBM 的艾伦·舒加特（Alan Shugart）发明了软盘；惠普公司设计了第一台手持科学计算器；以太网这一局域网技术由帕洛阿尔托研究中心（施乐公司）发明；特赖比希（Jimmy Treybig）和一群幻想家设计出世界上第一台容错（fault-tolerant）电脑并创建了 Tandem 电脑公司；第一台全数字专用分组交换机于 1975 年诞生于硅谷；1976 年苹果电脑公司的成立宣布了一个新时代的到来；1981 年，IBM 发布了第一台 IBM PC，并为其选择了 MS-DOS 操作系统；第一台基于 UNIX 系统的工作站由太阳微系统公司生产；Akashic Memories 公司开创了镭射薄膜磁盘的生产；Computer Literacy 率先通过在线网站 www.clbooks.com 为其顾客提供电脑和电子书籍，以及一些相关的服务；Synaptics（Bay Networks）其倡导的技术产生了 10-T 标准；Calico 科技公司的创始人为美国网络产品公司开发了稳定的核心软件；诞生于这里的 RIO（浮动输入输出）智能 I/O 控制器 RIO，保证了公司范围内或是跨大陆网络远程连接的高效运行；网络电视网公司（WebTV Networks）在帕洛阿尔托（Palo Alto）创立，给电视带来了新的娱乐体验和信息；Zip2 公司为全世界的报刊和媒体公司提供城市指南、地址名录和其他的在线指南；成立于硅谷的 Hotmail 公司曾经成为因特网上最大的免费电子邮件服务提供者；美国半导体及计算机产业在经历 3 年的不景气之后，于 1999 年复苏，半导体工业的增长率重新回升到 9%，硅谷开始了在新千年的全新发展……目前，硅谷是全球第三大高科技中心（数码城市），有着 225300 个高技术岗位，是全球高科技技术人员最集中的区域，拥有最高平均薪金，同时也是美国人均百万富翁和亿万富翁最多的地区。可以说硅谷的历史，就是现代信息技术产业的一部发展史，几乎每一步技术进步都可以在硅谷找到足迹。当信息化已经成为当代社会生产的特征，硅谷就成为当代社会生产的典范，硅谷的城市空间也成为当代社会的空间生产的代表，成为流空间在现实世界的真实。

A.1.3 城市化与硅谷

全球城市是流空间的原始节点或中心，而硅谷正是这样一种节点或说中心。硅谷是网络中的城市，是网络中的全球城市。它所代表的网络社会非嵌入特性，以及时空压缩，"连线生活"新方式的未来学，并没有使之乡村化，或说逆城市化。在硅谷，其特有的城市化过程正在上演，城市空间也正在生产。卡斯特与霍尔在《世界科技园区》(Technopoles of the world: the making of twenty-first-century industrial complexes) 一书中这样解释：在硅谷，这种"创新环境"（Milieux of Innovation），在众多因素的作用下（包括管理的博弈，多方力量的共同作用，各种附加价值的积累），围绕着城市中心而集结，致使城市成为创新基地的必然条件。[6] 因而城市化伴随着硅谷的成长与发展也就不足为奇了。

　　流空间作为当代社会空间生产，也成为全球化、信息化、城市化共同作用下硅谷城市空间的特征。硅谷的创新基地吸引了创新者和创造者，以及其他的技术工人。服务于这些环境的基础设施，包括消费空间、品位文化等等，又吸引了更多的人流、资金流……硅谷"正在试图建立一种建筑的模式，一种大都会美学的形式，一系列适于全球精英生活模式的设施——提供寿司的餐馆，或是提供一定阶级使用的'VIP'空间"。硅谷城市空间则成为流空间网络中社会实践与各种活动的容器，是经济、社会、政治活动的集群地点。[98]

A.2　硅谷的空间生产

A.2.1　硅谷的城市空间表征

　　城市空间表征是概念化的空间，被包括规划师、建筑师在内的社会精英阶层构想成为都市的规划设计与建筑设计。硅谷的空间表征也不例外，一方面体现了城市空间的社会生产，另一方面，其城市空间表征直接指导、限定了城市空间的空间实践。那么，在硅谷城市空间的策划者、管理者是如何构想空间，从而建构硅谷的空间表征呢？圣何塞作为硅谷中的核心城市，它的规划很大程度上体现了硅谷的城市空间表征。下面，将以圣何塞为例从参与者与过程两方面简要概述其城市空间表征（图A–2）。

　　从城市空间表征的参与者来看，为了制定最新总体规划"圣何塞2020总体规划"，城市议会任命了33名成员的特别行动组，行动组由来自各个议会区的代表（representatives from each Council district）、商业组织（business organizations）、环境团体（environmental groups）、住宅律师（housing advocates）、发展利益团体（development interests）、邻

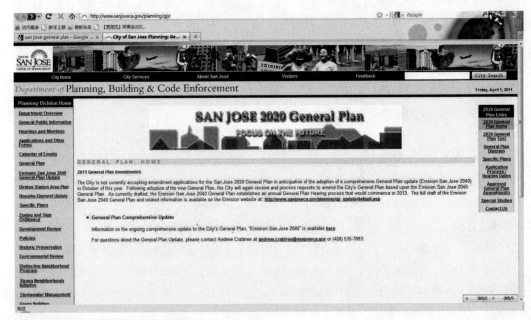

图A–2　圣何塞政府网站城市规划页面
图片来源：http://www.sanjoseca.gov/planning/gp/.2007

里及社区团体（neighborhood and community group）、城市议会的三名成员（three members of the City Council）和一名规划行政长官（one planning commissioner）（参见附录 B）。从规划制定参与者的组成中我们可以看出，圣何塞城市空间的空间表征的参与者（actors）、参与机构首先包含了高科技企业组群、政府与政府机构以及地产开发商在内的各种利益团体，然后，这些利益团体委托规划师、建筑师等专业人士直接参与城市空间表征的建构，专业人士向利益团体负责。这样，城市空间表征的参与者就被自然地分为两个部分——利益团体与专业人士。

从城市空间表征的历程来看，圣何塞的历程是连续而渐进的。从圣何塞第一个完整意义上的总体规划 GP'75，到新世纪 2000 总体规划，再到圣何塞 2020 总体规划，圣何塞的城市规划始终保持着再评估与再更新，城市空间表征的连续性展现了一种社会视角下的城市空间形态。尽管参与的专业人士在不断变动，利益团体也在不断调整，建筑实践、城市规划、地产开发、管理与管治，以及形象企划，这些过程动态地发生着变迁，但是，相应制度的完善使得城市空间表征的变化是缓和而渐进的，而不是跳跃的、颠覆的。

圣何塞的城市空间表征中，流空间的特征是十分明显的。网络成为圣何塞空间表征表达与实施的重要途径，圣何塞的每一轮城市规划都会在 Internet 网络中予以详细的公布，任何一名参与者都可以通过网络来了解城市空间表征，同时城市空间表征的参与本身也组成了一个全面覆盖社会的网络，参与者可以通过网络来参与甚至改变城市空间表征。网络又在更广阔的领域中将圣何塞的城市空间表征与全美各地乃至全球各地的城市空间表征联系在一起。同时，圣何塞的城市空间表征中始终保持地方性，体现地方空间的特征。始终与美国本土的城市规划传统一致，圣何塞的城市规划与规划建设自始至终都有健全的法制作为保证，从事规划审批与决策的各部门之间相互监督，相互制约，从而避免舞弊现象的产生。同时，由于美国的土地是私有制的，如何正确地协调个人利益与社会利益之间的矛盾，是圣何塞规划部门面临的首要问题。

A.2.2　硅谷的城市空间实践

城市空间实践表现为可感知的物理意义上的环境，体现人们对空间的利用、控制和创造，是城市物质空间，是城市建成环境（build environment）。在硅谷，这样一个渗透了当代社会生产特征的地方，它的城市空间实践又是怎样的呢？

一方面，平淡与务实的建筑成为硅谷城市空间实践的一个特征。虽然硅谷被视为高科技的丰碑以及被崇拜的偶像，但是这种偶像的城市空间实践是平凡而平淡的。在媒体中，在互联网上，在广告中，在我们的建筑设计杂志中，这些平淡构成了硅谷形象的主流（图 A-3）。

在一篇 2000 年发表在《建筑教育月刊》（The Journal of Architectural Education）上的名为《硅谷建筑实录》（The Virtual Architecture of Silicon Valley）的文章中，建筑历史学家赖特（Gwendolyn Wright）将硅谷描述为一种"无休止的重复的平坦的枯燥的表面"，一个"盛行极度平庸原则"的地方。[145]Wright 认为在这样一个地方，建筑的目的就是为了展现那里技术而进行的形体切割，因此在建筑界中不为人称道。与其说这是硅

图 A-3　平淡务实的硅谷建筑
图片来源：Banham R. Silicon Style[J]. Architectual Record, 1977：283-290

谷的城市空间实践风格，不如说是一种美国的区域风格，甚至是一种国际式的，而非区域性的。

1998 年《世界建筑》中一篇题为《硅谷中的现时地标》的文章中提到："位于加利福尼亚 Moutainview 硅谷图形公司（Silicon Graphics Inc.）新的研发园区，由 STUDIOS Architecture 公司和 SWA 景观设计公司共同打造。……巨型的紫色圆柱体与松绿色不规则四边形体穿插在一起，并没有用貌似欢快的装饰试图提升有限预算、用途多样的库房本质。"[146] 其实，这种平实、中立的描述恰恰反映了硅谷建筑平淡务实的城市空间实践特征。

另一方面，无处不在的 LOGO 成为硅谷城市空间实践的又一显著特征（图 A-4）。班纳姆（Banham）在《新西部》中的文章，和其他建筑类杂志中的文章相仿，都把硅谷建筑视为一种信息产业的丰碑，充斥着他们的 LOGO。各种著名的 IT 品牌在高速公路两侧随处可见：Oracle、Adobe、Cisco、SGI、Apple，林林总总。巨大的停车场和大片的户外空间是不可避免的，它们空旷而安静，似乎和喧嚣热烈的经济氛围并无关联。在硅谷，各种基础设施都以一种蔓延的姿态呈现出来。

硅谷的城市空间实践已经、正在并且还将通过流空间影响其城市空间的膜拜者。在硅谷的建成环境中，平淡内敛的建筑风格与技术丰碑式的外在张扬共同构成了硅谷的城市空间实践，这种表层的展现反而成为硅谷追随者最初始膜拜的目标。这种影响与膜拜成为流的发源与原动力，并且形成网络覆盖全球。这种仿效甚至是即时的，无时间差异的。与此同时，地方空间也成为硅谷城市空间实践的基础。硅谷拥有的低层、低密度的建成环境是以较为宽松的用地环境相关联，拥有的宜人、高品质的公共空间是与较高的居民素质和较强的法律意识来实现的。总之，硅谷的城市空间实践与其地方特征有着始终无法割断的联系。

A.2.3　硅谷的城市再现空间

"我们所熟知的 19 世纪工业经济的场景来自于百余年的历史教科书：煤矿及其紧邻的铸铁厂，向天空吐着黑烟，可怕的烈焰映红了夜晚的天空。同样的，在 20 世纪

图 A-4　无处不在的 LOGO

的最后几年间，我们可以看到与之相应的新经济的图景，但是这种场景仅仅铭刻在我们的意识深处。低矮、低调的建筑，展现了安静的氛围和良好的品位，完美的景观排布在标准的地产模板中，一种类似校园的氛围之中。"[6]

无论是在头脑中的想象，还是具体形象、表述、图片、雕塑，或是表达视觉、想象的语汇，它们之间的关系是清晰明了的。在我们所见、所想与所理解之间的联系也是清晰的。形象与概念总是在城市空间被理解的方式中扮演着重要的角色，正如前文卡斯特和霍尔所描述的那样。这种对于工业的以及"后工业"城市空间的表述为其接收者展开了一幅幅清晰的画面。首先引发共鸣的是工业城市空间那种不健康的状态。"可怕"一次次引发了一种轰动的、可怖的联想。而后工业时代的场景则被描述为一种完美无瑕的理想国。在读完这些文字叙述的场景，或者说是一种空间的表达，一种直观的映入我们眼帘的图景就会根据个人不同的经历或者视觉体验而迅速地建立起来。

这种城市空间再现，在硅谷的文脉下应该被理解为包括视觉和文字在内的对于城市的描述和在这里发生的日常生活。硅谷的城市再现空间中存在着两个重要的片段——硅谷神话与创新环境。

在全球化过程之中，通过新全球化的媒介得以扩展与繁荣，它们为全球消费者生产，由全球消费者消费，同时也由城市意向建构的全球或本地的准则而影响。硅谷是一个地理范畴的概念，同时也是一种和技术成功、经济成功神话相关联的一种理想。硅谷的城市空间再现因此成为渴望复制"硅谷"区域的范本，这就是硅谷神话。

当全球城市试图创造一个基于自己硅谷梦想的未来时，最初的作为科技增长引擎（创新环境），以及作为一种创新形象，硅谷已经超越了自己的边界。全球许多城市都在试图超越自己的成功，在现实或者想象中追求一种创新的范式，因为这种复制可以带给它们更多的利益。某种意义上说，硅谷是一种媒体现象，是一种言过其实的宣传。在另一些情况下，这是一种蓄意为之的，刻意组织和建构的一种创造硅谷城市空间再现的尝试。将这些地方联系起来的是硅谷作为一种应用模式或是一种理想形式的"硅谷地理"倡导。也许这种名字已经成为一种护身符，使之区别其他地方。

硅谷神话包括："一种高等教育的学术环境，科技园、资金，以及支持商业的文化及物质环境，和风险投资者以及企业所需要的生活方式。"[147] 这些因素结合在一起形成一个成功的高科技区域。除去这些或多或少可以计量的因素之外，许多地方甚至复制了基于硅谷模式的建筑形象。当这种模式被其他城市效仿，硅谷形象或者神话的特征成为规划或者非规划发展的重要基准。

与硅谷神话被不断效仿相伴随的是硅谷城市再现空间中另一个重要的方面，就是创新环境（Milieux of Innovation）。硅谷作为一个技术发展之地，创造了一种新的社会—经济空间。在这里，不仅仅有网络公司的泡沫，还有各种各样的成功。在这里，任何一个有着聪明想法的人都会成为下一个史蒂夫·乔布斯（Steve Jobs），比尔·普茨（Bill Gates），或者更为强大的神话。萨森指出这种创新精神的先锋思想，"早期的硅谷企业把自己视为新地区新产业的先锋。他们一度塑造了西部新的工业定居，并且发展了新的技术革命，半导体电子"[5]。诸如惠普公司的早期先锋由于他们的创新和个人成功被广为称颂，同时他们的冒险精神也颇受推崇。当萨森讨论仙童半导体公司时指出："他们的公司体系有力地证明了冒险主义的企业精神和充满竞争的个人主义，这两者就是这一地区的企业文化。"

先锋精神创造了一种崭新的文化，诸如对未知世界的勇敢探索，在被硅谷的第一批探索者移植到这一区域之后，就被广为接受了。萨森接着指出，和波士顿128号公路相比，硅谷先锋创造了不同以往的崭新的企业模式[5]。在这种模式中，失败并非是一件坏事，而仅仅是重新开始。这种失败仅仅是硅谷故事中的一部分。事实上他们还被赞誉为一种"勇敢、冒险文化"[5]。

硅谷神话与创新精神共同构筑了硅谷城市的再现空间，追求壮观和纪念性，追求成功与先锋。1997年的《商业周刊》指出："在这里，你可以通过智能来收获财富。"但是，这种空间再现忽视了硅谷作为高科技工业区至关重要的功能。服务业的工人所从事的工作很大程度上被强大的硅谷空间再现缔造机制所忽略，他们所居住的景观通常也不被视为硅谷景观的主流。他们被提及时，也不在比较之列。他们的日常生活环境被形容为"高科技伊甸园中被修剪掉的变体"。[148]

这就是硅谷的城市的再现空间，这里特别的空间和经济形象是有一群参与者所建造或是投资得来，这些参与者包括IT工业、房地产业，和上至华盛顿特区下至圣何塞的政府。这种空间再现在硅谷的各种媒体上得到充分的表述。物质形象、商业形象的有机结合，体现出硅谷城市空间再现是无所不能硅谷神话的重要基础。这种空间再现通过各种媒体和来自硅谷的人流涌向各地。通过表达IT丰碑和社会——经济景观的成功。硅谷"不仅仅是一个地理地点……，而且还是一种基于无限数量配件市场的高度工业意识"[149]。毫不意外，在市场化城市的努力中，平庸难以被接受，而壮观却很容易被推销。

在硅谷的城市再现空间层面上，流空间依旧成为空间的特质。硅谷能够将它的引领力扩展到全球经济，尽管硅谷只是成长性区域经济体网络的众多节点之一，但它拥有的独特资产可在全球经济中体现极高的价值，那就是硅谷的人才、技术和创新环境。同时，硅谷的生活方式、消费方式也伴随着流空间通过双向通道与全球网络接驳。而硅谷精神毕竟是以硅谷的存在而存在，在硅谷的城市表现空间中，那种创业、创新环境只有在硅谷此地才能完全被发掘。

A.3 小结

　　加利福尼亚硅谷作为世界最著名的高科技产业基地，它是在全球化、信息化、城市化的社会生产之下诞生与发展的，并且成为其他区域争相效法的典型，因而也成为当代城市空间生产的范式。硅谷的发展与信息化关系密切，现代信息产业就是在此发端，并且在发展了三十余年之后，硅谷仍然保持着信息产业中的优势地位；硅谷也与全球化密不可分，全球化造就了高科技产业网络，使得硅谷与其中的任意节点通过各种流的作用相联系，同时全球化为硅谷的发展提供了原料、劳动力与市场，也造就了全球范围之内的追随者；硅谷作为全球高科技城市，成为流空间中的一个中心城市，并且硅谷的创新背景吸引了大量人、财富、基础设施等城市要素，集聚成为城市，成为城市化的一个典型。

　　在社会生产的作用下，流空间与地方空间在硅谷城市空间的各个层面中出现，并成为城市空间的主要特征。

附录 B
圣何塞 2020 年总体规划目录[①]

1. 介绍 Introduction
总体规划的目的 Purpose of the General Plan
总体规划的格式与组织 Format and Organization of the General Plan
数据分析 Data Analysis
政策 Policy
执行 Implementation
展望 Perspective
规划过程 The Planning Process
总体规划历史 History of the General Plan
圣何塞 2020：着眼于未来 San Jose 2020：Focus on the Future

2. 规划背景 Background for Planning
自然环境 Natural Environment
城市背景 Urban Setting
工作与住房 Job and Housing
财政背景 Fiscal Setting
人口统计资料与人口计划 Demographics and Projection of Population
土地利用／交通图表发展 Land Use/ Transportation Diagram Development
经济 Economic
环境 Environment
住房 Housing
人口统计 Demographic
财政 Fiscal
城市服务 Urban Services
增长选择 Growth Alternatives

---

① 根据 San Jose 2020 General Planning 整理。

3．主要策略 Major Strategies

经济发展 Economic Development

管理成长 Growth Management

城市中心复兴 Downtown Revitalization

城市绿线／城市生长边界 The Greenline/Urban Growth Boundary

住房 Housing

可持续发展城市 Sustainable City

4．目标和政策 Goals and Policies

城市概念 City Concept

城市保护 Urban Conservation

社区识别 Community Identity

邻里识别 Neighborhood Indentity

社区平衡 Balanced Community

社区发展 Community Development

土地利用 Land use

居住用地 Residential Land Use

商业用地 Commercial Land Use

工业用地 Industrial Land Use

经济发展 Economic Development

绿线／城市发展边界 Greenline/Urban Growth Boundary

城市服务区域 Urban Service Area

城市设计

山坡发展 Hillside Development

服务与设施 Service and Facility

服务等级 Level of Service

交通 Traffic

排水系统 Sanitary Sewer System

污水处理 Sewage Treatment

泄洪防洪 Storm Drainage and Flood Control

其他服务 Other Service

学校 School

基础设施管理 Infrastructure Management

交通 Transportation

大路（主干道）Thoroughfares

对当地邻里关系的影响

运输设施 Transit Facilities

人行设施 Pedestrian Facilities

通系统管理／交通需求管理 Transportation Systems Management/Transportation Demand Management

货车设施 Truck Facilities

停车 Parking

铁路 Rail

航空 Aviation

自行车 Bicycling

固体废物 Solid Waste

固体废物容纳量 Solid Waste Capacity

垃圾填埋地选址标准 Landfill Siting Criteria

其他固体废弃物管理设施选址标准 Siting Criteria for Other Solid Waste Management Facilities

美学，文化和娱乐资源 Aesthetic, Cultural and Recreational Resources

历史、考古的和文化资源 Historic Archaeological and Cultural Resources

公园与娱乐 Parks and Recreation

风景线路 Scenic Routes

小路和路 Trail and Pathway

自然资源 Natural Resources

自然区域与野生动植物栖息地 Natural Community and Wildlife Habitats

林地、草地、丛林和灌木 Woodland, Grassland Chaparral and Scrub

河岸通廊与丘陵湿地 Riparian Corridors and Upland Wetland

海湾与海湾用地 Bay and Bayland

涉及物种 Species of Concern

城市林地 Urban Forest

水资源 Water Resources

精华资源 Extractive Resources

空气质量 Air Quality

能源 Energy

农业用地与原始土地 Agricultural Land and Prime Soils

危害 Hazards

土壤和地质条件 Soil and Geologic Conditions

地震 Earthquakes

洪水 Flooding

火灾 Fire Hazards

噪音 Noise

灾害性物质 Hazardous Material

灾害性废物管理 Hazardous Waste Management

5. 土地利用／交通图表 Land Use／Transportation Diagram

特殊策略区域 Special Strategy Areas

市中心与框架区域 Downtown Core and Frame Areas

区域发展政策 Area Development Policies

交通主导发展走廊（TOD）与 BART 火车站地区和节点 Transit-Oriented Development Corridors and BART Station Area Nodes

黄金三角地区 The Golden Triangle Area

最早住宅区 Housing Initiative Area

土地利用图表 Land Use Diagram

居住 Residential

乡村住宅：每英亩0.2居住单位 Rural Residential：0.2 Dwelling Units Per Acre

庄园住宅：每英亩1居住单位 Estate Residential：1 Dwelling Units Per Acre

极低密度住宅：每英亩2居住单位 Very Low Density Residential：2 Dwelling Units Per Acre

低密度住宅：每英亩5居住单位 Low Density Residential：5 Dwelling Units Per Acre

中低密度住宅：每英亩8居住单位 Medium Low Density Residential：8 Dwelling Units Per Acre

中密度住宅：每英亩8～16居住单位 Medium Density Residential：8～16 Dwelling Units Per Acre

中高密度住宅：每英亩12～25居住单位 Medium High Density Residential：12～25 Dwelling Units Per Acre

高密度住宅：每英亩25～50居住单位 High Density Residential：25～50 Dwelling Units Per Acre

支持核心区域住宅：每英亩25+居住单位 Residential Support for the Core Area：25+Dwelling Units Per Acre

交通走廊住宅：每英亩20+居住单位 Transit Corridor Residential：20+ Dwelling Units Per Acre

交通／工作区住宅：每英亩55+居住单位 Transit/Employment Residential：55+ Dwelling Units Per Acre

城市山坡住宅：每英亩1居住单位 Urban Hillside Residential：1 Dwelling Units Per Acre

规划住宅区／规划社区 Planned Residential Community/Planned Community

城市保留地 Urban Reserve

商业居住混合用地 Combined Residential ／Commercial

商业用地 Commercial

邻里商业区 Neighborhood Business District

邻里／社区商业 Neighborhood/Community Commercial

地区商业 Regional Commercial

普通商业 General Commercial

办公 Office

核心区域 Core Area

工业／商业混合 Combined Industrial/Commercial

工业 Industrial

研发 Research and Development

校园工业 Campus Industrial

研究、发展和管理办公 Research, Development, Administrative Office

工业园 Industrial Park

工业核心区 Industrial Core Area

轻工业 Light Industrial

重工业 Heavy Industrial

混合利用 Mixed Use

中低密度居住区（8DU/AC）与混合利用的叠加 Medium Low Density Residential (8DU/AC) With Mixed Use Overlay

中高密度居住区（12～25 DU/AC）与混合利用的叠加 Medium High Density Residential (12～25DU/AC) With Mixed Use Overlay

普通商业与混合利用的叠加 General Commercial With Mixed Use Overlay

工业园与混合利用的叠加 Industrial Park With Mixed Use Overlay

办公与混合利用的叠加 General Commercial With Mixed Use Overlay

性质不明用地的混合利用 Mixed Use With No Underlying Land Use Designation

机场附近区域 Airport Approach Zone

公共／半公共区域 Public/Quasi-Public

公共公园／开放空间 Public Park and Open Space

私有开放空间 Private Open Space

私有娱乐 Private Recreation

非城市山坡 Non-Urban Hillside

农业用地 Agricultural

固体废弃物堆放地 Solid Waste Landfill Site

历史敏感区域 Areas of Historic Sensitivity

郊区绿化带 Coyote Greenbelt

危险废弃物处置场所（残留存储）Hazardous Waste Disposal Site (Residuals Repositories)

无条件更换使用政策 Discretionary Alternate Use Polices

两英亩规定 Two Acre Rule

过剩公共用地／半公共用地与公共公园／开放空间用地 Surplus Public/Quasi-Public and Public Parks/Open Space Land

历史／建筑优点结构 Structures of Historical or Architectural Merit

生活／工作政策 Live/Work Policy

商业特定棕地上的居住利用 Residential Uses on Commercially Designated Parcels

租住房屋的密度奖励 Density Bonus for Rental Housing

经济房屋的密度奖励 Density Bonus for Affordable Housing

计划 100% 可支付住宅项目的区位 Location of Projects Proposing 100% Affordable Housing

利用城市自有资产剩余建设可支付住宅 Use of Surplus City Owned Properties for Affordable Housing

人口——居住单元等值 Population-Dwelling Unit Equivalency

新公共／半公共使用 New Public/Quasi-Public Uses

不一致居住财产的再利用 Reuse of Non-Conforming Residential Properties

沿主要交通动脉或走廊居住密度的增加 Residential Density Increases Along Major Transportation Arterials or Corridor

在居住指定棕地上的邻里服务商业利用

在发达州内交通走廊内的非交通利用 Non-Transportation Uses Within Developed State Transportation Corridor

为目标高速公路和州级交通走廊改变名称 Alternate Designation for Proposed Freeways and State Transportation Corridor

交通图表 Transportation Diagram

大路 Thoroughfares

州级交通走廊 State Transportation Corridor

交通中心 Transit Mall

人行中心 Pedestrian Mall

高速公路 Freeway

高速公路 Expressway

立交桥 Interchange

交叉路口 Separation

主干道（次要／主要道路）Arterial（Minor/Major Street）

主要选择者 Major Collector

本地道路 Local Street

高速公路信号 Freeway Connector

铁路线 Rail Line

临时名称 Contingent Designation

运输系统 Transit System

交通系统管理／交通命令管理 Transportation System Management／ Transportation Demand Management

铁路运输图表 Rail Transit Diagram

重型铁路 Heavy Rail

轻型铁路 Light Rail

多种方式车站 Multimodal Station

运输中心 Transit Mall

自行车交通网图表 Transportation Bicycle Network Diagram

景观路线和踪迹图表 Scenic Routes and Trails Diagram

景观线路 Scenic Routes

踪迹和小路 Trails and Pathway

6. 履行 Implementation

发展回顾过程 Development Review Process

特殊计划 Specific Plan

分区 Zoning

再分 Subdivision

附加 Annexation

环境清除 Environment Clearance

服务政策层级 Level of Service Policies

建筑许可 Building Permits

市民参与 Citizen Participation

重要改进程序 Capital Improvement Program

发展费用，税收和改进需求 Development Fees, Taxes and Improvement Requirement

再发展 Redevelopment

核心激励区 Central Incentive Zone

住房 Housing

住房需求分析的总结 Summary of Housing Needs Analysis

决定一向恰当程序回应 Determining an Appropriate Program Response

住房援助项目目标 Housing Assistance Program Objectives

建构活动计划 Construction Activity Projection

地方援助住房计划目标 Local Assisted Housing Programs Objectives

已有和新的项目 Existing and New Program

城市 20% 在发展住宅基金的使用 The Use of the City's 20% Redevelopment Housing Fund

税收分配债券 Tax Allocation Bonds
社区发展街区基金 Community Development Block Grant Funding
平等住房机会 Equal Housing Opportunities
山坡和绿带评估研究 Hillside and Greenbelt Assessment Study
可持续城市策略 Sustainable City Strategy
其他机构对总体规划的执行

附录C

苏州高新区城市空间表征中观发展比较表

片区	详细规划名称	完成时间	规划范围	用地面积	定位	类型	策略
中心片区	狮山片控制性详细规划	2007年	东起京杭运河，南至向阳路，西至金枫路，北到金山路、塔园河	12.73km²	苏州主城中心区，具有魅力的新区服务中心和宜人的居住片区	综合性片区	增强区域功能，集土地利用，优化环境，提高交通，完善设施
	枫桥片控制性详细规划	2007年	南起金山路、塔园河，北至马运路，东临京杭大运河，西至金枫路	8.32km²	建设与主城中心有机衔接、与古城空间良好呼应、设施配套完善、环境舒适宜人、具有地域文化特色的宜居片区	综合性片区	
	横塘控制性详细规划	2003年	北起新区虎丘区横山路，南至胥江，东起京杭大运河，西对横山	2.31km²	华东地区最大的建材装饰材料基地	产业型片区	
浒通片区	浒通片控制性详细规划	2006年	包括浒关镇域、浒关经济技术开发区，以及通安镇域绕城高速公路以东地区	60.16km²	规划浒通片区为以出口加工区和保税物流中心为龙头，六大产业组团为基础的集生产、生活、生态于一体的现代化产业区	综合型	规划形成1区，6个居住7个工业组团，保税物流园和绿色生态保护区的布局结构
	出口加工区控制性详细规划	2003年	位于浒关分区312国道西	一期规划1.22km²，二期1.48km²	建设一个环境优美、配套齐全、物流通畅、产业密集，具有带动效应的国内一流出口加工区	产业型	
	保税物流中心控制性详细规划	2004年	西南面紧邻于312国道，北靠大同路，东临文昌路	87.7万m²		物流型	

空间格局	道路交通	委托方	设计者	城市设计	生态景观规划
一带、两点、三轴、四区、九片	道路网采用以方格网为主的布局形式；主干路网由"两横两纵"构成	苏州高新区规划分局	江苏省城市规划设计研究院	狮山路两侧城市设计 PJAR	
构、一心六片、山水相映	"三横一纵"的主干道体系，"两横三纵"的次干路体系	苏州高新区规划分局	江苏省城市规划设计研究院	枫桥中心区城市设计 江苏省城市规划设计研究院城市设计所（苏州分部）	新区公园 （易道） 苏州乐园 玉山公园 索山公园 白马涧生态公园 （北京土人景观规划设计院）
路、滨河路交叉区域形成 3 个圈层：中心圈层，外围是生活及层，最外围是绿地景观圈层	规划道路主干道体系为"三纵三横"	苏州高新区规划分局	江苏省城市规划设计研究院		
		苏州高新区规划分局	苏州市规划院编制的《浒通片区分区规划》和江苏省城市规划设计研究院编制的《浒通片区建设控制规划》	浒通中心区城市设计 江苏省城市规划设计研究院城市设计所（苏州分部）	
		苏州高新区规划分局			树山生态村 大白荡生态公园（易道） 中心公园（易道）
		苏州高新区规划分局			

片区	详细规划名称	完成时间	规划范围	用地面积	定位	类型	策略
浒通片区	浒关工业园控制性详细规划	2003 年	北起黄泥港河，南至九曲河，西起沪宁铁路，东到沪宁高速公路及黄泥港东段	12.3km²	建成高新区重要的经济综合性开发区	产业	规划总体有"一心"、"六片"、"格局
湖滨片区	科技城详细规划	2004 年	太湖与大阳山之间，东靠环城高速公路，西北接浒光运河，南临高新区地界	14.2km²	融会科技、人文、生态，世界一流又独具苏州特色的综合性科技城	研发	
	通安产业园建设控制规划	2005 年	东到西绕城公路，南至太湖大道，西到230省道，北至金墅港	12.5km²	交通便利、设施齐全、环境优美，能承担高新区部分功能的集生产、配套居住于一体的现代化产业园区	产业	形成一核、两片、四园的规结构
湖滨片区	镇湖新农村规划	2007 年		1908hm²	建设成为由"苏绣文化、太湖山水、田园风光"组合而成的"百姓殷实、自然生态、民风淳朴、平安和谐"的湖滨小镇	村镇	"一轴一核三结构形

来源：根据相关资料整理

续表

空间格局	道路交通	委托方	设计者	城市设计	生态景观规划
		苏州高新区规划分局苏州高新区规划分局			树山生态村 大白荡生态公园（易道） 中心公园（易道）
	交通规划创造出一个有效、清晰的路网系统	苏州高新区规划分局	江苏省规划设计研究院	科技城核心区城市设计 UN+	
	规划区道路网采用以方格网为主的布局形式。主干道网由"三横两纵"构成	苏州高新区规划分局	省规院		沿太湖生态景观（江苏省城市规划设计研究院园林景观所） 苏州太湖湿地公园（苏州市园林设计院） 科技城开放空间（美国SWA景观设计有限公司） 科技城配套产业区景观
		苏州高新区规划分局			

附录 D
苏州高新区狮山片控制性详细规划概要[①]

1. 规划范围

规划范围处于苏州高新区中心城区（包括枫桥片区、狮山片区、西北片区，总面积 52km²）的核心区域，其规划范围东起京杭运河，南至向阳路，西至金枫路，北到邓蔚路（规划）、支津河，规划总用地面积 13.49km²。

2. 功能定位

狮山片区总体功能定位为：苏州主城中心区，具有魅力的新区服务中心和宜人的居住片区。

3. 规划规模

规划居住人口：20 万。

4. 规划结构

狮山片区形成"一核、一带、两点、三轴、五区、九片"的空间格局。

一核：狮子山绿核作为苏州高新区的景观地标和绿肺。

一带：结合京杭运河形成供市民游憩休闲的城市景观带。

两点：围绕竹园路与长江路、竹园路与滨河路交叉口形成两个公共服务节点。其中结合竹园路与滨河路节点形成以电子服务为特色的商业节点，竹园路与长江路节点以精品综合商贸功能为主，其间通过竹园路公共服务轴线串联。

三轴：狮山路、长江路城市中心轴，竹园路功能拓展轴。其中沿狮山路、长江路形成城市"T"形公共中心，包括城市商业中心、文化中心、商务办公以及大型医疗设施等；沿竹园路形成苏州高新区的公共服务功能景观轴。

五区：名士康体休闲区（体育、娱乐、酒店功能为主）、都市文化休闲区（文化娱乐、休闲商业功能为主）、商业零售中心区、金融商办混合区、商办商住混合区。

九片：有序引导片区用地结构调整，构筑 9 个居住片区（8 个居住社区）。

5. 学校规划

规划 3 所高中，4 所初中，10 所小学，13 所幼儿园，1 所九年一贯制学校，保留 3 所民办学校。

---

① 来源：《苏州高新区规划十五年规划图集》

6．道路交通规划

主干路"四横一纵"，"四横"由北向南依次为：金山路（塔园路西段）、狮山路、玉山路（长江路西段）、竹园路，"一纵"为南北向的长江路。

次干路"四横四纵"，"四横"由北向南依次为邓蔚路、金山路（塔园路东段）、玉山路（长江路东段）、渠田路，"四纵"由西向东依次为珠江路、塔园路、滨河路、运河路，其中邓蔚路向东贯通与干将路相衔接。

7．绿地系统规划

重点加强街头绿地布局，形成带、核、点、线相结合，有机沟通的绿地网络。

带：指运河风光带。滨河绿化应充分利用其自然与人文景观特征，赋予滨河绿化特定的文化内涵，将防护、景观、游览功能有机结合，形成贯穿城市的一条绿色文化风光走廊。

核：指狮山公园。形成苏州高新区的"绿肺"，加强狮山公园周围环境整治，使山体景观向城市敞开。

点：指街头绿地。基本上每 $300 \sim 500$m 即有一处街头绿地，面积不小于 $1000m^2$；同时结合社区中心、居住小区加强完善社区绿地建设，通过与商业、居住的融合，极大地方便市民使用，提高城市的环境品质。

线：指河、路沿线绿化。规划结合道路功能重点加强金枫路、珠江路、长江路、竹园路、狮山路、玉山路、金山路绿化，形成绿化景观路。

8．河道水系规划

规划"四横四纵"干流河道：四横指金山浜、吴前港、裤子浜、徐思河；四纵指狮山河、大轮浜、渠田河、京杭运河。

9．空间景观规划

规划形成"一核、一带、一区、三轴、四点"的景观体系。

"一核"：狮子山绿核是苏州高新区的景观地标和绿肺，在保证与虎丘塔之间景观视廊通道的同时严格控制周边地块的建筑高度，使狮子山成为本区的核心地标和开放式公共景观。

"一带"：为贯穿城市南北的运河风光带，两岸设计应以大运河为轴，加强沿岸绿化环境，使之成为延续城市文脉，古今交相辉映，生态与城市景观有机结合的城市文化长廊。

"一区"：为狮山路中心区，是未来片区的公共空间核心和标志性区域，也是高新区公共空间系统主要部分，是苏州魅力于苏州高新区的集中体现和展现现代化城市中心区景观的重要窗口。

"三轴"：狮山路、长江路城市中心轴，竹园路功能拓展轴。

"四点"：指狮山路与滨河路、长江路与邓蔚路、长江路与竹园路、竹园路与滨河路交会处的 4 个景观节点，作为人们进入片区的第一道特色标志区域。

10．市政公用设施规划

对给水、排水、电力、电信、燃气、环卫、人防等进行了预测并提出相关设施布点和管线综合规划。[153]

附录 E
苏州高新区狮山路两侧城市设计说明[①]

1 规划目标与原则

1.1 规划目标

1.1.1 功能定位

（1）将狮山路及周边地区建设成为苏州新区经济中心：

建设其成为适应 21 世纪苏州新区与国际交流功能要求的中心商务区，为实现区域性金融、商贸、信息中心的战略目标提供高品质的空间载体；

建设其成为苏州市级的商业中心，以苏州乐园为依托，以淮海路商业街为骨干，发展多样的零售和商业服务形式，完善苏州商业格局的发展建设。

（2）将狮山路及周边地区建设成为体现发展中的新苏州形象特色的中心。

1.1.2 土地开发

有序控制土地开发，城市建设用地增长方式由"粗放型"转为"集约型"发展，土地开发由开发分散型为整体型，走城市建设集约化发展道路。

1.1.3 交通系统

充分挖掘现有路网的潜力，结合旧城改造完善次干道和支路系统，明确道路功能，提高运行效率，形成多元化的路网结构和捷运系统，改善整体交通环境。

1.1.4 城市配套和基础设施

建设现代化的城市基础设施和高质量的公共服务配套设施，保证为城市的对外经济与文化交流功能提供完善、便捷、高效的服务。

1.1.5 景观环境

建立谐调发展的城市次中心区的现代化都市形象与居住生活环境，着力塑造城市景观及视觉环境，创造一个具有独特水乡风格和人文色彩的现代化生态复合型城区。

1.2 规划原则

1.2.1 区域协调发展原则

本次规划力求从区域的角度，充分考虑规划区内功能、用地、城市景观设计、交通等与周边地区的衔接，以保证规划在更大区域范围内的科学性和合理性，实现狮山路及周边地区成为苏州新区经济中心的目标。

---

① 来源：《苏州高新区狮山路两侧城市设计》

1.2.2 生态环境最佳原则

立足于城市生态环境的可持续发展，在合理利用城市土地的同时，注意保护环境、生态平衡。

1.2.3 弹性发展原则

适应社会、经济发展的需要，规划控制应留有一定的弹性和灵活性，以适应城市不同发展阶段的要求。

1.2.4 可操作性原则

规划应当与城市政府对城市建设和开发的控制和管理的方式相结合，应充分研究城市土地使用的适应性，使规划充分体现实施的可能性和可行性，易于操作管理。

1.3 城市设计观念

1.3.1 动态适应的发展观

（1）城市是一个变迁的自适应过程，是一种动态的环境现象。城市设计要对城市的变迁与以应对。

（2）一个健康的城市成长需要有过去的表征、历史的痕迹才能使人们在生活价值观中找到自己的定位，从而更容易去认同城市的价值。城市设计要创造城市的标识性，特别是时间留下的痕迹。

1.3.2 以人为本的城市观

城市设计所处理的对象是城市中一切与"人"相关的环境问题。城市设计中空间、环境的塑造着重于人的尺度与感受，其最终目的在于反映、包容、支持人的活动。城市设计的价值在于使平常性、公共性的市民活动能在此城市空间中产生、活跃，这也是城市空间建设的最终意义。

1.3.3 整合环境的设计观

城市设计是一种整体的设计观，它超越了传统的建筑设计只考虑基地内或建筑物内的合理性，而扩大处理与基地临街的界面环境，全市建筑开发在地区内乃至城市内的定位。

1.3.4 公共政策的参与观

希望可以提供专业技术来支持政府以及市民对城市空间、环境的想法，并通过专业协作，落实到可操作的内容。是一项公共策略，是一个公共参与的设计过程，体现公众的基本权利与价值。

1.3.5 经营城市的制度观

城市环境是各种城市片段的积累。城市设计通过建筑控制、引导等关键性控制准则，通过开发个案的审议与对话，达成市民对城市环境总体品质的要求。

2 土地利用及开发

2.1 规划目标

（1）明确开发地块及边界。

（2）提高用地混合效率。

（3）加强中心功能，整合用地。

2.2 城市设计策略

（1）对城市开发建设进行科学引导，制定具体发展程序，确立地块设计导则。

（2）创造丰富的公共生活，不同功能的建筑适当混合，形成有层次的公共开放空间。

（3）高强度集约利用土地的 T 形区域，表达出商务、商业中心的形态分布。

2.3 土地利用开发

2.3.1 开发区段

根据规划区的结构布局，将狮山路周边地块划分为 6 个开发区段。从东往西共分为三个区段，即从运河到滨河路的 A 区，从滨河路到塔园路的 B 区，以及从塔园路到长江路的 C 区；同时将狮山路两侧用地分成南区（S 区）和北区（N 区）。共计开发地块为 94 个，这些开发地块，特别是 T 形高强开发区的形状力求简单，大多成直线形，以便高密度开发项目的建设。

2.3.2 混合利用

根据规划中强化中心区功能结构，提高地块使用效率的原则，在重要地块中对部分功能加以综合利用，具体包括商业与居住用地的综合，商业与办公用地的综合，商业与体育休闲设施用地的结合等。

2.3.3 密度控制

在规划中 A 区开发密度最高，B、C 区在狮山路沿线地块建议开发密度较高，对远离狮山路的腹地建议开发密度较低。

2.3.4 高度控制

作为城市发展中轴尽端的城市次中心区，高层群组设置，成为城市西侧的"山岭"，在整体城市空间形态和环境风水中有重要的意义。设计中的整个区域群体建筑高度分布为中央高，两边较低。群体建筑的高度优势和严谨、有秩序的布置组合，具有苏州新区中明确的、引人注目的控制力。

3 道路交通规划

3.1 规划目标

（1）增加次级路网。

（2）结合次级路网布设静态交通。

（3）建立独立完善的步行系统。

3.2 城市设计策略

（1）与现状结合增加次级路网，用以分解主干路的吸引车流与过境车流。

（2）仅允许在支路系统上设置机动车出入口，在主干道上设置入口门厅。

（3）使沿街道、河道两套步行系统相辅相成，并在与机动车道相交处形成立体交叉，从而保障其连续性。

3.3 道路系统规划

3.3.1 快速路

贯穿本片区的长江路、竹园路主要解决过境交通，兼有解决本片区与市区的交通联系的作用。

3.3.2　主干道系统

狮山路是苏州新区重要的主干道系统，是联系苏州新区和古城区的主要纽带。为了提高狮山路的通行能力，建议将现有的过境交通与区内出行交通进行分流。通过在狮山路两侧的次干路及辅路解决狮山路两侧地块的交通出行，通过交通管制减少两侧地块汇入狮山路的车辆，提高主干道的车行速度。此外，塔园路、滨河路、珠江路、汾湖路均属此级别道路。

3.3.3　次干道系统

玉山路和金山路为规划中的城市次干道。规划通过新增的支路网，强化其贯通性。建议玉山路断面形式统一。

3.3.4　支路

支路网不成系统是本片区产生交通问题的重要因素。规划提高支路网密度，形成良好微循环。本次规划打通了自东向西的几条主要支路，并增设南北向的若干支路联系，形成鱼骨型的支路体系。

3.3.5　步行系统

苏州市城市建设已经进入了新的阶段，城市发展的核心目标是大幅度提高城市服务质量。规划结合运河以西公园、沿狮山路商业绿化步行道直至苏州乐园，通过对现有河流、道路的整理，逐步形成以绿化开敞空间为基础通向各次区级中心和公园绿地的整体步行系统，提高行人在城区内活动得安全舒适性。发展立体交通，建设人行天桥及桥下通道。

3.4　交通设施规划

3.4.1　公共停车场

多数停车场设在内院场地，入口安排在辅助街上，离两街相交的十字路口至少应有15m 远，宽度不超过 8m。每一地块设置少量停车泊位，其位置在街区中间隐蔽地段，对所在地段的整体设计起促进作用，而且不暴露在街景之中。公园周围的街道不设置机动车入口。新建办公楼、商业服务业及娱乐设施和居住区建设等，都应严格按要求配建停车场（库），并向社会公众开放，达到停车位资源共享。

4　绿化景观系统规划

4.1　规划目标

（1）创建系统网络化的绿化体系，建立安全有效的增长性生态格局。

（2）绿化与人的活动相结合，提高绿地的使用效率。

（3）提高半私密半公共的区域。

（4）以人为本，关注行人活动。

4.2　城市设计策略

4.2.1　策略一：绿地系统化意味着可达性、可读性以及连续性

（1）改造或新建运河河岸的可步行加休憩的空间，并植有大量的绿化。

（2）创造几个河岸步行的地下通道点（大约总数为 5 ~ 6 个）。

（3）如果河岸、道路、阶梯以及安全通道存在着不同的高差，则应结合道路桥梁做成快速通道。

（4）几个小型的行人桥梁应与新的河岸相结合，以确保行走的连续性。

（5）在运河边以及大量的绿色区域去掉栏杆，酒吧以及墙等不融合环境元素。

（6）根据项目区域范围内的四种不同的街道层次，创造出四种不同的连续的街道绿化系统。狮山路的特点在于其街道的两侧具有根本性的差异。连续的绿色空间具有以下几个内容：

一个统一的、相对变化小的绿色廊道临近街道，当向街道看去时，呈现在自行车、汽车驾驶者眼前的是一个生机勃勃的绿色视觉通道。然而这个廊道应该通透，允许透过廊道看到两边的构筑物。

一个变化相对丰富的 30m 长的绿色区域。

独立的袋状广场和袋状公园等，并具有高水准的精巧性、标志性以及细节性。

4.2.2　策略二：绿化的可达性产生了人的活动，以上策略一的众多策略也适用于此

（1）人们的聚集地都规划有"绿化"或者说"是景观空间"，例如紧邻商业和文化功能的区域（中庭广场，西面的"双子广场"）。

（2）座位、奇特的视觉、元素的混合、现有的自然以及独特的设计都会激发人类的活动（见"市民公园"的方案设计）。

4.2.3　策略三：明确半私密办公共区域以及它们的存在位置

（1）基于新（规划）住宅区域的几种组合形式（开放，封闭，半开放），构成几种基本的景观种类。

（2）通过对一个普通的现有住宅区域范例的研究，提高和改造居住区中空间层次的丰富性。

4.2.4　策略四：为行人活动提供便利设施

（1）提供座位，荫凉（荫凉处的座位）以及体验。

（2）增加迷你公园。

4.3　景观轴线

4.3.1　主景观轴

规划致力于城市空间的沟通与呼应，强调狮山大桥与狮山之间作为苏州新区与古城联系的城市发展景观轴线，强调长江路作为进入苏州门户性道路的沿街景观轴，强调运河沿岸作为城市生态绿带的沿河景观轴。

4.3.2　沿河次景观轴

改善现有的河道及滨水环境，形成以连续河网为主导的沿河次景观轴。

4.3.3　沿路次景观轴

通过增设支路，完善地块内的综合功能，形成以道路为主导的不同功能、不同性质的景观次轴。

4.4　景观节点

4.4.1　市民中心

位于狮山路北侧，大运河与运河路之间，和运河绿带相结合，以市民活动广场为核心，

运用地势高差形成观演性看台，成为高新区市民集会、休闲的重要场所，同时也形成进入高新区第一个标志性开放空间。

4.4.2 文化科技交流中心

位于狮山路北侧，淮海街西侧，利用原有公共绿地，结合北侧建筑，架构一个理想的"社会大学"，设计了包括文化科技馆、市民计算机房在内的设施，中心广场两面借鉴欧洲中世纪广场传统做法，由连续建筑界面围合，中部构筑膜结构半室外展示厅，形成亲切宜人的文化氛围。

4.4.3 会展商业中心

位于狮山路北侧，塔园路以北，原址建筑为电子类工业厂房，基地中部河流使核心广场分中有合，形成会展、商娱双子广场。

5 城市物质空间

5.1 规划目标

（1）特色宏观景观构筑城市知觉框架。
（2）有机建筑群体映像城市和谐环境。
（3）统一微观质感塑造城市认同归属。

5.2 物质空间层次

城市物质空间形态因空间尺度的不同可以划分为宏观、中观、微观三个层次，涵盖了城市的实体及虚体。

5.2.1 宏观层次

宏观层次主要指城市空间形态的格局，其组成要素包括城市自然景观以及城市人工景观。

5.2.1.1 城市自然景观

构成城市特色、形成使人易于感知的空间逻辑的重要手段就是充分利用自然的地形、地貌来组织城市的空间布局。

在设计区域中，京杭大运河，狮山风景区构成了两条相互平行的自然景观带，其间纵横的河道将其相连，铺就枕山面水之势。

5.2.1.2 城市人工景观

人工景观与自然景观一起构成人们感受城市的知觉框架，它应起到强化城市特色和空间逻辑、丰富城市美感的作用。在宏观层次上，人工景观中的四个要素极为重要，包括路网、广场、地标、天界限轮廓。

人工景观与自然景观交相辉映，共同构筑宏观上的物质空间结构。

5.2.2 中观层次

——使用类型来唤起城市的可识别性，群体形态构筑区域特色图底分析

在中观层次上，建筑是一片合群的形态出现的，在此，建筑风格、体量、高度、检举、色彩的协调是研究的要点。

5.2.2.1 实体

——建筑群风格、体量与高度 高层建筑形态分布

（1）整体形态——南高北低：

设计区域的东端濒临京杭大运河，在河岸东侧有着宽阔的视野来观察新区的风貌，因此临运河路的界面在某种程度上成为新区的形象象征。同时，地块东端的用地功能也定位在 CBD 的商务办公功能，相应的建筑形象也应以高层、超高层为主。而基地西侧则与狮山接壤，为了与这一城市标志相适应，周围建筑以较低较大体量的商业综合体为主。从而在整体形态上形成了南高北低的格局。

（2）塔楼分布——T 形分布：

商务和商贸服务等中心区职能的土地利用在地块中呈 T 字形布局，这样的布局以现状建设为基础，顺应城市规划的走向，整合狮山路的分散建设，充分强化了狮山路的门户和结构意义。而 T 形布局的东端放大，促进商务建筑的集聚效应，形成新老区结合的节点，展现了新区经济中心的整体风貌。高层建筑作为与用地功能以及形态形象的体现也成 T 形分布。

（3）塔楼形态——整体协调：

建立塔楼之间的相互关系，同时使各建筑集合构成新区的特征，有关塔楼的管理规定可当作一套总体规划的原则来实施。

塔楼的变化部位（中间部位）指建筑从街墙立面顶部至最高使用楼层的部位，我们把建筑的这个部位分成两个区，用以表达建筑立体的变化和体积变小部位的形式。

塔楼变化部位定为街区立面顶部的楼层至建筑总高 80% 左右的楼层区，当建筑达到这个高度时，应后退 1.5 ～ 3m，在建筑高度 70% 的部位可做类似后退。每个地块对建筑高度和塔楼体积的变化都有具体规定。允许塔楼变化区有不同的后退部位或突出部位。突出物可延伸到建筑的立面线，后退部、部位最多不得超过 5m，长度不得超过塔楼总宽的30%，整个顶部外壳应后退 1.5 ～ 3m，断面嵌在下面楼层的断面内。

塔楼的顶部指最高使用楼层与塔尖之间的部位，应逐渐减小屋面的截面及立面尺寸。当屋面能派上特殊用场时，允许有特殊的形式，但设计必须经过审批。屋面的材料应与建筑其他部位的材料相同或类似，使用同样的外墙材料能给人一种整体感。

5.2.2.2　虚体——公共开放空间

城市公共空间是城市中的虚体部分，它是城市中最有活力的部分，是城市生活和城市记忆的重要发生器。

（1）公共空间层次

公共开放空间体系由公共绿地、道路广场和主要河道三部分组成，形成三种不同性质的开放空间。

苏州乐园和运河以西公园形成集中面状的开放空间，广场、休闲绿地和街头绿地形成块状的开放空间，通过道路网和河道网两个层次的线形开放空间网络将其联系在一起，形成点线面相结合的公共开放空间体系。

（2）南张北驰的狮山路空间

狮山路南侧建设连续的商业建筑界面，限定街道空间，形成紧密有致的空间节奏和城市感；北侧则用连续的线形绿化带串接不同尺度和功能形式的绿地和广场等开放空间，建筑退后呈形成多样的城市空间形态和景观商业形态，实现狮山路的南北互补和协同发展。

5.2.3 微观层次——城市空间形态的质感——界面、铺砌、小品

微观层次主要指城市空间形态的质感，主要指近人尺度范围内，人们可以直接感受到的空间环境。

5.2.3.1 街墙

为了增强该区的城市风格，要求狮山路两侧及临运河路一侧的建筑在裙房高度统一退界，形成街墙，通过对街墙立面的控制，使人们从视觉上感受到连接建筑群的准线，增强了行人对此地的印象，增强了城市的可识别性及可意向性。由多个建筑的立面构成的街墙立面至少应该跨及所在街区 90% 长度。街墙立面的高度可在 40 ~ 45m 之间，而且在这个高度范围内没有后退线。但超出 45m 高度以上的建筑部位必须逐渐后退街墙立面线，后退的程度控制在 1.5 ~ 3m 之间。

5.2.3.2 对低层建筑的规定

构成街墙立面的低层建筑指地面到 14 ~ 17m 高处之间的建筑部位，低层建筑的规定适应这个范围内的建筑。这些建筑的外墙应有 30% 左右的面积使用石料或金属饰面，在商业街墙立面，建筑外墙 70% 的面积应安装无色玻璃幕墙，建筑的低层部使用的建筑材料，材料表面的质地和立体感应能给人留下深刻的印象，并且在色泽上相互统一。

5.2.3.3 柱廊

柱廊是使街头气氛活跃、面向行人的一个重要措施，应与户外环境沟通。在规定的地方，拱廊在整个街区必须连续不断，而且应与相邻的人行道相连通。狮山路南侧和面临运河路的建筑必须设置柱廊，柱廊是人行道的延续，宽度应控制在 3 ~ 5m 之间，高度限制在 8 ~ 10m 之间。

5.2.3.4 对建筑后退部位和突出部位的控制

低层建筑范围以上的建筑楼层允许有后退或突出部位，但后退部位或突出部位的总宽度在任何情况下都不得超过规定的街道立面宽的 40%。后退距离不得超过三米，突出部位不得超过建筑街墙线 1.5m，建筑的雨棚、遮阳棚、标志或其他突出物都应符合类似标准。

5.2.3.5 小品

设置椅凳、纳凉花园以及可供人们静坐休憩、观赏和阅读的坐具小品。

综合公交站、广告、指示牌、书报亭、电话亭、垃圾桶、座椅、建筑小品等街具必须统一规划设计，集中设置。特别为老人、儿童、残疾人包括观光的游客和外国来宾设置安全明快并容易识别的设施，例如指示牌、导向图等容易识别的标志（包括用几种文字表示）。

5.2.3.6 铺砌

道路与建筑用地的连续性设计为了满足繁华高雅和休闲娱乐功能，人行道与沿街建筑用地范围内建筑后退红线距离所形成的空间进行统一规划设计，并注意商业街与建筑用地之间的连续性。因此在铺地设计中有意识地利用色彩变化与材质变化，可以丰富和加强空间的气氛。

附录 F

2004年苏州高新区狮山路区域重要建筑状况

建筑名称	建成年代	建筑功能	出入口位置	占地面积	建筑面积	建筑高度（层数）	外墙材料	停车（辆）	主要资料来源
新港名城花园	2004	居住小区	狮山路、塔园路	191556m²	191228m²	联排别墅、多层、小高层及高层	现浇混凝土	687	网上材料，管委会资料
百合花公寓	不详	居住，底层三层裙房为商业	狮山路	2160m²	45000m²	小高层为主	橘红主色调贴面	不详	网上材料
吴宫丽都	建设中	居住，底层商业	狮山路、塔园路	24000m²	63818m²	小高层，高层	白色混凝土	286	管委会资料
新地中心	建设中	国际五星标准酒店、国际甲级写字楼、青庭国际公寓、高档商场	狮山路、塔园路	不详	不详	主楼高达232m	金属玻璃幕	不详	管委会资料
中国邮政、中国电信	不详	办公、营业	狮山路	不详	不详	低层（3）	白色混凝土，浅色玻璃	20	实地考察
苏州供电局新区分局	不详	办公、营业	狮山路	不详	不详	多层（6）	白色贴面，浅色玻璃	20	实地考察
污水泵厂	不详	工业	狮山路	不详	不详	低层（2，3）	白色贴面	不详	实地考察
淮海路商业街	不详	餐饮、娱乐	狮山路、玉山路	不详	不详	低层（2，3）	各色店面装饰	190	实地考察
狮山丽舍	建设中	居住	狮山路	不详	不详	小高层	白色贴面	不详	实地考察
金龙置业有限公司	建设中	综合商住楼	狮山路	8879m²	71271m²	高层（16）	不详	不详	管委会资料
中国银行中国建设银行	不详	办公	狮山路	不详	不详	小高层（12）	白色贴面，群房暗红色	15	实地考察
狮山峰汇	建设中	商住	狮山路	不详	不详	高层（22）	深蓝色金属玻璃幕墙	26	网上资料

续表

建筑名称	建成年代	建筑功能	出入口位置	占地面积	建筑面积	建筑高度（层数）	外墙材料	停车(辆)	主要资料来源
中国农业银行苏州分行	1997	金融办公用房	狮山路	9520m²	24837m²	高层 (24)	建筑外里面材料一层为白色色理石，上为铝塑板和绿色玻璃幕	18	管委会资料
中国人民银行	1994	综合办公楼	狮山路	10645m²	16128m²	高层 (19)	黄色贴面，深色玻璃	10	管委会资料
中国工商银行	不详	办公	狮山路	不详	不详	多层 (5)	白色混凝土，深色玻璃	12	实地考察
金河大厦（原苏州伊莎中心）	不详	综合办公楼	狮山路、滨河路	不详	不详	高层 (42)	绿色玻璃幕墙，群房暗红色	38	实地考察
苏州伊莎中心二期	建设中	居住小区	滨河路	31076m²	106170m²	小高层，高层 (32)	白色贴面	477	管委会资料
东吴证券	不详	办公、营业	狮山路	不详	不详	多层 (6)	黄色贴面，金属色反光玻璃	7	实地考察
新城花园酒店	1999	四星级酒店	狮山路	18946m²	25704m²	小高层 (15)	黄色贴面，灰色玻璃	50	管委会资料
新创大厦	不详	办公、营业	狮山路、运河路	不详	不详	多层 (8)	白色贴面，浅灰色条状玻璃	32	实地考察
中国人民保险大厦	1995	综合办公楼	狮山路	10680m²	15527m²	小高层 (17)	白色贴面，灰色玻璃	52	管委会资料
金狮大厦	1994	商业，办公	狮山路、滨河路	15000m²	48000m²	高层 (25)	浅色玻璃幕墙，白色贴面	251	管委会资料
汇豪国际	建设中	酒店式公寓	狮山路、滨河路	10800m²	39700m²	高层 (19)	玻璃幕墙	不详	管委会资料
华福大厦	不详	办公	狮山路	不详	不详	小高层 (17)	白色贴面与蓝色条窗相间	不详	实地考察
锦华苑	不详	居住小区	狮山路、滨河路	不详	不详	小高层，多层	白色贴面，灰色玻璃	不详	实地考察
中创华东经济发展公司	不详	办公	狮山路	不详	不详	多层 (6)	白色贴面，绿色条状反光玻璃	不详	实地考察
苏州农村干部学院	不详	学校	狮山路	不详	不详	多层 (4)	白色贴面	不详	实地考察
花园俱乐部	不详	餐饮，娱乐	狮山路	不详	不详	低层 (3)	白色贴面，彩色百页	28	实地考察
狮山新苑	不详	居住小区	狮山路、金山路	不详	不详	多层 (6)	黄色贴面，红瓦顶	不详	实地考察
飞利浦	不详	工业	狮山路	不详	不详	低层 (3)	白色贴面，褐色玻璃	不详	实地考察

续表

建筑名称	建成年代	建筑功能	出入口位置	占地面积	建筑面积	建筑高度（层数）	外墙材料	停车(辆)	主要资料来源
苏州春兰	不详	工业	狮山路	不详	不详	低层（2）	白色混凝土，深色坡璃	不详	实地考察
明基电通	不详	工业	狮山路	不详	不详	多层（4）	白色贴面，绿色玻璃	不详	实地考察
苏州乐园酒店（新港假日酒店）	1997	三星级酒店	狮山路	不详	10819m²	多层（8）	暗红色砖面	不详	实地考察
福记好世界	不详	娱乐，酒店	狮山路	不详	不详	多层（4）	白色贴面，深色玻璃	140	实地考察
阿雷大酒店	不详	娱乐，酒店	狮山路、长江路	不详	不详	低层（3）	黄色贴面，深色玻璃	140	实地考察

来源：根据相关资料及现场调研整理

附录 G

2004 年狮山路区域城市空间实践认知问卷

问卷一：员工调查表结果统计

共发放有效问卷 45 份，其中男士作答 28 份，女士作答 17 份

题号	题目涉及方面	选项 A	选项 B	选项 C	选项 D	选项 E	未作答
1	被访者的年龄	18 岁以下 0	19～25 岁 7%	26～40 岁 65%	41～50 岁 26%	50 岁以上 2%	0
2	在苏州高新区居住的时间	1 年以下 13%	1～5 年 36%	5～10 年 33%	10 年以上 18%		0
3	觉得高新区更像是	城市 51%	城郊 33%	农村 7%	其他 9%		0
4	对高新区的城市现状是否满意	很满意 2%	基本满意 67%	不满意 31%			0
5	认为高新区的中心区在什么地方	狮山路 56%	长江路 28%	运河路 8%	其他 8%		0
6	感觉狮山路两侧建筑	密集 18%	一般 52%	稀疏 12%	不了解 16%		0
7	狮山路两侧建筑的品质（多选）	较高 33%	一般 32%	差 17%	不了解 17%		0
8	认为附近应该增添的设施（多选）	公厕 67%	体育设施 49%	座椅凉亭 73%	儿童游乐 27%	饮水机 20%	0
9	上班采用的主要方式	步行 9%	自行车 53%	公交车 9%	出租车 0	私家车 24%	5%
10	上班需要的时间	10 分钟以内 13%	10～30 分钟 69%	30～60 分钟 14%	60 分钟以上 4%		0
11	附近购物方便与否	很方便 9%	较方便 24%	较不方便 29%	很不方便 33%		5%
12	附近就餐方便与否	很方便 13%	较方便 62%	较不方便 18%	很不方便 4%		3%
13	附近娱乐方便与否	很方便 9%	较方便 31%	较不方便 36%	很不方便 20%		4%
14	附近乘车方便与否	很方便 20%	较方便 56%	较不方便 13%	很不方便 11%		0

续表

题号	题目涉及方面	选项 A	选项 B	选项 C	选项 D	选项 E	未作答
15	夜间便利店是否充足	足够 13%	不太够 54%	很不够 33%			0
16	夜间娱乐是否充足	足够 18%	不太够 51%	很不够 24%			7%
17	更喜欢的购物方式（多选）	小型零售 11%	大型超市 60%	百货商店 31%	商业街道 27%		0
18	附近常去的休闲场所（多选）	索山公园 27%	街头小游园 29%	淮海街 9%	其他 47%		2%
19	是否常去住宅前的绿地	从不 13%	偶尔 47%	经常 38%	每天 2%		0
20	是否常去工作场所前的绿地	从不 18%	偶尔 47%	经常 29%	每天 4%		2%
21	高新区有没有给你留下深刻印象的标志物（多选）	狮子山（苏州乐园）	新地中心	管委会大楼	金河大厦	其他	0

结果分析：

题号	涉及方面	结论
1	年龄	成年人居多
2	在此居住时间	10 年以内者居多，占了 82%
3	对高新区的整体印象	半数以上的人认为像城市，40% 的人觉得像郊区
4	希望增添的设施	座椅、公厕和体育设施是人们最希望增添的
5~6	上班交通	自行车和私家车是首选的交通工具，公交车利用率很低。时间多在 10~30 分钟
7~9	服务设施	认为购物和娱乐不方便，就餐较方便，乘车方便，夜间设施不够。多数人喜欢超市
10~11	开放空间和绿地	多数人只是偶尔去绿地休息
12	对高新区的满意程度	大多数人基本满意，31% 的人不满意，只有 2% 的人很满意

问卷二：居民调查表结果统计

共发放有效问卷 26 份，其中男士作答 12 份，女士作答 14 份

题号	题目涉及方面	选项 A	选项 B	选项 C	选项 D	选项 E	未作答
1	被访者的年龄	18 岁以下 0	19～25 岁 46%	26～40 岁 27%	41～50 岁 8%	50 岁以上 0	19%
2	在苏州高新区居住的时间	1 年以下 23%	1～5 年 58%	5～10 年 8%	10 年以上 4%		7%
3	觉得高新区更像是	城市 40%	城郊 52%	农村 4%	其他 2%		2%
4	认为附近应该增添的设施（多选）	公厕 31%	体育设施 27%	座椅凉亭 42%	儿童游乐 4%	饮水机 8%	4%
5	上班采用的主要方式	步行 19%	自行车 19%	公交车 23%	出租车 0	私家车 23%	16%
6	上班需要的时间	10 分钟以内 19%	10～30 分钟 50%	30～60 分钟 8%	60 分钟以上 0		23%
7-1	附近购物方便与否	很方便 15%	较方便 50%	较不方便 15%	很不方便 8%		24%
7-2	附近就餐方便与否	很方便 19%	较方便 38%	较不方便 27%	很不方便 8%		12%
7-3	附近娱乐方便与否	很方便 19%	较方便 50%	较不方便 15%	很不方便 4%		12%
7-4	附近乘车方便与否	很方便 31%	较方便 50%	较不方便 15%	很不方便 0		4%
8-1	夜间便利店是否充足	足够 12%	不太够 62%	很不够 15%			11%
8-2	夜间娱乐是否充足	足够 27%	不太够 58%	很不够 4%			11%
9	更喜欢的购物方式（多选）	小型零售 0	大型超市 73%	百货商店 23%	商业街道 15%		4%
10	附近常去的休闲场所（多选）	索山公园 31%	街头小游园 35%	淮海街 23%	其他 19%		8%
11-1	是否常去住宅前的绿地	从不 8%	偶尔 54%	经常 35%	每天 0		3%
11-2	是否常去工作场所前的绿地	从不 23%	偶尔 54%	经常 19%	每天 0		4%
12	对高新区的现状是否满意	很满意 12%	基本满意 88%	不满意 0			0

结果分析：

题号	涉及方面	结论
1	年龄	年轻人居多
2	在此居住时间	5 年以内者居多，占了 81%
3	对高新区的整体印象	半数以上的人认为像郊区，40% 的人觉得像城市
4	希望增添的设施	座椅、公厕和体育设施是人们最希望增添的
5～6	上班交通	人们选用的交通工具比较均分，时间多在半小时以内
7～9	服务设施	认为就餐不够方便，购物和娱乐比较方便，乘车方便，夜间设施不够。多数人喜欢超市
10～11	开放空间和绿地	多数人只是偶尔去绿地休息
12	对高新区的满意程度	绝大多数人基本满意，12% 的人很满意，没有人不满意

问卷三：游客调查表结果统计

共发放有效问卷 50 份，其中男士作答 28 份，女士作答 22 份

题号	题目涉及方面	选项 A	选项 B	选项 C	选项 D	选项 E	未作答
1	被访者的年龄	18 岁以下 8%	19～25 岁 60%	26～40 岁 14%	41－50 岁 4%	50 岁以上 2%	12%
2	到达苏州高新区的方式	公交大巴 80%	私家车 14%	自行车 4%	步行 2%		0
3	对高新区的整体感觉	城市 40%	城郊 52%	农村 4%	其他 2%		2%
4	认为附近应该增添的设施（多选）	公厕 32%	电话亭 14%	座椅凉亭 62%	雕塑喷泉 12%	饮水机 18%	0
5-1	附近购物方便与否	很方便 4%	较方便 52%	较不方便 32%	很不方便 8%		4%
5-2	附近就餐方便与否	很方便 6%	较方便 46%	较不方便 28%	很不方便 6%		14%
5-3	附近娱乐方便与否	很方便 26%	较方便 30%	较不方便 18%	很不方便 2%		24%
5-4	附近乘车方便与否	很方便 36%	较方便 44%	较不方便 4%	很不方便 4%		12%
6	更喜欢的购物方式（多选）	小型零售 4%	大型超市 48%	百货商店 18%	商业街道 28%		4%
7-1	夜间便利店是否充足	足够 34%	不太够 40%	很不够 8%			18%
7-2	夜间娱乐是否充足	足够 26%	不太够 36%	很不够 8%			30%
8	更喜欢的休闲场所（多选）	大型广场 26%	步行林荫道 30%	商业街 16%			46%
9	对高新区整体现状满意与否	很满意 12%	还可以 76%	不满意 8%			4%
10	是否还会到此游玩	一定会 34%	看机会 62%	基本不会 2%			2%

结果分析：

题号	涉及	结论
1	年龄	25 岁以下的年轻人居多，占了 68%
2	交通	绝大多数人乘公交大巴到达高新区
3	整体印象	超过半数的人觉得像郊区，40% 的人觉得像城市
4	应该增添的设施	座椅和公厕是最需要的
5～7	服务设施	未答率相当高，答题的结果是购物和就餐一般，娱乐和乘车比较方便，夜间设施不太够
8	开放空间	市民比较中意步行林荫道和大型广场
9～10	满意与否	基本满意

问卷四：学生调查表结果统计

共发放有效问卷 72 份，其中男生作答 43 份，女生作答 29 份

题号	题目涉及方面	选项 A	选项 B	选项 C	选项 D	选项 E	未作答
1	被访者目前所在学校	初中 54%	高中 46%	大学 0	其他 0		0
2	在高新区居住或学习的时间	1 年以下 17%	1 ~ 3 年 38%	3 ~ 6 年 16%	6 年以上 27%		0
3	觉得高新区更像是	城市 43%	城郊 51%	农村 6%	其他 0		0
4	认为附近应该增添的设施（多选）	公厕 35%	体育设施 74%	座椅凉亭 51%	儿童游乐 28%	饮水机 33%	3%
5	走读或是住校（住校者不答 6、7 题）	住校 42%	走读 58%				0
6	上学采用的方式	步行 8%	自行车 33%	公交车 4%	出租车 0	私家车 13%	42%
7	上学所需时间	10 分钟以内 25%	10 ~ 30 分钟 29%	30 ~ 60 分钟 1%	60 分钟以上 3%		42%
8	认为附近生活是否方便	很方便 26%	较方便 39%	较不方便 11%	很不方便 8%		16%
9	休息时常去的场所（多选）	附近公园 24%	草地球场 11%	索山公园 4%	直接回家 75%	苏州乐园 13%	0
10	是否喜欢苏州高新区	很喜欢 28%	还可以 39%	不喜欢 6%			27%

结果统计：

题号	涉及	结论
1	来自	初中、高中各占一半
2	在此居住时间	各个时间段均有
3	整体印象	半数以上选择的郊区，43% 的人选择城市
4	认为应该增添的设施	体育设施、座椅和公厕被认为是最应该增添的设施
5 ~ 7	上学交通	42% 的学生住校，走读的学生中大多数骑自行车上学，其次采用的方式为私家车、步行和公交，上学时间多在半小时以内
8	服务设施	大多数同学认为比较方便
9	开放空间	很多同学不经常去公共空间活动
10	满意与否	大多数同学比较喜欢高新区

问卷五：索山公园问卷调查结果统计

共发放有效问卷 10 份，其中男士作答 60%，女士作答 40%

题号	题目涉及方面	选项 A	选项 B	选项 C	选项 D	选项 E
1	今天来此公园主要是（多选）	休息 40%	和同伴聊天 30%	散步 20%	看风景 50%	其他 10%
2-1	认为此公园视野开阔	很不同意 0	不同意 0	一般 50%	同意 30%	非常同意 10%
2-2	认为此公园空间层次丰富	很不同意 0	不同意 10%	一般 20%	同意 50%	非常同意 10%
2-3	认为此公园景色美丽	很不同意 0	不同意 0	一般 40%	同意 40%	非常同意 20%
2-4	认为此公园气氛良好	很不同意 0	不同意 0	一般 10%	同意 70%	非常同意 20%
2-5	认为此公园建筑设计精彩	很不同意 0	不同意 0	一般 80%	同意 20%	非常同意 0
2-6	认为此公园地面铺张舒适	很不同意 0	不同意 10%	一般 40%	同意 40%	非常同意 10%
2-7	认为此公园座椅足够	很不同意 10%	不同意 10%	一般 40%	同意 30%	非常同意 10%
2-8	认为此公园绿化充分	很不同意 0	不同意 0	一般 40%	同意 40%	非常同意 20%
2-9	认为此公园夜间照明良好	很不同意 0	不同意 40%	一般 30%	同意 30%	非常同意 0
2-10	认为此公园活动设施足够	很不同意 0	不同意 60%	一般 20%	同意 20%	非常同意 0
2-11	认为此公园环境不错	很不同意 0	不同意 0	一般 40%	同意 50%	非常同意 10%
2-12	认为此公园人的活动丰富	很不同意 0	不同意 60%	一般 20%	同意 20%	非常同意 0
2-13	认为此公园不易被干扰	很不同意 0	不同意 0	一般 0	同意 100%	非常同意 0
2-14	认为此公园令人满意	很不同意 0	不同意 0	一般 40%	同意 60%	非常同意 0
3	今天来此公园的目的（多选）	与同伴相聚 30%	放松心情 50%	活动身体 40%	接近自然 10%	其他 10%
4	来此公园的频率	每天来 10%	三五天一次 30%	几周一次 30%	几乎没来过 30%	
5	来此公园的方式	步行 50%	自行车 20%	其他 30%		
6	由此公园步行至住所需用时	5 分钟内 10%	5~10 分钟 20%	10~20 分钟 20%	20~30 分钟 30%	30 分钟以上 20%
7	除此公园外经常去	咖啡厅 0	俱乐部 0	体育场 10%	绿地 50%	其他 40%

结果分析：

题号	涉及	结论
1，3	来公园的目的	看风景，放松心情，活动身体等
2	对公园具体细节的印象	普遍反映良好，其中公园的气氛和不易被干扰性最受好评。但人们似乎对建筑设计、人的活动和夜间照明评价不高
4	公园的使用率	不高
5~6	到达公园的交通方式	多用步行，时间多在 5 分钟至半小时以内
7	其他的休闲场所	多是绿地

参考文献

[1] 洪燕．开发区生命周期的研究——从制度演进的视角 [D]．上海：复旦大学，2006．

[2] 郑国．基于政策视角的中国开发区生命周期研究 [J]．经济问题探索．2008 (9)．

[3] 何静，农贵新．异地共建：后开发区时代的必然趋势 [J]．发展研究，2010 (3)．

[4] 晏冠亮．后开发区时代的特点和发展方向 [J]．山东科技大学学报（社会科学版）．2008,10 (2)．

[5] Saxenian A．Regional Adantage Cuture and Competetion in Silicon Valley and Route 128[M]．Cambridge, Mass：Harvard University Press, 1994：226．

[6] Castells M, Hall P．Technopoles of the world：the making of twenty-first-century industrial complexes[M]．London：Rutledge, 1994．

[7] 郑国．开发区发展与城市空间重构 [M]．北京：中国建筑工业出版社，2010．

[8] 张艳．我国国家级开发区的实践及转型——政策视角的研究 [D]．上海：同济大学建筑与城市规划学院，2008．

[9] Harvey D．The Social Justice and the City[M]．Oxford：Blackwell, 1988．

[10] 苏高宣．大运河畔续写今日"姑苏繁华图"——苏州高新区成为全面持续协调发展的一片沃土 [J]．苏南科技开发，2004 (7)：22-24．

[11] Lefebvre H．The production of space[M]．Cambridge, Mass.：Blackwell, 1991．

[12] Bird J．Mapping the Futures[Z]．1993．

[13] 亚里士多德．范畴篇、解释篇 [M]．北京：商务印书馆，1986．

[14] 柯小刚．空间、时间、时间——空间：一个简要综述，思想的兴起 [M]．上海：同济大学出版社，2007．

[15] Smart J J C．Problems of space and time[M]．New York：Macmillan, 1964．

[16] 叶涯剑．空间社会学的方法论和基本概念解析 [J]．贵州社会科学．2006 (01)：68-70．

[17] 吴国盛．希腊人的空间概念 [J]．哲学研究，1992 (11)．

[18] 刘江．空间·建筑——当代西方建筑空间理论发展及相关领域比较研究 [D]．上海：同济大学，2008．

[19] 邱泽奇．社会学是什么 [M]．北京：北京大学出版社，2002．

[20] 黎民，张小山．西方社会学理论 [M]．武汉：华中科技大学出版社，2005．

[21] 厄里约翰．关于时间与空间的社会学 [M]// 特纳．社会理论指南．上海：上海人民出版社，2003．

[22] Lefebvre H．Writings on Cities[M]．Oxford：Blackwell, 1996．

[23] 何雪松．社会理论的空间转向 [J]．社会，2006（2）：34-48．

[24] 布迪厄，华康得．反思社会学导引 [M]．北京：中央编译出版社，1998．

[25] Soja E. Postmodern Geographies：The Reassertion of Space in Critical Social Theroy[M]. London：Verso, 1989.

[26] de Certeau. The Practice of Everyday Life[M]. Berkeley：University of California Press, 1984.

[27] 苏硕斌．福柯的空间化思维 [J]．台湾大学社会学刊，2000（28）．

[28] 王伟强．和谐城市的塑造——关于城市空间形态演变的政治经济学实证分析 [M]．北京：中国建筑工业出版社，2005．

[29] Foley D L. An Approach to Metropolitan Spatial Structure[M]//Webber MM. Exploration into Urban Structure, Philadelphia：University of Pennsylvania Press, 1964.

[30] 唐子来．西方城市空间结构研究的理论和方法 [J]．城市规划汇刊，1997（6）：1-11．

[31] 段进，邱国潮．国外城市形态学研究的兴起与发展 [J]．城市规划学刊，2008（5）：34-42．

[32] Gauthiez B. The history of urban morphology[J]. Urban Morphology, 2004, 8（2）：71-89.

[33] Whitehand J W R. The Urban Landscape Historical Development and Management[M]. London：Academic Press, 1981.

[34] 阿摩斯·拉普卜特．建成环境的意义——非语言表达方法 [M]．北京：中国建筑工业出版社，1992．

[35] Dear M. From Chicago to LA[M]. Thousand Oaks：Sage, 2002.

[36] Parker S. Urban Theory and the Urban Experience[M]. New York：Routledge, 2004：210.

[37] Park R, Burgess E, Mckenzie R. The City[M]. Chicago：University of Chicago Press, 1925.

[38] Shevky E, William M. The Social Areas of Los Angeles[M]. Stanford：University of Stanford, 1949.

[39] Alonso W. Land Use：Toward Location and a General Theory of Land Rent [M]. Cambridge：Harvard University Press, 1964.

[40] 朴寅星．西方城市理论的发展和主要课题 [J]．城市问题，1997（1）．

[41] 郑长德，钟海燕．现代西方城市经济理论 [M]．北京：经济日报出版社，2007．

[42] Massey D. Towards a Critique of Industrial Location Theory[M]. Antipode, 1973.

[43] 夏建中．新城市社会学的主要理论 [J]．社会学研究，1998（4）．

[44] Massey D. Spatial Division of Labour：Social Structure and the Geography of Production[M]. London：Macmillan, 1984.

[45] 刘怀玉．历史唯物主义的空间化解释：以列斐伏尔为个案 [J]．河北学刊，2005（3）．

[46] Soja E. Thirdspace：journeys to Los Angeles and other real-and-imagined places[M]. Cambridge, Mass.：Blackwell, 1996.

[47] 吴宁 . 列斐伏尔的城市空间社会学理论及其中国意义 [J]. 社会，2008（2）.

[48] Mingione E. Urban Sociology Beyond the Theoretical Debate of the Seventies[J]. International Journal of Urban and Regional Research，1986，11（2）.

[49] Pickvance C G D. Theories of the State and Theories of Urban Crisis[J]. Current Perspectives in Social Theory，1980（1）.

[50] Graham S, Marvin S. Splintering urbanism：networked infrastructures, technological mobilities and the urban condition[M]. London：Routledge, 2001.

[51] Wang G. Treading Different Paths：Informationtization in Asian Nations[M]. New Jersey：Norwood, 1994.

[52] Stallmeyer J. Architecture and Urban Form in India's Silicon Valley：A Case Study of Bangalore[D]. 2006.

[53] Castells M. Globalization, Flows, and Identity：The New Challenges of Design[M]// Saunders W. Reflections on Archtectural Practices in Nineties. New York：Princeton University Press, 1996.

[54] Soja E. Post Metropolis[M]. Oxford：Blackwell, 2000.

[55] Held D. Global Transformations[M]. Stanford：Stanford University Press, 1999.

[56] Yeung Y. Globalization and Networked Societies：Urban−Regional Changes in Pacific Asia[M]. Honolulu：University of Hawaii, 2000.

[57] O'Loughlin J, Staeheli L. Globalization and Its Outcomes[M]. New York：Guilford, 2004.

[58] Hardt M, Negri A. Empire[M]. Cambridge：Harvard University Press, 2000.

[59] Castells M. The Rise of Network Society[M]. Cambridge, Mass.：Blackwell, 2000：556.

[60] Stallmeyer J. Architecture and Urban Form in India's Silicon Valley：A Case Study of Bangalore[D]. Berkeley, CA：University of California, Berkeley, 2006.

[61] Fredric Jameson M M. The Cultures of Globalization[M]. Durham：Duke University Press, 1998.

[62] Ayse Oncu P W. Space Culture Power：New Identities in Globleizing Cities[M]. London：ZED, 1997.

[63] Dicken P. Global shift：transforming the world economy[M]. New York：Guilford Press, 1998：496.

[64] Folder Frobel J H O K. The New International Division of Labour[M]. Cambridge：Cambridge University Press, 1980.

[65] Cohen R B. The new International Division of Labor, Multinational Corporations and Urban Hierarchy[M]// Michael Dear A J S. Urbanization and Urban Planning in Capitalist Society. London：Methuen, 1981.

[66] Hill M. The New Global Job Shift[M]. 2003.

[67] Greider W. Wawasan 2020[M]//One World Ready or Not. New York：Simon and Schuster, 1997.

[68] Mittelman J. Globalization：An Ascendant Paradigm[M]//John O'Loughlin L S E G. Globalization and Its Outcomes. New York：Guilford, 2004.

[69] Sassen S. Spatialities and Temporalities of the Global：Elements for a Theorization[M]// Appadurai A. Globalization. Durham：Duke University Press, 2001：228.

[70] Sassen S. Globalization and Its Discontents[M]. New York：The New Press, 1998：264.

[71] Short J R. Global Dimensions：Space, Place and the Contemporary World[M]. London：Reaktion Book Ltd., 2001.

[72] Appadurai A. Modernity at Large：Cultural Dimensions of Globalization[M]. Minneapolis：University of Minnesota Press, 1996.

[73] Olds K. Globalization and URban Change：Capital, Culture, and Pacific Rim Megaprojects[M]. Oxford：Oxford University Press, 2001.

[74] Scott A J. Flexible Production Systems and Regional Development：The Rise of New Industrial Space in North America and Western Europe[J]. International Journal of Urban and Regional Research. 1988 (12).

[75] Markusen A, Lee Y, Digiobannna S. Second Tier Cities[M]. Minneapolis：University of Minnesota Press, 1999.

[76] Storper M. The Regional World[M]. New York：Guilford, 1997.

[77] Coyne R. Technoromaticism[M]. Cambridge：MIT Press, 1999.

[78] Castells M. The Information City：Information Technology, Economic Restructuring, and the Urban Regional Process[M]. Oxford and Combridge：Blackwell, 1989.

[79] Clark D. Urban World Global City[M]. London：Routledge, 2003.

[80] Marcuse P, van Kempen R. Globalizing Cities：A New Spatial Order[G]. Oxford：Blackwell, 2000.

[81] 弗里德里希·恩格斯. 英国工人阶级状况 [M]. 北京：人民出版社, 1956.

[82] Parker S. Urban Theory and the Urban Experience[M]. London：Routledge, 2004.

[83] Geddes P. Cities in Evolusion：An Introductuion to the Town Planing Movement and to the Study of Civics [M]. London：Williams& Norgate, 1915.

[84] Kentor J. The World Division of Labor[M]//Timberlake M. Urbanization in the World-Ecomomy. Orlando：Academic Press, 1985, 26.

[85] Wallerstein I. The Capitalist World-Economy[M]. Cambridge：Cambridge University Press, 1979.

[86] Friedman J. The World City Hypothesis[J]. Development and Change, 1986 (17).

[87] Sassen S. The Global City：New York London Tokyo[M]. Princeton：Princeton University Press, 2001：447.

[88] 姚弘芹．当代中国社会发展观的理论来源[J]．武汉大学学报（社会科学版），2002（3）：289–293．

[89] Jameson F．Postmodernism：Or the Cultural Logic of Late Capitalism[M]．Durham：Duke University Press，1991．

[90] Thorns D C．The Transformation of Cities：Urban Theory and Urban Life[M]．New York：Palgrave Macmillan，2002．

[91] Dear M．The Postmodern：Urban Condition[M]．Oxford：Blackwell，2000．

[92] Dear M，Flusty S．Postmodern Urbanism[J]．Annals of the American Association of Geographer．1998（88）：63．

[93] Soja E．Thirdspace：journeys to Los Angeles and other real–and–imagined places[M]．London：Wiley，1996．

[94] Alsayyad N．Hybrid Urbanism[M]．Westport：Praeger，2001．

[95] Pieterse J N．Globalization as Hybridization[M]//Featherstone M，Lash S，Robertson R．Global Modernities．London：Sage，1995：45．

[96] Sassen S．Digital Networks and Power[M]//Featherstone M，Lash S．Spaces of culture：city，nation，world．London：Sage，1999．

[97] Castells M．An introduction to the information age[M]//Bridge G，Watson S．City Reader．Oxford：Blackwell，2002．

[98] Castells M．Conversations with Manuel Castells[M]．Cambridge：Polity，2003．

[99] Harvey D．the Condition of Postmodernity An Enquiry into the Origins of Cultural Change[M]．Cambridge，Mass.：Basil Blackwell Ltd，1989：378．

[100] Giddens A．The transformation of intimacy：sexuality，love and eroticism in modern societies[M]．Stanford：Stanford University Press，1992．

[101] Buffoni L．Rethinking Poverty in Globalized Conditions[M]//Eade J．Living the Global City．London：Routledge，1997：110．

[102] Suzhou New District From Wikipedia，the free encyclopedia [Z]．2008：2008．

[103] Manuel C，Hall P．Technopoles of the world：the making of twenty–first–century industrial complexes[M]．London：Routledge，1994．

[104] 卡斯特尔．世界的高技术园区：21世纪产业综合体的形成[M]．李鹏飞译．北京：北京理工大学出版社，1998．

[105] 郭燕浩，陈逸，黄贤金，等．城市化进程中的开发区土地集约利用研究——以苏州高新区为例[J]．中国土地科学．2008（6）：11–16．

[106] 叶青．现代城市规划与城市设计方法论的演变[D]．上海：同济大学，2007．

[107] 金广君，林姚宇．论我国城市设计学科的独立化倾向[J]．城市规划，2004（12）．

[108] 薛静，余翔，Jing X，等．城市规划、城市设计和建筑设计的关系[J]．天然气与石油，2010，28（2）．

[109] 王建国．现代城市设计理论和方法[M]．南京：东南大学出版社，2004．

[110] 全国城市规划执业制度管理委员会．城市规划原理 [M]．北京：中国计划出版社，2002：389.

[111] 周伟．苏州高新技术产业开发区发展对策研究 [D]．西安：西安交通大学，2001.

[112] 陈沧杰，游涛，姜劲松．转型背景下工业型新区控规编制的创新——以《苏州高新区狮山片控制性详细规划》为例 [J]．城市规划，2010（3）：93-96.

[113] 2006 年苏州高新区规划分局半年工作总结 [R]．2006：2010.

[114] 李进．近二十年中国现代城市设计发展背景分析 [D]．华中科技大学，2004.

[115] 李丹．中国现代城市设计实践类型分析 [D]．华中科技大学，2005.

[116] 阿尔多·罗西．城市建筑学（国外城市规划与设计理论译丛）[M]．黄士君译．北京：中国建筑工业出版社，2006.

[117] 吴可人．城市规划中四类利益主体剖析及利益协调机制研究 [D]．杭州：浙江大学，2006.

[118] 王国恩．城市规划社会选择论 [D]．上海：同济大学，2005.

[119] 杨光斌．政治学导论 [M]．北京：中国人民大学出版社，2002.

[120] 一书两证 [Z]．[2012-10-23]．http://baike.baidu.com/view/483878.htm?goodTaglemma.

[121] 吴可人，华晨．城市规划中四类利益主体剖析 [J]．城市规划，2005，29（11）.

[122] 李兆熙，张政军，贾涛．苏州高新区和苏州工业园区的开发运营模式比较 [J]．调查研究报告，2007（89）：1-20.

[123] 国务院关于批准国家高新技术产业开发区和有关政策规定的通知 [Z]．1991：2010.

[124] 南京市规划设计研究院有限责任公司．南京市城市总体规划（2007—2020）专题研究报告公众意见采纳情况报告 [R]．2009：2010.

[125] 董菲，Fei D．城市设计中的公众参与 [J]．城市规划学刊，2009（s1）.

[126] Pickvance C G D. Theories of the State and Theories of Urban Crisis [J]. Current Perspectives in Social Theory, 1980 (1).

[127] 张蕾，Lei Z．国外城市形态学研究及其启示 [J]．人文地理，2010，25（3）.

[128] 城市土地利用 [Z]．[2013-05-01]．http://baike.baidu.com/view/2240109.htm.

[129] 包亚明．空间、文化与都市研究——包亚明研究员在上海大学的讲演（节选）[Z]．2005：2010.

[130] 张雪伟．日常生活空间研究——上海城市日常生活空间的形成 [D]．上海：同济大学，2007.

[131] 苏州项目介绍 [Z]．[2009-09-16]．http://house.qingdaonews.com/2009/09/dhl9/

[132] 沈一鸣．全街都是日韩美食淮海街通过全国特色商业街专家评审 [Z]．2010：2010.

[133] 黎江．高新区日企突破 400 家七个"一"垒起日资高地 [Z]．2009.

[134] 包亚明，王宏图，朱生坚．上海酒吧：空间、消费与想象 [M]．南京：江苏人民出版社，2001.

[135] 周向频．主题园建设与文化精致原则 [J]．城市规划汇刊，1995（4）：13-21.

[136] 华霞虹．消融与转变——消费文化中的建筑 [D]．上海：同济大学建筑与城市规划学院，2007.

[137] Zukin S．城市文化（都市与文化译丛）[M]．张廷佺，杨东霞，谈瀛洲．上海：上海教育出版社，2006.

[138] 刘望，唐时达，张萍，等．论我国零售企业的营销策略——基于消费者需求的演变趋势 [J]．湘

潭大学学报（哲学社会科学版），2007，31（4）.

[139] 快餐店 [Z]. http:/zh.wikipedia.org/zh-cn/%E5%BF%AB%E9%A4%90%E5%BA%97

[140] 让·波德里亚. 消费社会（当代学术棱镜译丛）[M]. 刘成富，全志钢译. 南京：南京大学出版社，2001.

[141] 苏州高新区招商局. 苏州高新区概况 [Z]. 2010.

[142] Soja E. 第三空间——去往洛杉矶和其他真实和想象地方的旅程（都市与文化译丛）[Z]. 陆扬，刘佳林，朱志荣，等译. 上海：上海教育出版社，2005.

[143] Wieners B, Hillner J. Silicon Envy[J]. Wired，1998，September.

[144] 美国硅谷的历史 [Z]. [2006-03-26].http://zhidao.baidu.com/question/5335675.html?fr=qrl3

[145] Wright G.The Virtual Architecture of Silicon Valley[J]. The Journal of Architectural Education，2000，2:54.

[146] An instant Landmark in Silicon Valley[J]. World Architecture. 1998 (68):31-36.

[147] Engstrom T. Little Silicon Valley[J]. High Technology，1987 (1):24-33.

[148] Kotkin J. The New Technopolis[N]. The Los Angeles Times [2000-06-25].

[149] Banham R. The Architecture of Silicon Valley[J]. New West，1980 (9):22.

[150] 李宁剑，经济转型过程中高新区管委会的职能解析与对策 [J]. 中国开发区，2010 (4):85-88.

[151] 杨东峰，殷成志，史永亮，大城市开发区到新城转型发展现象探讨 [J]. 城市发展研究，2006，13 (6):80-86.

[152] 张杰，吕杰，从大尺度城市设计到"日常生活空间"[J]. 城市规划，2003，27 (9):40-45.

[153] 苏州高新区规划分局. 苏州高新区狮山片控制性详细规划 [R]. 2008：2010.